工业和信息化高职高专
"十三五"规划教材立项项目

马志芳/主编

刘青 袁媛/副主编

工程建设监理概论

高等职业教育『十三五』土建类技能型人才培养规划教材

人民邮电出版社

北京

图书在版编目（CIP）数据

工程建设监理概论 / 马志芳主编. -- 北京 ：人民邮电出版社，2015.11
高等职业教育"十三五"土建类技能型人才培养规划教材
ISBN 978-7-115-39892-5

Ⅰ. ①工… Ⅱ. ①马… Ⅲ. ①建筑工程－监理工作－高等职业教育－教材 Ⅳ. ①TU712

中国版本图书馆CIP数据核字(2015)第158629号

内 容 提 要

本书按照技能型人才培养目标以及专业教学改革的需要，依据最新建筑工程技术标准、材料标准进行编写。全书共 7 个学习情境 28 个学习单元，主要内容包括工程建设监理基本制度、监理工程师和工程建设监理企业、工程建设目标控制、工程建设风险管理、工程建设合同管理、工程建设监理规划及监理组织、工程建设信息管理等。

本书在编排上注重理论与实践相结合，采用案例式教学模式，突出实践环节。正文中设置了案例引入、案例导航、小提示、知识链接、学习案例、课堂案例、知识拓展等特色模块，意在提高学生的学习兴趣，促进学生的全面发展。每个学习情境最后设置了情境小结和学习检测。

本书既可作为高职高专土建类专业的监理课程教材，也可作为相关专业人员的参考书。

- ◆ 主　　编　马志芳
  　　副主编　刘　青　袁　媛
  　　责任编辑　刘盛平
  　　责任印制　张佳莹　杨林杰
- ◆ 人民邮电出版社出版发行　　北京市丰台区成寿寺路 11 号
  　　邮编　100164　　电子邮件　315@ptpress.com.cn
  　　网址　http://www.ptpress.com.cn
  　　固安县铭成印刷有限公司印刷
- ◆ 开本：787×1092　1/16
  　　印张：17.75　　　　　　　　　2015 年 11 月第 1 版
  　　字数：451 千字　　　　　　　2024 年 11 月河北第 19 次印刷

定价：38.00 元

读者服务热线：(010)81055256　印装质量热线：(010)81055316
反盗版热线：(010)81055315
广告经营许可证：京东市监广登字20170147号

前　言

工程建设监理制度自1988年在我国开始实施，1997年被列入《中华人民共和国建筑法》，期间经历了试点阶段、稳定发展阶段、全面推行与实施阶段。经过20多年的研究、探索与实践，工程建设监理制度已经得到了全社会的普遍认可，其理论体系和运行模式已初步完善。实施工程建设监理制度符合我国社会主义市场经济发展的要求，对于提高工程建设质量、加快工程建设进度、降低工程造价、提高经济效益都具有十分重要的意义。

为积极推进课程改革和教材建设，满足职业教育改革与发展的需要，本书结合全国高职高专教育土建学科工程监理专业教学指导委员会制定的专业教学标准、人才培养方案及主干课程教学大纲，本着"必需、够用"的原则，以"讲清概念、强化应用"为主旨，依据各种新材料、新工艺、新标准编写而成。本书的编写力求突出以下特色。

（1）依据现行的相关国家标准和行业标准，结合高等职业教育要求，以社会需求为基本依据，以就业为导向，以学生为主体，在内容上注重与岗位实际要求紧密结合，符合国家对技能型人才培养工作的要求，体现教学组织的科学性和灵活性；在编写过程中，注重理论性、基础性、现代性，强化学习概念和综合思维，有助于学生知识与能力的协调发展。

（2）在编写内容上摒弃了一些过时的、应用面不广的相关知识，采用图、表、文字三者相结合的编写形式，全面系统地阐述了我国工程建设监理的基本理论。通过本书的学习，学生可了解工程建设监理的基本概念、理论、方法；熟悉和掌握与工程建设合同管理有关的法律知识，并可依据合同对工程建设进行监督、管理、协调，具备运用合同手段解决实际问题的能力。

（3）以"案例引入、案例导航、基础知识、学习案例、知识拓展、学习情境小结、学习检测"的编写体例形式，构建了一个"引导—学习—总结—练习"的教学全过程，给学生的学习和老师的教学做出了引导，并帮助学生从更深的层次思考、复习和巩固所学的知识。

本书由郑州铁路职业技术学院马志芳担任主编，刘青和袁媛担任副主编。参加本书编写的还有郑州铁路职业技术学院陈晓红、齐丽君和杜玲霞。

本书编写过程中得到了有关院校老师的大力支持与帮助；很多常年奔波在施工生产一线的建筑施工技术人员和工程师，也为我们提供了不少宝贵的实践资料，使本书更加适合读者学习，内容更加丰富，在此谨向他们表示衷心的感谢。

由于编者水平有限，书中难免存在不足之处，恳请广大读者批评指正。

编　者
2015年5月

目 录

学习情境七

工程建设信息管理 ………… 252

学习情境一
工程建设监理基本制度

📝 案例引入

某工程建设项目，建设单位委托某监理公司负责施工阶段管理。目前工程项目正在施工，在工程施工中发生以下事件。

监理工程师在施工准备阶段组织了施工图纸的会审，施工过程中发现由于施工图的错误，造成承包商停工2d，承包商提出工期费用索赔报告。业主代表认为监理工程师对图纸会审监理不力，提出要扣除监理费1000元。

🎓 案例导航

本案例中监理工程师在施工准备阶段组织了施工图纸的会审，履行了其对图纸会审的职责。

本案例中业主代表提出要扣除监理费1000元的做法是错误的，因为监理工程师不对图纸的质量负有责任，应当承担设计图纸质量责任的是设计院。

要了解工程建设监理的任务，掌握工程建设监理基本制度以及工程建设程序，需要掌握以下相关知识。

1. 工程建设监理的任务与责任。
2. 工程建设监理的性质、作用与原则。
3. 工程建设监理的基本方法和步骤。
4. 工程建设的基本概念及工程建设管理制度。

学习单元一　工程建设监理

📝 知识目标

1. 了解工程建设监理行为主体及业务承接。
2. 熟悉工程建设监理的依据和范围。

📖 基础知识

工程建设监理是指具有相应资质的监理单位受工程项目建设单位的委托，依据国家有关工程建设的法律法规、经建设主管部门批准的工程项目建设文件、工程建设委托监理合同及其他工程建设合同，对工程建设实施的投资、工程质量和建设工期进行控制的专业化监督管理。

工程建设监理的基本概念包括四方面的内涵，即工程建设监理的行为主体、工程建设监理业务的承接、工程建设监理的依据和工程建设监理的范围。

工程建设监理单位是指取得监理资质证书、具有法人资格的监理公司、监理事务所和兼承监理业务的工程设计、科学研究及工程建设咨询的单位，也包括具有法人资格的单位下设的专门从事工程建设监理的二级机构（这里所说的"二级机构"是指企业法人中专门从事工程建设监理工作的内设机构，像设计单位、科学研究单位中的"监理部""监理中心"等）。

项目建设单位也称为业主单位或项目业主，是指建设工程项目的投资主体或投资者，也是建设项目管理的主体，在工程建设项目中主要履行提出建设规划、提供建设用地和建设资金的责任。项目建设单位是委托监理的一方。

一、工程建设监理的行为主体

《中华人民共和国建筑法》（以下简称《建筑法》）明确规定，实行监理的工程建设，由建设单位委托具有相应资质条件的工程建设监理企业实施监理。工程建设监理只能由具有相应资质的工程建设监理企业来开展，工程建设监理的行为主体是工程建设监理企业，这是我国工程建设监理制度的一项重要规定。

监理单位是具有独立性、社会化、专业化特点的专门从事工程建设监理和其他技术服务活动的组织。只有监理单位才能按照独立、自主的原则，以"公正的第三方"的身份开展工程建设监理活动。非监理单位所进行的监督管理活动一律不能称为工程建设监理。例如，政府有关部门所实施的监督管理活动就不属于工程建设监理范畴；项目业主进行的所谓"自行监理"，以及不具备监理单位资格的其他单位所进行的所谓"监理"都不能纳入工程建设监理范畴。

业主能否"监理"？在市场经济条件下，业主作为建设项目管理主体，他应当拥有监督管理权。也就是说，业主实施自行管理并非不可以。但是，自行管理既不是社会化、专业化的监督管理活动，也不是"第三方"的监督管理活动。因此，不能将它称为工程建设监理。特别应当指出的，历史的经验已经证明，就工程项目建设的整体而言，业主自行管理对于提高项目投资的效益和建设水平也是无益的。

> **小提示**
>
> 工程建设监理不同于建设行政主管部门的监督管理。后者的行为主体是政府部门，它具有明显的强制性，是行政性的监督管理，它的任务、职责和内容不同于工程建设监理。同样，业主实施自行管理、总承包单位对分包单位的监督管理也不能视为工程建设监理。

二、工程建设监理业务的承接

《建筑法》明确规定，建设单位与其委托的工程建设监理企业应当订立书面工程建设委托监理合同。也就是说，工程建设监理的实施需要建设单位的委托和授权。工程建设监理企业应根据委托监理合同和有关工程建设合同的规定实施监理。

工程建设监理只有在建设单位委托的情况下才能进行。只有与建设单位签订书面委托监理合同，明确了监理的范围、内容、权利、义务和责任等，工程建设监理企业才能在规定的范围内行使管理权，合法地开展工程建设监理。工程建设监理企业在委托监理的工程中拥有一定的管理权限，能够开展管理活动，这是建设单位授权的结果。

　　承建单位根据法律、法规及其与建设单位签订的有关工程建设合同的规定接受工程建设监理企业对其建设行为进行的监督管理，接受并配合监理是其履行合同的一种行为。工程建设监理企业对哪些单位的哪些建设行为实施监理，要由有关工程建设合同规定。例如，仅委托施工阶段监理的工程，工程建设监理企业只能根据委托监理合同和施工合同对施工行为实行监理。而在委托全过程监理的工程中，工程建设监理企业则可以根据委托监理合同以及勘察合同、设计合同、施工合同对勘察单位、设计单位和施工单位的建设行为实行监理。

三、工程建设监理的依据及范围

1. 工程建设监理的依据

　　工程建设监理的依据包括工程建设文件，有关的法律、法规、规章和标准、规范，工程建设委托监理合同和有关的工程建设合同。

　　（1）工程建设文件

　　工程建设文件包括批准的可行性研究报告、建设项目选址意见书、建设用地规划许可证、工程建设规划许可证、批准的施工图设计文件、施工许可证等。

　　（2）有关的法律、法规、规章和标准、规范

　　有关的法律、法规、规章和标准、规范包括《中华人民共和国建筑法》（以下简称《建筑法》）、《中华人民共和国合同法》（以下简称《合同法》）、《中华人民共和国招标投标法》（以下简称《招标投标法》）、《建设工程质量管理条例》等法律法规，《工程建设监理规定》等部门规章以及地方性法规等，也包括《工程建设标准强制性条文》以及有关的工程技术标准、规范、规程等。

　　（3）工程建设委托监理合同和有关的工程建设合同

　　工程建设监理企业应当根据两类合同，即工程建设监理企业与建设单位签订的工程建设委托监理合同和建设单位与承建单位签订的有关工程建设合同对承建单位进行监理。

　　小 提 示

　　在监理合同范本专用条件部分有关监理范围和监理工作的内容的条款中，工程建设监理企业依据哪些有关的工程建设合同进行监理，视委托监理合同的范围来决定。全过程监理应当包括咨询合同、勘察合同、设计合同、施工合同及设备采购合同等；决策阶段监理主要是咨询合同；设计阶段监理主要是设计合同；施工阶段监理主要是施工合同。

2. 工程建设监理的范围

　　工程建设监理的范围可以分为监理的工程范围和监理的建设阶段范围。

　　（1）工程范围

　　并不是所有的工程都需要实行监理。2000年1月30日施行的《建设工程质量管理条例》第十二条规定了必须实行监理的建设工程范围。在此基础上，《建设工程监理范围和规模标准规定》（2001年1月17日原建设部令第86号发布）对必须实行监理的建设工程做出了更具体的规定。

　　① 国家重点工程建设：依据《国家重点建设项目管理办法》所确定的对国民经济和社会

3

发展有重大影响的骨干项目。

②　大中型公用事业工程：项目总投资额在3000万元以上的供水、供电、供气、供热等市政工程项目；科技、教育、文化等项目；体育、旅游、商业等项目；卫生、社会福利等项目；其他公用事业项目。

③　成片开发建设的住宅小区工程：建筑面积在5万平方米以上的住宅建设工程；5万平方米以下的住宅建设工程，可以实行监理，具体范围和规模标准，由省、自治区、直辖市人民政府建设行政主管部门规定。

④　利用外国政府或者国际组织贷款、援助资金的工程：使用世界银行、亚洲开发银行等国际组织贷款资金的项目；使用国外政府及其机构贷款资金的项目；使用国际组织或者国外政府援助资金的项目。

⑤　国家规定必须实行监理的其他工程：项目总投资额在3000万元以上的关系社会公共利益、公众安全的交通运输、水利建设、城市基础设施、生态环境保护、信息产业、能源等基础设施项目，以及学校、影剧院、体育场馆项目。

（2）建设阶段范围

工程建设监理可以适用于工程建设投资决策阶段和实施阶段，但目前主要用于工程建设施工阶段。

工程建设监理这种监督管理服务活动主要出现在工程项目建设的设计阶段（含设计准备）、招标阶段、施工阶段以及竣工验收和保修阶段。当然，在项目建设实施阶段，监理单位的服务活动是否属于监理活动还要看业主是否授予监理单位监督管理权。之所以这样界定，主要是因为工程建设监理是"第三方"的监督管理行为，它的发生不仅要有委托方，需要与项目业主建立委托与服务关系，而且要有被监理方，需要与只在项目实施阶段才出现的设计、施工和材料设备供应单位等承建商建立监理与被监理关系。同时，工程建设监理的目的是协助业主在预定的投资、进度、质量目标内建成项目。它的主要内容是进行投资、进度、质量控制、合同管理、组织协调。这些活动也主要发生在项目建设的实施阶段。

在工程建设施工阶段，建设单位、勘察单位、设计单位、施工单位和工程建设监理企业均承担各自的责任和义务。在施工阶段委托监理的目的是为了更有效地发挥监理的规划、控制、协调作用，为在计划目标内建成工程提供最好的管理。

学习单元二　工程建设监理的理论基础

知识目标

1．了解我国现阶段工程建设监理的特点、性质及作用。
2．掌握工程建设监理的基本方法、步骤及监理文件的构成。

基础知识

一、我国现阶段工程建设监理的特点

我国的工程建设监理无论是在管理理论和方法上，还是在业务内容和工作程序上，与国外

的建设项目监理都是相同的。但在现阶段，由于发展条件的不同，主要是我国需求方对监理的认知度较低，市场体系发展不够成熟，市场运行规则不够健全，因此，与国外相比还有一些差异，呈现出以下特点。

1. 工程建设监理的服务对象具有单一性

在国际上，建设项目监理按服务对象主要可分为为建设单位服务的项目监理和为承建单位服务的项目监理。而我国的工程建设监理制度规定，工程建设监理企业只接受建设单位的委托，即只为建设单位服务。它不能接受承建单位的委托为其提供监理服务。从这个意义上看，可以认为我国的工程建设监理就是为建设单位服务的项目监理。

2. 工程建设监理属于强制推行的制度

建设项目监理是适应建筑市场中建设单位新的需求的产物，其发展过程也是整个建筑市场发展的一个方面，没有来自政府部门的行政指导或干预。而我国的工程建设监理从一开始就是作为对计划经济条件下所形成的工程建设管理体制改革的一项新制度提出来的，也是依靠行政手段和法律手段在全国范围推行的。为此，不仅在各级政府部门中设立了主管工程建设监理有关工作的专门机构，而且制定了相关的法律、法规和规章，明确提出国家推行工程建设监理制度，并明确规定了必须实行工程建设监理的工程范围。其结果是在较短时间内促进了工程建设监理在我国的发展，形成了一批专业化、社会化的工程建设监理企业和监理工程师队伍，缩小了与发达国家建设项目监理的差距。

3. 工程建设监理具有监督功能

我国的工程建设监理企业有一定的特殊地位，它与建设单位构成委托与被委托关系，与承建单位虽然无任何经济关系，但根据建设单位授权，有权对承建单位的不当建设行为进行监督，或者预先防范，或者指令及时改正，或者向有关部门反映，请求纠正。

> **小提示**
>
> 在我国的工程建设监理中还强调对承建单位施工过程和施工工序的监督、检查和验收，而且在实践中又进一步提出了旁站监理的规定。我国监理工程师在质量控制方面的工作所达到的深度和细度，应当说远远超过国际上建设项目监理人员的工作深度和细度。这对保证工程质量起到了很好的作用。

4. 市场准入的双重控制

在建设项目监理方面，一些发达国家只对专业人士的执业资格提出要求，而没有对企业的监理资质作出规定。而我国对工程建设监理的市场准入采取了企业资质和人员资格的双重控制，要求专业监理工程师以上的监理人员要取得监理工程师资格证书，不同资质等级的工程建设监理企业至少要有一定数量的取得监理工程师资格证书并经注册的人员。应当说，这种市场准入的双重控制对于保证我国工程建设监理队伍的基本素质，规范我国工程建设监理市场起到了积极的作用。

二、工程建设监理的性质、作用与原则

1. 工程建设监理的性质

工程建设监理具有服务性、科学性、公正性和独立性。

（1）服务性

工程建设监理具有服务性，是从它的业务性质方面决定的。工程建设监理的主要方法是规划、控制、协调；主要任务是控制建设工程的投资、进度和质量，最终应当达到的基本目的是协助建设单位在计划的目标内将建设工程建成并投入使用。这就是工程建设监理的管理服务的内涵。

工程监理企业既不直接进行设计，也不直接进行施工；既不向建设单位承包工程，也不参与承包商的利益分成。在工程建设中，监理人员利用自己的工程建设知识、技能和经验为建设单位提供管理和技术服务，它获得的是技术服务性的报酬。工程监理企业不能完全取代建设单位的管理活动，它不具有工程建设重大问题的决策权，而只能在授权范围内代表建设单位进行管理。

工程建设监理的服务客体是建设单位的工程项目，服务对象是建设单位。这种服务性的活动是严格按照监理合同和其他有关工程建设合同来实施的，是受法律约束和保护的。

（2）科学性

科学性是由工程建设监理要达到的基本目的决定的。工程建设监理的基本目的是协助建设单位在计划的目标内将建设工程建成并投入使用。面对工程规模日益庞大，环境日益复杂，功能、标准日益要求越来越高，新技术、新材料、新工艺、新设备不断涌现，参加建设的单位越来越多，市场竞争日益激烈，风险日益增加的情况，只有采取科学的思想、理论、方法和手段才能驾驭工程建设。

监理的科学性主要表现在：工程建设监理企业应当由组织管理能力强、工程建设经验丰富的人员担任领导；应当有一支由足够数量的有丰富的管理经验和应变能力的监理工程师组成的骨干队伍；要有一套健全的管理制度；要掌握先进的管理理论、方法和手段；要积累足够的技术、经济资料和数据；要有科学的工作态度和严谨的工作作风；要实事求是、创造性地开展工作。

（3）公正性

监理企业不仅是为建设单位提供技术服务的一方，还应当成为建设单位与承建单位之间的公正的第三方。在开展工程建设监理的过程中，工程监理企业应当排除各种干扰，客观、公正地对待建设单位和承建单位。特别是当这两方发生矛盾冲突时，工程监理企业应以事实为依据，以法律和有关合同为准绳，在维护建设单位的合法权益时，不损害承建单位的合法权益。例如，在调节建设单位和承建单位之间的争议，处理工程索赔和工程延期，进行工程支付控制和竣工结算时，应当尽量客观、公正地对待建设单位和承建单位。

（4）独立性

从事工程建设监理活动的监理企业是直接参与工程项目建设的"三方当事人"之一，它与项目建设单位、承建单位之间的关系是一种平等主体关系。《建筑法》明确指出，工程建设监理企业应当根据建设单位的委托，客观、公正地执行监理任务。《工程建设监理规定》和《工程建设监理规范》要求工程建设监理企业按照"公正、独立、自主"的原则开展监理工作。

小 提 示

按照独立性要求，工程监理企业应当严格地按照有关法律、法规、规章、工程建设文件、工程建设技术标准、工程建设委托监理合同和有关的工程建设合同的规定实施监理。在委托监理的工程中，与承建单位不得有隶属关系和其他利益关系；在开展工程建设监理的过程中，必须建立自己的组织，按照自己的工作计划、程序、流程、方法、手段，根据自己的判断，独立地开展工作。

2. 工程建设监理的作用

（1）有利于提高工程建设投资决策科学化水平

在建设单位委托工程建设监理企业实施全方位全过程监理的条件下，在建设单位有了初步的项目投资意向之后，工程建设监理企业可协助建设单位选择适当的工程咨询机构管理工程咨询合同的实施，并对咨询结果（如项目建议书、可行性研究报告）进行评估，提出有价值的修改意见和建议；或者直接从事工程咨询工作，为建设单位提供建设方案。这样，不仅可使项目投资符合国家经济发展规划、产业政策、投资方向，而且可使项目投资更加符合市场需求。

小 提 示

工程建设监理企业参与或承担项目决策阶段的监理工作，有利于提高项目投资决策的科学化水平，避免项目投资决策失误，也可为实现工程建设投资综合效益最大化打下良好的基础。

（2）有利于规范工程建设参与各方的建设行为

工程建设参与各方的建设行为都应当符合法律、法规、规章和市场准则。要做到这一点，仅仅依靠自律机制是远远不够的，还需要建立有效的约束机制。为此，首先需要政府对工程建设参与各方的建设行为进行全面的监督管理，这是最基本的约束。但是由于客观条件的限制，政府的监督管理不可能深入到每一项建设工程的实施过程中，因而，还需要建立另一种约束机制，能在建设工程实施过程中对工程建设参与各方的建设行为进行约束。建设工程监理制就是这样一种约束机制。

在工程建设实施过程中，工程建设监理企业可依据委托监理合同和有关的工程建设合同对承建单位的建设行为进行监督管理。由于这种约束机制贯穿于工程建设的全过程，采用事前控制、事中控制和事后控制相结合的方式，可以有效地规范各承建单位的建设行为，最大限度地避免不当建设行为的发生。即使出现不当建设行为，也可以及时加以制止，最大限度地减少其不良后果。应当说，这就是约束机制的根本目的。另外，由于建设单位不了解工程建设有关的法律、法规、规章、管理程序和市场行为准则，有可能发生不当的建设行为。因此，工程监理单位可以向建设单位提出适当的建议，从而避免发生建设单位的不当建设行为，这对规范建设单位的建设行为也可起到一定的约束作用。

当然，要发挥上述约束作用，工程建设监理企业首先必须规范自身的行为，并接受政府的监督管理。

（3）有利于保证工程建设的质量和使用安全

建设工程是一种特殊的产品，不仅价值大、使用寿命长，而且还关系到人民的生命财产安全、健康和环境。因此，保证建设工程质量和使用安全就显得尤为重要，在这方面不允许有丝毫的懈怠和疏忽。

工程建设监理企业对承建单位建设行为的监督管理，实际上是从产品需求者的角度对工程建设生产过程的管理，这与产品生产者自身的管理有很大不同。而工程建设监理企业又不同于工程建设的实际需求者，其监理人员都是既懂工程技术又懂经济管理的专业人士，他们有能力及时发现工程建设实施过程中出现的问题，发现工程材料、设备以及阶段产品存在的问题，从而避免留下工程质量隐患。因此，实行工程建设监理制度之后，在加强承建单位自身对工程质量管理的基础上，由工程建设监理企业介入工程建设生产过程的管理，对保证工程建设质量和使用安全有着重要作用。

（4）有利于实现工程建设投资效益最大化

工程建设投资效益最大化有以下3种不同表现。

① 在满足工程建设预定功能和质量标准的前提下，建设投资额最少。

② 在满足工程建设预定功能和质量标准的前提下，工程建设寿命周期费用（或全寿命费用）最少。

③ 工程建设本身的投资效益与环境、社会效益的综合效益最大化。

实行建设工程监理制之后，工程监理企业一般都能协助建设单位实现上述建设工程投资效益最大化的第一种表现，也能在一定程度上实现上述第二种和第三种表现。随着建设工程寿命周期费用思想和综合效益理念被越来越多的建设单位所接受，建设工程投资效益最大化的第二种和第三种表现的比例将越来越大，从而大大地提高我国全社会的投资效益，促进我国国民经济的发展。

3. 工程建设监理实施应遵循的原则

工程建设监理的实施，应遵循下列基本原则。

（1）坚持监理执业资质审核的原则

这里包含两层含义：一是从事监理的单位，都要经有关主管部门进行资质审查并取得《临时资质证书》或《资质等级证书》，没有证书的不得从事监理业务；取得证书的监理单位，必须依照资质等级规定或批准的监理范围承接监理业务，不得越级或者超范围实施监理。二是凡以监理工程师名义从事监理业务的专业人员，必须是经过全国建设监理主管部门考核确认或经过全国统一考试合格取得资格并经注册得到"监理工程师岗位证书"的工程建设技术与管理人员。否则，不可以监理工程师名义从事监理业务。

（2）监理工程师必须坚持独立、公正、科学性的原则

监理工程师必须在保证国家利益的前提下，为业主服务，维护业主的合法权益。监理工程师应遵照其职责，独立、公正地开展工作。为此，我国有关规定中吸收了国际通行的惯例和一些国际组织的公约，指出："监理单位的各级负责人和监理工程师，不得在政府机关或施工、设备制造、材料供应单位任职，不得是施工、设备制造和材料供应单位的合伙经营者或有经营隶属关系，不得承包施工和建筑材料销售业务。"监理单位从事监理业务时，"必须遵照守法、诚信、公正、科学的基本职业道德。"

（3）监理项目实行总监理工程师全权负责的原则

总监理工程师是监理单位派出的履行监理委托合同的全权负责人。他根据监理委托合同赋予的权限，全权负责整个监理事务，并领导项目监理工作组的其他监理工程师开展工作。监理

工作组的其他监理工程师具体履行监理职责，并向总监理工程师负责。

（4）监理工程师实行有偿服务的原则

监理工程师的服务属于专业技术咨询服务类，其投入或消耗应该得到合理的补偿。我国的监理取费是采取确定最低保护价与最高限价的原则，具体标准由有关双方根据监理工作的深度来确定。监理单位与业主协商确定的监理酬金，应在监理委托合同中加以明确。

（5）权责一致的原则

监理工程师为履行其职责而从事的监理活动，是根据建设监理法规并受业主的委托与授权而进行的。监理工程师承担的职责应与业主授予的权限相一致。也就是说，业主向监理工程师的授权，应以能保证其正常履行监理的职责为原则。

监理活动的客体是承包商的活动，但监理工程师与承包商之间并无经济合同关系。监理工程师之所以能行使监理职权，是依赖业主的授权。这种授权除了体现在业主与监理企业之间签订的工程建设监理委托合同中，还应作为业主与承包商之间工程承包合同的条件。因此，监理工程师在明确业主提出的监理目标和监理工作内容要求后，应与业主协商并明确相应的授权，达成共识后，反映在监理委托合同及承包合同中。据此，监理工程师才能开展监理活动。

（6）监理单位应当坚持严格监理、竭诚服务的原则

监理工程师一方面要严格按照有关法律、法规、规范、标准、建设文件和工程建设合同实施监理，严格把关，认真履行职责；另一方面，要运用合理技能，谨慎而努力地工作，为委托者提供满意的服务，同时与被监理单位密切配合、友好合作，共同实现工程项目总目标。

（7）工程建设监理实施过程中应坚持综合效益原则

在实施监理活动时既要考虑业主的经济效益，也要考虑社会效益和环境效益，并使它们有机统一。

（8）监理工程师应坚持实事求是的原则

监理工作中监理工程师应尊重事实，以理服人。监理工程师的任何指令、判断都应有事实依据，有证明、检验、试验资料。监理工程师不应以权压人，而应晓之以理。所谓"理"，即具有说服力的事实依据，做到以"理"服人。

（9）预防为主的原则

工程建设监理活动的产生与发展的前提条件，是拥有一批具有工程技术与管理知识和实践经验，精通法律和经济的专门高素质人才，形成专门化、社会化的高职能工程建设监理企业，为业主提供服务。由于工程项目具有"一次性""单件性"等特点，工程项目建设过程存在很多风险，因此监理工程师必须具有预见性，并把重点放在"预控"上，防患于未然。在制订监理规划、编制监理细则和实施监理控制过程中，对工程项目投资控制、进度控制和质量控制中可能发生的失控问题要有预见性和超前的考虑，制定相应的对策和预控措施予以防范。此外，还应考虑多个不同的措施与方案，做到"事前有预测，情况变了有对策"，避免被动。

三、工程建设监理的基本方法和步骤

1. 工程建设监理的基本方法

工程建设监理的基本方法是系统性的，它由不可分割的若干个子系统组成。它们相互联系，相互支持，共同运行，形成一个完整的方法体系，这就是目标规划、动态控制、组织协调、信息管理和合同管理。

（1）目标规划

这里所说的目标规划是以实现目标控制为目的的规划和计划，它是围绕工程项目投资、进度和质量目标进行研究确定、分解综合、安排计划、风险管理、制定措施等各项工作的集合。目标规划是目标控制的基础和前提，只有做好目标规划的各项工作才能有效地实施目标控制。目标规划得越好，目标控制的基础就越牢，目标控制的前提条件也就越充分。

工程项目目标规划过程是一个由粗而细的过程。它随着工程的进展，分阶段地根据可能获得的工程信息对前一阶段的规划进行细化、补充和修正，它和目标控制之间是一种交替出现的循环链式关系。

目标规划工作包括正确地确定投资、进度、质量目标或对已经初步确定的目标进行论证；按照目标控制的需要将各目标进行分解，使每个目标都形成一个既能分解又能综合地满足控制要求的目标划分系统，以便实施控制；把工程项目实施的过程、目标和活动编制成计划，用动态的计划系统来协调和规范工程项目的实施，为实现预期目标构筑一座桥梁，使项目协调有序地达到预期目标；对计划目标的实现进行风险分析和管理，以便采取针对性的有效措施，实施主动控制；制定各项目标的综合控制措施，确保项目目标的实现。

（2）动态控制

动态控制是开展工程建设监理活动时采用的基本方法。动态控制就是在完成工程项目的过程中，通过对过程、目标和活动的跟踪，全面、及时、准确地掌握工程建设信息，定期地将实际目标值与计划目标值进行对比。如果发现或预测实际目标偏离计划目标，就采取措施加以纠正，以保证计划总目标的实现。

动态控制贯穿于整个监理过程中，与工程项目的动态性相一致。工程在不同的阶段进行，控制就要在不同的阶段开展；工程在不同的空间展开，控制就要针对不同的空间来实施；计划伴随着工程的变化而调整，控制就要不断地适应计划的调整；随着工程的内部因素和外部环境的变化，控制者就要不断地改变控制措施。监理工程只有把握工程项目的动态性，才能做好目标的动态控制工作。

（3）组织协调

组织协调与目标控制是密不可分的。协调的目的就是为了实现项目目标。

协调就是连接、联合、调和所有的活动及力量。组织协调就是把监理组织作为一个整体来研究和处理，对所有的活动及力量进行连接、联合、调和的工作。在工程建设监理过程中，监理工程师要不断进行组织协调，它是实现项目目标不可缺少的方法和手段。

组织协调的内容很多，大致可分为以下几种。

① 人际关系的协调。它包括监理组织内部的人际关系、项目组织与本公司的人际关系、监理组织与关联单位的人际关系，主要解决各方人员之间在工作中的联系和矛盾。

② 组织关系的协调。它主要解决监理组织内部的分工与配合问题。

③ 供求关系的协调。它包括监理实施中所需人力、资金、设备、材料、技术、信息等供给，主要解决供求平衡问题。

④ 配合关系的协调。它包括与业主、设计单位、施工单位、材料和设备供应单位，以及与政府有关部门、社会团体、科学研究机构、工程毗邻单位之间的协调，主要解决配合中的同心协力问题。

⑤ 约束关系的协调。它主要是了解和遵守国家及地方政策、法规、制度方面的制约，求得执法部门的指导和许可。

　　为了开展好工程建设监理工作，要求项目监理组织内的所有监理人员都能主动地在自己负责的范围内进行协调，并采用科学有效的方法。为了搞好组织协调工作，需要对经常性事项的协调加以程序化，事先确定协调内容、协调方式和具体的协调流程；需要经常通过监理组织系统和项目组织系统，利用权责体系，采取指令等方式进行协调，需要设置专门机构或由专人进行协调，需要召开各种类型的会议进行协调。只有这样，项目系统内各子系统、各专业、各工种、各项资源以及时间、空间等方面才能实现有机配合，使工程项目成为一体化运行的整体。

（4）信息管理

　　工程建设监理离不开工程信息。信息管理是指监理人员对所需要的信息进行收集、整理、处理、存储、传递、应用等一系列工作的总和。信息是控制的基础，没有信息监理工程师就不能实施目标控制。监理工程师在开展监理工作时要不断地预测或发现问题，要不断地进行规划、决策、执行和检查，而做好这每一项工作都离不开相应的信息。

　　在工程项目控制信息系统中的信息资料大致可分为三类：第一类是项目设计阶段所拥有的原始信息资料；第二类是运行过程反馈的实际信息资料；第三类是对上述两种信息资料加工处理而形成的比较资料。

　　为了获得全面、准确、及时的工程信息，需要组成专门机构，确定专门的人员从事这项工作。监理工程师进行信息管理的基础工作是设计一个以监理为中心的信息流结构；确定信息目录和编码；建立信息管理制度等。

　　项目监理组织的各部门为完成各项监理任务需要哪些信息，完全取决于这些部门实际工作的需要。因此，对信息的要求是与各部门监理任务和工作直接联系的。不同的项目，由于情况不同，所需要的信息也就有所不同。

（5）合同管理

　　监理企业在工程建设监理过程中的合同管理，主要是根据监理合同的要求对工程建设合同的签订、履行、变更和解除进行监督、检查，对合同双方的争议进行调解和处理，以保证合同的依法签订和全面履行。

　　合同管理对于监理单位完成监理任务是必不可少的。工程合同对参与建设项目的各方建设行为起到控制作用，同时又具体指导工程如何操作完成。所以，从这个意义上讲，合同管理起着控制整个项目实施的作用。

　　监理工程师在合同管理中应当着重于以下几个方面的工作。

　　① 协助业主签订有利于目标控制的工程建设合同。

　　② 对签订的合同进行系统分析。它是对合同各类条款分门别类地进行研究和解释，并找出合同的缺陷和弱点，以发现和提出需要解决的问题。同时，更为重要的是，对引起合同变化的事件进行分析研究，以便采取相应措施。合同分析对于促进合同各方履行义务和正确行使合同的授权、监督工程的实施、解决合同争议、预防索赔和处理索赔等项工作都是必要的。

　　③ 建立合同目录、编码和档案。合同目录和编码是采用图表方式进行合同管理的很好工

具，它为合同管理自动化提供了方便条件，使计算机辅助合同管理成为可能。合同档案的建立可以把合同条款分门别类地加以存放，为查询、检索合同条款以及分解和综合合同条款提供了方便。合同资料的管理应当起到为合同管理提供整体性服务的作用。

④ 对合同的履行进行监督、检查。通过检查发现合同执行中存在的问题，并根据法律、法规和合同的规定加以解决，以提高合同的履约率，使工程项目能够顺利建成。合同监督还包括经常性地对合同条款进行解释，常念"合同经"，以促使承包方能够严格地按照合同要求实现工程进度、工程质量和费用要求。按合同的有关条款绘制工作流程图、质量检查和协调关系图等，以助于有效地进行合同监督。合同监督需要经常检查合同双方往来的文件、信函、记录、业主指示等，以确认它们是否符合合同的要求和对合同的影响，以便采取相应对策。根据合同监督、检查所获得的信息进行统计分析，以发现费用金额、履约率、违约原因、纠纷数量、变更情况等问题，向有关监理部门反映情况，为目标控制和信息管理服务。

⑤ 做好防止索赔和处理索赔工作。索赔是合同管理中的重要工作，又是关系合同双方切身利益的问题，同时牵扯监理企业的目标控制工作，是参与项目建设的各方都关注的事情。监理企业应当首先协助业主制定并采取防止索赔的措施，以便最大限度地减少无理索赔的数量和索赔影响量。其次要处理好索赔事件。对于索赔，监理工程师应当以公正的态度对待，同时按照事先规定的索赔程序做好处理索赔的工作。

2. 工程建设监理的步骤

工程建设监理企业从接受监理任务到圆满完成监理工作，主要有以下几个工作步骤。

（1）监理任务的取得

在我国，工程建设监理企业获得监理任务主要有以下途径。

① 业主点名委托。

② 通过协商、议标委托。

③ 通过招标、投标、竞标，择优委托。此时，监理企业应编写监理大纲等有关文件，参加投标。

（2）签订监理委托合同

按照国家统一文本签订监理委托合同，明确委托内容及各自的权利、义务。

（3）成立项目监理组织

工程建设监理企业在与业主签订监理委托合同后，根据工程项目的规模、性质及业主对监理的要求，委派称职的人员担任项目的总监理工程师，代表监理企业全面负责该项目的监理工作。总监理工程师对内向监理企业负责，对外向业主负责。

在总监理工程师的具体领导下，组建项目的监理班子，并根据签订的监理委托合同，制订监理规划和具体的实施计划（监理实施细则），开展监理工作。

小 提 示

一般情况下，监理企业在承接项目监理任务时，在参与项目监理的投标、拟订监理方案（大纲）以及与业主商签监理委托合同时，应选派称职的人员主持该项工作。在监理任务确定并签订监理委托合同后，该主持人即可作为项目总监理工程师。这样，项目的总监理工程师在承接任务阶段即早已介入，从而更能了解业主的建设意图和对监理工作的要求，并能与后续工作更好地衔接。

（4）资料收集

监理企业要收集有关资料，以作为开展建设监理工作的依据。

① 反映工程项目特征的相关资料：工程项目的批文；规划部门关于规划红线范围和设计条件的通知；土地管理部门关于准予用地的批文；批准的工程项目可行性研究报告或设计任务书；工程项目地形图；工程项目勘测、设计图纸及有关说明。

② 反映当地工程建设政策、法规的相关资料：关于工程建设报建程序的有关规定；当地关于拆迁工作的有关规定；当地关于工程建设应缴纳有关税、费的规定；当地关于工程项目建设管理机构资质管理的有关规定；当地关于工程项目建设实行建设监理的有关规定；当地关于工程建设招标投标制的有关规定；当地关于工程造价管理的有关规定等。

③ 反映工程项目所在地区技术经济状况等建设条件的资料：气象资料；工程地质及水文地质资料；与交通运输（含铁路、公路、航运）有关的可提供的能力、时间及价格等资料；与供水、供热、供电、供燃气、电信、有线电视等有关的可提供的容量、价格等资料；勘察设计单位状况；土建、安装（含特殊行业安装，如电梯、消防、智能化等）施工单位情况；建筑材料、构配件及半成品的生产供应情况；进口设备及材料的有关到货口岸、运输方式的情况。

④ 类似工程项目建设情况的有关资料：类似工程项目投资方面的有关资料；类似工程项目建设工期方面的有关资料；类似工程项目采用新结构、新材料、新技术、新工艺的有关资料；类似工程项目出现质量问题的具体情况；类似工程项目的其他技术经济指标等。

（5）制订工程项目的监理规划、各专业监理工作计划或实施细则

工程项目的监理规划是开展项目监理活动的纲领性文件，由项目总监理工程师主持，专业监理工程师参加编制，建设监理企业技术负责人审核批准。在监理规划的指导下，为了具体指导投资控制、进度控制、质量控制的进行，还需要结合工程项目的实际情况，制订相应的实施计划或细则（或方案）。

（6）监理工作的开展

根据制订的监理工作计划和运行制度，规范化地开展监理工作。监理工作的规范化要求如下。

① 工作的时序性。监理的各项工作都是按一定的逻辑顺序先后展开的，以使监理工作能有效地达到目标而不致造成工作状态的无序和混乱。

② 职责分工的严密性。工程建设监理工作是由不同专业、不同层次的专家群体共同完成的，他们之间严密的职责分工，是协调进行监理工作的前提和实现监理目标的重要保证。

③ 工作目标的确定性。在职责分工的基础上，每一项监理工作应达到的具体目标都应是确定的，完成的时间也应有时限规定，以便通过报表资料对监理工作及其效果进行检查和考核。

④ 工作过程系统化。施工阶段的监理工作主要包括三控（投资控制、质量控制、进度控制）、二管（合同管理、信息管理）、一协调，共六个方面的工作。施工阶段的监理工作又可以分为事前控制、事中控制、事后控制三个阶段，形成矩阵式系统，因此，监理工作的开展必须实现工作过程系统化，如图1-1所示。

（7）参与项目竣工验收，签署建设监理意见

工程项目施工完成后，应由施工单位在正式验收前组织竣工预验收。监理企业应参与预验收工作，在预验收中发现的问题，应与施工单位沟通，提出要求，签署工程建设监理意见。

（8）向业主提交工程建设监理档案资料

工程项目建设监理业务完成后，向业主提交的监理档案资料应包括监理设计变更、工程变更资料，监理指令性文件，各种签证资料，其他档案资料。

（9）监理工作总结

监理工作总结应包括以下主要内容。

① 向业主提交的监理工作总结。其内容主要包括监理委托合同履行情况概述；监理任务或监理目标完成情况的评价；由业主提供的供监理活动使用的办公用房、车辆、试验设施等的清单；表明监理工作终结的说明等。

② 向监理企业提交的监理工作总结。其内容主要包括监理工作的经验，可以是采用某种监理技术、方法的经验，也可以是采用某种经济措施、组织措施的经验以及签订监理委托合同方面的经验；如何处理好与业主、承包单位关系的经验等。

③ 监理工作中存在的问题及改进的建议也应及时加以总结，以指导今后的监理工作，并向政府有关部门提出政策建议，不断提高我国工程建设监理的水平。

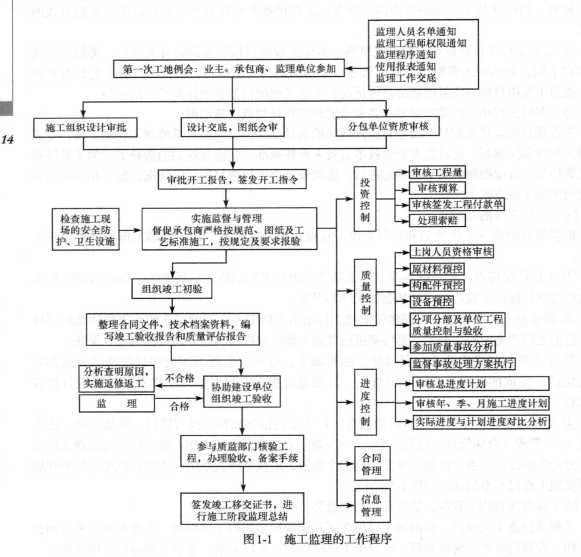

图1-1 施工监理的工作程序

四、工程建设监理的任务与责任

1. 工程建设监理的任务

工程建设监理的中心任务就是控制工程项目目标，也就是控制经过科学规划所确定的工程项目的投资、进度和质量目标。这三大目标是相互关联、相互制约的，具有对立统一关系的目标系统。投资、进度、质量三大目标之间首先存在着矛盾和对立的一面。例如，通常情况下，如果要抢时间、争速度地完成工程项目，把工期目标定得很高，那么投资就要相应地提高，或者质量要求适当下降；如果要降低投资、节约成本，那么势必要考虑降低项目的功能要求和质量标准。同时三大目标之间还存在统一的一面。例如，适当提高项目功能要求和质量标准，虽然会造成一次性投资的提高和增加建设工期，但能够节约项目动用后的使用费和维修费，降低产品成本，从而获得更好的投资经济效益。

任何工程项目都是在一定的投资限制条件下实现的。任何工程项目的实现都要受到时间的限制，都有明确的项目进度和工期要求。任何工程项目都要实现它的功能要求、使用要求和其他有关的质量标准，这是投资建设一项工程最基本的需求。实现建设项目并不十分困难，而要使工程项目能够在计划的投资、进度和质量目标内实现则是困难的，工程建设监理正是为解决这样的困难和满足这种社会需求而出现的。因此，工程建设监理的中心任务是目标控制。中心任务的完成是通过各阶段具体的监理工作任务的完成来实现的。

> **小 提 示**
>
> 三大目标是一个不可分割的目标系统，监理工程师在进行目标控制时应注意统筹兼顾，合理确定投资、进度、质量三大目标的标准，针对整个目标系统实施控制，防止盲目追求单一目标而冲击或干扰其他目标，以实现项目目标系统作为衡量目标控制效果的标准，追求目标系统整体效果。

监理工作任务的划分如图1-2所示。

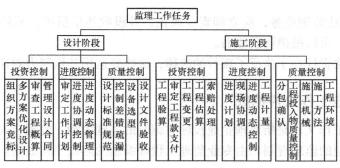

图1-2 监理工作任务划分示意图

2. 工程建设监理的责任

监理企业或监理人员在接受监理任务后，应努力向项目业主或法人提供与之水平相适应的服务。相反，如果不能够按照监理委托合同及相应法律开展监理工作，根据有关法律和委托监理合同，委托单位可对监理企业进行违约金处罚，或起诉监理企业。如果违反法律，政府主管部门或检察机关可对监理企业及负有责任的监理人员提起诉讼。法律法规规定的监理企业和监理人员的责任如下。

（1）建设监理的普通责任

《建筑法》规定，工程监理单位不按照委托监理合同的约定履行义务，对应当监督检查的项目不检查或不按规定检查，给建设单位造成损失的，应承担相应的赔偿责任。

我国《合同法》对受托人的损害赔偿责任作了明确的规定，因受托人的过错给委托人造成损失的，委托人可以要求赔偿损失。对因受托人超越受托权限而给委托人造成的损害，受托人也应当承担损害赔偿责任。但受托人若能举证证明自己无过错的，则可免于承担责任。

在工程监理中，建设单位与其委托的工程监理单位通过书面委托监理合同形式确定了委托关系。工程监理单位应当依照法律、行政法规及有关的技术标准、设计文件和建筑工程承包合同，对承包单位在施工质量、建设工期和建设资金使用等方面，代表建设单位实施监督。工程监理单位应当根据书面委托监理合同规定的监理内容及监理权限履行监理义务，工程监理单位要对应当监理检查的项目按照规定进行检查。如果工程监理单位不按照委托监理合同的约定履行监理义务，对应当监督检查的项目不检查或者不按照规定检查的，给建设单位造成损失的，应当承担赔偿责任。所谓"不检查"是指工程监理单位对监理合同中规定应当监督检查的项目不履行检查义务；所谓"不按照规定检查"，是指工程监理单位在工程监理中不按照法律、行政法规和有关的技术标准、设计文件和建筑工程承包合同规定的要求和检查办法进行检查。

这里所说的普通责任只是在建设单位与监理企业之间的责任。当建设单位不追究监理企业的责任时，这种责任也就不存在了。

（2）建设监理的违法责任

① 监理企业与承包单位串通，为承包单位牟取非法利益，给建设单位造成损失的，应当与承包单位承担连带赔偿责任。

② 监理企业与建设单位或建筑施工企业串通，弄虚作假，降低工程质量的，责令改正、处以罚款、降低资质等级、吊销资质证书；有违法所得的予以没收；造成损失的，承担连带赔偿责任。

③ 监理企业转让监理业务，应立即责令改正，并没收违法所得；或停业整顿，降低资质等级；情节严重的，可以吊销资质证书。

建设监理的违法责任在于违反了现行的法律，法律要运用其强制力对违法者进行处理。

五、工程建设监理工作文件构成

工程建设监理工作文件是指监理企业投标时编制的监理大纲、监理合同签订以后由项目总监理工程师主持编制的监理规划和由专业监理工程师编制的监理实施细则。

1. 监理大纲

监理大纲又称监理方案，它是监理企业在业主开始委托监理的过程中，特别是在业主进行监理招标过程中，为承揽到监理业务而编写的监理方案性文件。

监理企业编制监理大纲有两方面作用：一方面是使业主认可监理大纲中的监理方案，从而承揽到监理业务；另一方面是为项目监理机构今后开展监理工作制订基本的方案。

> 为使监理大纲的内容和监理实施过程紧密结合，监理大纲的编制人员应当是监理企业经营部门或技术管理部门人员，也应包括拟任的项目总监理工程师。项目总监理工程师参与编制监理大纲有利于监理规划的编制。

监理大纲的内容应当根据业主所发布的监理招标文件的要求而制定，一般来说，应该包括以下主要内容。

（1）拟派往项目监理机构的监理人员情况

在监理大纲中，监理企业需要介绍拟派往所承揽或投标工程的项目监理机构的主要监理人员，并对他们的资格情况进行说明。其中，应该重点介绍拟派往投标工程的项目总监理工程师的情况，这往往决定着承揽监理业务的成败。

（2）拟采用的监理方案

监理企业应当根据业主所提供的工程信息，并结合自己为投标所初步掌握的工程资料，制订出拟采用的监理方案。监理方案的具体内容包括项目监理机构的方案、工程建设三大目标的具体控制方案、工程建设各种合同的管理方案、项目监理机构在监理过程中进行组织协调的方案等。

（3）将提供给业主的监理阶段性文件

在监理大纲中，监理企业还应该明确未来工程建设监理工作中向业主提供的阶段性的监理文件，这将有助于满足业主掌握工程建设过程的需要，有利于监理企业顺利承揽该工程建设的监理业务。

2. 监理规划

监理规划是监理企业接受业主委托并签订委托监理合同之后，在项目总监理工程师的主持下，根据委托监理合同，在监理大纲的基础上，结合工程的具体情况，广泛收集工程信息和资料的情况下制订，经监理企业技术负责人批准，用来指导项目监理机构全面开展监理工作的指导性文件。

从内容范围上讲，监理大纲与监理规划都是围绕着整个项目监理机构所开展的监理工作来编写的，但监理规划的内容要比监理大纲更具体、更全面。

3. 监理实施细则

工程建设监理实施细则简称监理细则，是根据监理规划，由专业监理工程师编写，并经总监理工程师批准，针对工程建设监理项目中某一专业或某一方面监理工作的操作性文件。对中型及以上或专业性较强的工程项目，项目监理机构应编制监理实施细则。

监理实施细则应结合工程项目的专业特点，做到详细具体并具有可操作性，起到指导本专业或本子项目具体监理业务的开展的作用。

> 监理大纲、监理规划、监理实施细则都是工程建设监理工作文件的组成部分，它们之间是相互关联的：在编写监理规划时，一定要严格根据监理大纲的有关内容来编写；在制定监理实施细则时，一定要在监理规划的指导下进行。

　　一般来说，监理企业开展监理活动应当编制以上工作文件。但这也不是一成不变的，对于简单的监理活动只编写监理实施细则就可以了，而对于有些工程建设，也可以只制订较详细的监理规划，而不再编写监理实施细则。

学习单元三　工程建设的程序和管理制度

知识目标

1. 了解工程建设的程序。
2. 熟悉工程建设管理制度。

基础知识

一、工程建设程序

　　所有工程项目都具有单件性的特点，但它依然有共同的规律，有着自己的寿命阶段和周期。项目虽然千差万别，但它们都应遵循科学的建设程序来办事。所谓工程项目建设程序是指一项工程从设想、提出到决策，经过设计、施工直至投产使用的整个过程中应当遵循的内在规律和组织制度。

　　严格遵守工程项目建设的内在的规律和组织制度，是每一位建设工作者的分内职责，更是监理工程师的重要职责。

　　建设监理的基本内容之一就是明确科学的建设程序，并在工程建设中监督实施这个科学的建设程序。

　　按现行规定，我国一般大中型及限额以上项目的建设程序中，将建设活动大体上分为项目决策和项目实施两大阶段。

1. 项目决策阶段

　　建设项目决策阶段的工作主要是编制项目建议书，进行可行性研究和编制可行性研究报告。

　　（1）项目建议书

　　项目建议书是建设某一项目的建议性文件，是对拟建项目的轮廓设想。项目建议书的主要作用是为推荐拟建项目提出说明，论述建设它的必要性，以便供有关部门选择并确定是否有必要进行可行性研究工作。项目建议书经批准后，方可进行可行性研究。但项目建议书不是项目最终决策文件。为了进一步做好项目前期工作，目前在项目建议书之前增加了项目策划或探讨工作，以便在确认初步可行时再按隶属关系编制项目建议书。

　　项目建议书中需说明项目建设的必要性和依据，引进技术和设备的内容和必要性；说明产品方案、拟建规模和建设地点的初步设想；说明资源情况、建设条件、协作关系和引进国别及厂商的初步分析；说明投资估算和资金筹措的设想，利用外资项目要说明利用外资的可能性及偿还贷款能力的初步预测；说明项目的进度安排；说明对经济效果和社会效益的初步估计。

> **小　提　示**
>
> 　　项目建议书根据拟建项目规模报送有关部门审批。大中型及限额以上项目的项目建议书应先报行业归口主管部门，同时抄送国家发改委。行业归口主管部门初审同意后报国家发改委，国家发改委根据建设总规模、生产力总布局、资源优化配置、资金供应可能、外部协作条件等方面进行综合平衡，还要委托具有相应资质的工程咨询单位评估后审批。重大项目由国家发改委报国务院审批。小型和限额以下项目的项目建议书，按项目隶属关系由部门或地方发改委审批。

（2）可行性研究

可行性研究是在项目建议书批准后开展的一项主要的决策准备工作。可行性研究是对拟建项目的技术和经济的可行性分析和论证，为项目投资决策提供依据。

承担可行性研究的单位应当是经过资质审定的规划、设计、咨询和监理单位。它们对拟建项目进行经济、技术方面的分析论证和多方案的比较，提出科学、客观的评价意见，确认可行后，编写可行性研究报告。

（3）编制可行性研究报告

编制可行性研究报告是确定建设项目，编制设计文件的基本依据。可行性研究报告要选择最优建设方案进行编制。批准的可行性研究报告是项目最终的决策文件和设计依据。

可行性研究报告经有资格的工程咨询等单位评估后，由计划或其他有关部门审批。经批准的可行性研究报告不得随意修改和变更。

可行性研究报告经批准后，组建项目管理班子，并着手项目实施阶段的工作。

2．项目实施阶段

立项后，建设项目进入实施阶段。项目实施阶段的主要工作包括设计、施工准备、施工安装、生产准备、竣工验收等阶段性工作。

（1）设计阶段

设计工作开始前，项目业主按建设监理制的要求委托工程建设监理。在监理单位的协助下，根据可行性研究报告，做好勘察和调查研究工作，落实外部建设条件，组织开展设计方案竞赛或设计招标，确定设计方案和设计单位。

对一般项目，设计按初步设计和施工图设计两个阶段进行。有特殊要求的项目可在初步设计之后增加技术设计阶段。对于一些大型联合企业、矿区、油区、林区和水利枢纽，为解决统筹规划、总体部署和开发顺序问题，一般还需进行总体规划设计或总体设计。

① 初步设计。初步设计的主要内容应包括设计的主要依据；设计的指导思想和主要原则；建设规模；产品方案；原料、燃料和动力的用量、来源和要求；主要生产设备的选型及配置；工艺流程；总图布置和运输方案；主要建筑物、构筑物；公用辅助设施；外部协作条件；综合利用；"三废"治理；环境评价及保护措施；抗震及人防设施；生产组织及劳动定员；生活区建设；占地面积和征地数量；建设工期；设计总概算；主要技术经济指标分析及评价等的文字说明和图纸。

② 技术设计。技术设计是指为进一步解决某些重大项目和特殊项目中的具体技术问题，或确定某些技术方案而进行的设计。它是为在初步设计阶段中无法解决而又需要进一步研究的那些问题的解决所设置的一个设计阶段。技术设计文件应根据批准的初步设计文件编制，其主

要内容包括提供技术设计图纸和设计文件，编制修正总概算。

③ 施工图设计。施工图设计是工程设计的最后阶段，它是根据建筑安装工程或非标准设备制作的需要，把初步设计（或技术设计）确定的设计原则和设计方案进一步具体化、明确化，并把工程和设备的各个组成部分的尺寸、节点大样、布置和主要施工方法以图样和文字的形式加以确定，并编制设备、材料明细表和施工图预算。

施工图设计的主要内容包括总平面图、建筑物和构筑物详图、公用设施详图、工艺流程和设备安装图以及非标准设备制作详图等。

（2）施工准备阶段

项目施工前必须做好建设准备工作。其中包括征地、拆迁、平整场地、通水、通电、通路以及组织设备、材料订货，组织施工招标，选择施工单位，报批开工报告等项工作。

施工前各项施工准备由施工单位根据施工项目管理的要求做好。属于业主方的施工准备，如提供合格施工现场、设备和材料等也应根据施工要求做好。

（3）施工安装阶段

本阶段的主要任务是组织图纸会审及设计交底；了解设计意图；明确质量要求；选择合适的材料供应商；做好人员培训；合理组织施工；建立并落实技术管理、质量管理体系和质量保证体系；严格把好中间质量验收和竣工验收环节；按设计进行施工安装并建成工程实体。

（4）生产准备阶段

工程投产前，建设单位应当做好各项生产准备工作。生产准备阶段是由建设阶段转入生产经营阶段的重要衔接阶段。在本阶段，建设单位应当做好相关工作的计划、组织、指挥、协调和控制。

生产准备阶段的主要工作有组建管理机构；制定有关制度和规定；招聘并培训生产管理人员；组织有关人员参加设备安装、调试、工程验收；签订供货及运输协议；进行工具、器具、备品、备件等的制造或订货；其他需要做好的有关工作。

（5）竣工验收阶段

竣工验收是项目建设的最后阶段。它是全面考核项目建设成果，检验设计和施工质量，实施建设过程事后控制的主要步骤。同时，也是确认建设项目能否动用的关键步骤。

申请验收需要做好整理技术资料、绘制项目竣工图纸、编制项目决算等准备工作。

对大中型项目应当经过初验，然后再进行最终的竣工验收。简单、小型项目可以一次性进行全部项目的竣工验收。当建设项目全部完成，各单项工程已全部验收完成且符合设计要求，并且具备项目竣工图、项目决算、汇总技术资料以及工程总结等资料时，可由业主向负责验收的单位提出验收申请报告。

项目验收合格即交付使用，同时按规定实施保修。

小 提 示

工程建设项目自办理竣工验收手续后，因勘察、设计、施工、材料等原因造成的质量缺陷，应及时修复，费用由责任方承担。保修期限、返修和损害赔偿应当遵照《建设工程质量管理条例》的规定执行。

工程建设程序与工程建设监理的关系为：工程建设监理要根据行为准则对工程建设行为进行监督管理。建设程序对各建设行为主体和监督管理主体在每个阶段应当做什么、如何做、何

时做、由谁做等一系列问题都给出明确答案。工程建设监理企业和监理人员应当根据建设程序的有关规定并针对各阶段的工作内容实施监理。

二、工程建设主要管理制度

根据我国工程建设相关规定，在工程建设中应主要实行项目法人责任制、工程招标投标制、工程建设监理制、合同管理制等。这些制度相互关联、相互支持，共同构成了工程建设管理制度体系。

1. 项目法人责任制

为了建立投资约束机制，规范建设单位的行为，工程建设应当按照政企分开的原则组建项目法人，实行项目法人责任制，即由项目法人对项目的策划、资金筹措、建设实施、生产经营、债务偿还和资产的保值增值，实行全过程负责的制度。

为了建立投资责任约束机制，规范项目法人的行为，明确其责、权、利，提高投资效益，依据《中华人民共和国公司法》（以下简称《公司法》，原国家计委于1996年制定并颁布了《关于实行建设项目法人责任制的暂行规定》（以下简称《暂行规定》）。

《暂行规定》明确指出：国有单位经营性基本建设大中型项目在建设阶段必须组建项目法人。凡应实行项目法人责任制而没有实行的建设项目，投资主管部门不予批准开工，也不予安排年度投资计划。项目法人可按《公司法》）的规定设立有限责任公司和股份有限公司。

（1）项目法人的设立

新上项目在项目建议书被批准后，应及时组建项目法人筹备组，具体负责项目法人的筹建工作。项目法人筹备组主要由项目投资方派代表组成。

在申报项目可行性研究报告时，须同时提出项目法人组建方案，否则，其项目可行性研究报告不予审批。

项目可行性研究报告经批准后，正式成立项目法人，并按有关规定确保资金按时到位，同时及时办理公司登记。

国家重点建设项目的公司章程须报国家发改委备案。其他项目的公司章程按项目隶属关系分别向有关部门、地方发改委备案。

项目法人组织要精干。建设管理工作要充分发挥咨询、监理、会计师和律师事务所等各类中介组织的作用。

由原有企业负责建设的基建大中型项目，需新设立子公司的，要重新设立项目法人，并按上规定的程序办理；只设分公司或分厂的，原企业法人即是项目法人。对这类项目，原企业法人应向分公司或分厂派遣文职管理人员，并实行专项考核。

（2）项目法人的组织形式和职责

① 组织形式：国有独资公司设立董事会，董事会由投资方负责组建；国有控股或参股的有限责任公司、股份有限公司设立股东会、董事会和监事会，董事会、监事会由各投资方按照《公司法》的有关规定组建。

② 建设项目董事会的职责：筹措建设资金；审核上报项目初步设计和概算文件；审核上报年度投资计划并落实年度资金；提出项目开工报告；研究解决建设过程中出现的重大问题；负责提出项目竣工验收申请报告；审定偿还债务计划和生产经营方针，并负责按时偿还债务；聘任或解聘项目总经理，并根据总经理的提名，聘任或解聘其他高级管理人员。

③ 项目总经理的职责：组织编制项目初步设计文件，对项目工艺流程、设备选型、建设标准、总图布置提出意见，提交董事会审查；组织工程设计、工程建设监理、工程施工和材料设备采购招标工作，编制和确定招标方案、标底和评标标准，评选和确定中标单位；编制并组织实施项目年度投资计划、用款计划和建设进度计划；编制项目财务预算、决算；编制并组织实施归还贷款和其他债务计划；组织工程建设实施，负责控制工程投资、工期和质量；在项目建设过程中，在批准的概算范围内对单项工程的设计进行局部调整；根据董事会授权处理项目实施过程中的重大紧急事件，并及时向董事会报告；负责生产准备工作和培训人员；负责组织项目试生产和单项工程预验收；拟订生产经营计划、企业内部机构设置、劳动定员方案及工资福利方案；组织项目后评估，提出项目后评估报告；按时向有关部门报送项目建设、生产信息和统计资料；提请董事会聘请或解聘项目高级管理人员。

2. 投资项目资本金制度

在投资项目的总投资中，除项目法人从银行或资金市场筹措的债务性资金外，还必须拥有一定比例的资本金。投资项目资本金，是指在投资项目总投资中，由投资者认缴的出资额，对投资项目来说是非债务性资金，项目法人不承担这部分资金的任何利息和债务；投资者可按其出资的比例依法享有所有者权益，也可转让其出资，但不得以任何方式抽回。

我国从1996年开始，对各种经营性投资项目，包括国有单位的基本建设、技术改造、房地产开发项目和集体投资项目，试行资本金制度，投资项目必须首先落实资本金才能进行建设。

3. 工程招标投标制

为了在工程建设领域引入竞争机制，择优选择勘察单位、设计单位、施工单位及材料、设备供应单位，需要实行工程招标投标制。

工程建设招标实行公开招标为主。确实需要采取邀请招标和议标形式的，要经过项目主管部门或主管地区政府批准。招标投标活动要严格按照国家有关规定进行，体现公开、公平、公正和择优、诚信的原则。对未按规定进行公开招标、未经批准擅自采取邀请招标和议标形式的，有关地方和部门不得批准开工。工程建设监理企业也应通过竞争择优确定。

小 提 示

> 招标单位要合理划分标段、合理确定工期、合理标价定标。中标单位签订承包合同后，严禁进行转包。总承包单位如进行分包，除总承包合同中有约定的外，必须经发包单位认可，但主体结构不得分包，禁止分包单位将其承包的工程再分包。

严禁任何单位和个人以任何名义、任何形式干预正当的招标投标活动，严禁搞地方和部门保护主义，对违反规定干预招标投标活动的单位和个人，不论有无牟取私利，都要根据情节轻重作出处理。

招标单位有权自行选择招标代理机构，委托其办理招标事宜。招标单位若具有编制招标文件和组织评标能力，可以自行办理招标事宜。

4. 工程建设监理制

实行监理的工程建设，由建设单位委托具有相应资质的工程建设监理企业监理。建设单位与其委托的工程建设监理企业应当订立书面委托监理合同。

工程建设监理应当依照法律、行政法规及有关的技术标准、设计文件和工程承包合同，对承包单位在施工质量、建设工期和建设资金使用等方面，代表建设单位实施监督。工程建设监理人员认为工程施工不符合工程设计要求、施工技术标准和合同约定的，有权要求建筑施工企业改正。工程建设监理人员认为工程设计不符合建筑工程质量标准或者合同约定的质量要求的，应当报告建设单位，要求设计单位改正。

5. 合同管理制

为了使勘察、设计、施工、材料设备供应单位和工程建设监理企业依法履行各自的责任和义务，在工程建设中必须实行合同管理制。

合同管理制的基本内容是：工程建设的勘察、设计、施工、材料设备采购和工程建设监理都要依法订立合同；各类合同都要有明确的质量要求、履约担保和违约处罚条款；违约方要承担相应的法律责任。

合同管理制的实施对工程建设监理开展合同管理工作提供了法律上的支持。

6. 建设工程监督管理制

为加强对建设工程质量的管理，我国《建筑法》及《建设工程质量管理条例》明确政府行政主管部门设立专门机构对建设工程质量行使监督职能，其目的是保证建设工程质量、保证建设工程的使用安全及环境质量。国务院建设行政主管部门对全国建设工程质量实行统一监督管理，国务院铁路、交通、水利等有关部门按照规定的分工，负责对全国有关专业建设工程质量的监督管理。各级政府质量监督机构对建设工程监督的依据是国家、地方和各专业建设管理部门颁发的法律、法规及各类规范和强制性标准。

7. 建设工程许可制

为了加强对建设活动的监督管理，维护建设市场秩序，保证建设工程的质量和安全，建设部颁布了《建筑工程施工许可管理办法》，对工程开工实行许可，规定必须申请领取施工许可证的建筑工程未取得施工许可证的，一律不得开工。在中华人民共和国境内从事各类房屋建筑及其附属设施的建造、装修装饰和与其配套的线路、管道、设备的安装，以及城镇市政基础设施工程的施工，建设单位在开工前应当依照《建筑工程施工许可管理办法》的规定，向工程所在地的县级以上人民政府建设行政主管部门申请领取施工许可证。

知识链接

除上述主要制度外，我国工程建设中还实行从业资格与资质制、安全生产责任制、工程质量责任制、工程竣工验收制、工程质量备案制、工程质量保修制、工程质量终身责任制、项目决策咨询评估及工程设计审查制等。

学习案例

某工程项目，建设单位（发包人）根据工程建设管理的需要，将该工程分成三个标段进行施工招标。分别由A、B、C三家公司承担施工任务。通过招标建设单位将三个标段的施工监理任务委托具有专业监理甲级资质的M监理公司一家承担。M监理公司确定了总监理工程师，成立了项目监理部。监理部下设综合办公室兼管档案、合同部兼管投资和进度、质监部兼管工地实验与检测等三个业务管理部门，设立A、B、C三个标段监理组，监理组设组长一人，负责监理组监理工作，并配有相应数量的专业监理工程师及监理员。

问题：

1. M公司对此监理任务非常重视，公司经理专门召开项目监理工作会议，着重讲了如何贯彻公司内部管理制度和开展监理工作的基本原则。请回答监理企业的内部管理制度应有哪些（答出其中四项即可）？建设工程监理实施的基本原则是什么？

2. 在确定了总监理工程师和监理机构之后，开展监理工作的程序是什么？

分析：

1. 企业内部管理制度有组织管理制度、人事管理制度、劳动合同管理制度、财务管理制度、经营管理制度、项目监理机构管理制度、设备管理制度、科技管理制度、档案文书管理制度。

建设工程监理实施的基本原则是监理执业资质审核，公正、独立、科学，总监理工程师全权负责，有偿服务，权责一致，严格监理、竭诚服务，综合效益，预防为主，实事求是。

2. 开展监理工作的程序如下。

① 编制建设工程监理规划。

② 制订各专业监理实施细则。

③ 规范化地开展监理工作。

④ 参与验收，签署建设工程监理意见。

⑤ 向业主提交建设工程监理档案资料。

⑥ 监理工作总结。

知识拓展

我国建设工程监理的发展趋势

我国的建设工程监理已经取得了有目共睹的成绩，并已为社会各界所认同和接受。但是应该看清：我国的建设监理制仍处于发展摸索阶段，许多地方还不完善，与发达国家相比还存在很大的差距。为使我国的建设工程监理健康有序地发展，在工程建设领域发挥更大的作用，实现预期的效果，建设工程监理从以下几个方面发展成为必然。

1. 加强法制建设，完善法规体系

只有在总结监理工作经验的基础上，借鉴国际上通行的做法，加快完善工程监理的法规体系，才能使我国的建设工程监理走上法制化轨道，才能适应国际竞争新形势的需要。

2. 以市场需求为导向，向全方位、全过程监理发展

我国实行工程建设监理制已有20多年时间，但目前仍然以施工阶段监理为主。造成这种状况的原因既有体制上认识的问题，也有建设单位和监理企业素质及能力等问题。但是从建设工程监理行业面临世界经济一体化、市场经济快速发展、建设项目组织实施方式改革带来的机遇和挑战形势看，监理企业代表建设单位进行全方位、全过程的工程项目管理，将是我国工程监理行业发展的必然趋势。当前，监理企业要以市场需求为导向，尽快从单一的施工阶段监理

向工程建设全方位、全过程监理过渡，不仅要做好施工阶段监理工作，而且要进行决策阶段和设计阶段的监理。只有这样，我国的监理企业才能具有国际竞争力，才能为我国的工程建设发展发挥更大的作用。

3．适应市场需求，优化工程监理企业结构

在市场经济条件下，监理企业的发展规模和特色必须与建设单位项目管理的需求相适应。建设单位对工程建设监理的需求是多种多样的，建设工程监理企业所提供的服务也应是多种多样的。尽管建设工程监理应向全方位、全过程监理发展，但从市场投资多元化、业主需求多样化来看，并不意味着所有的工程建设监理企业都朝这个方向发展。因此，应通过市场机制和必要的行业政策引导，在建设工程监理行业逐步建立起综合性监理企业与专业性监理企业相结合，大、中、小型监理企业相结合的合理的企业结构。按工作内容分，建立起能承担全方位、全过程监理任务的综合性监理企业与能承担某一专业监理任务（如招标代理、工程造价咨询）的监理企业相结合的企业结构；按工作阶段分，建立起能承担工程建设全过程监理的大型监理企业与能承担某一阶段工程监理任务的中型监理企业和只提供旁站监理劳务的小型监理企业相结合的企业结构。这样不仅能满足不同建设单位对项目管理多样化、专业化和全过程的需求，又能使各类监理企业均得到合理的生存和发展空间。

4．加强培训工作，不断提高从业人员素质

从全方位、全过程、高层次监理的要求来看，我国建设工程监理人员的素质还不能与之相适应，急需加以提高。另一方面，工程建设领域的新技术、新工艺、新材料层出不穷，工程技术标准、规范、规程更新较快，信息技术日新月异，要求建设工程监理从业人员与时俱进，不断提高自身的业务素质和职业素质，这样才能为建设单位提供优质服务。监理人员培训工作应重点做好岗前培训和注册监理工作的继续教育工作，建立一个多渠道、多层次、多种形式、多种目标的人才培养体系。继续教育内容应注意更新理论知识、优化知识结构和扩大知识范围，经过培训和实践，不断提高执业能力和工作水平，造就出大批适应监理事业发展及监理实务需要的高素质人才，从而提高我国工程建设监理的总体水平，推动工程建设监理事业更快更好地发展。

5．注意与国际惯例接轨，力争走向世界

我国的工程建设监理虽然是参照国际惯例从西方借鉴引入的，但由于中国的国情不同于外国，在某些方面与国际惯例还有差异。我国加入WTO的过渡期已经结束，建筑市场的竞争规则、技术标准、经营方式、服务模式将进一步与国际接轨。

与国际惯例接轨可使我国的工程建设监理企业与国外同行按照同一规则同台竞争，既表现在国外项目管理公司进入我国后，与我国的工程监理企业产生竞争，也表现在我国工程监理企业走向世界，与国外同类企业产生竞争。要在竞争中取胜，除有实力、业绩、信誉之外，还应掌握国际上通行的规则。我国的监理工程师和建设工程监理企业只有熟悉和掌握国际规则，才能在迎接国外同行进入我国后的竞争挑战中，把握机遇，开拓市场，加速我国建设工程监理行业的国际化进程。

学习情境小结

本学习情境内容包括工程建设监理的基本概念、工程建设监理理论基础、工程建设程序和工程建设管理制度。

工程建设监理不同于建设行政主管部门的监督管理，其行为主体是工程建设监理企业。

工程建设监理的基本方法是目标规划、动态控制、组织协调、信息管理和合同管理。

工程建设监理工作文件主要有监理大纲、监理规划和监理实施细则。

学习检测

一、填空题

1. 工程建设监理的行为主体是_____，这是我国工程建设监理制度的一项重要规定。

2.《建筑法》明确规定，建设单位与其委托的工程建设监理企业应当订立书面合同。也就是说，工程建设监理的实施需要建设单位的_____和_____。

3. 工程建设监理范围可以分为_____和_____。

4. 工程建设监理的性质有_____、_____、_____、_____。

5. 监理企业受业主委托对工程项目实施监理时，应遵循_____、_____、_____及_____、_____、_____、_____、_____、_____的原则。

6. 工程建设监理的基本方法是_____、_____、_____、_____和_____。

二、选择题

1. 下列（　　）不是工程建设监理的基本概念所包含的内容。

A. 工程建设监理的行为主体

B. 工程建设监理业务的承接

C. 工程建设监理的依据和工程建设监理的范围

D. 工程建设监理的性质

2. 工程建设监理的性质不包括（　　）。

A. 服务性   B. 科学性、公正性

C. 实用性   D. 独立性

3. 施工阶段的监理工作的三控制不包括（　　）。

A. 投资控制   B. 进度控制

C. 安全控制   D. 质量控制

4. 施工阶段的监理工作的二管理指的是（　　）。

A. 合同管理、信息管理   B. 合同管理、进度管理

C. 投资管理、信息管理   D. 质量管理、信息管理

三、简答题

1. 什么是工程建设监理？简述其概念要点。

2. 简述工程建设监理的特点。

3. 工程建设监理的任务是什么？

4. 工程建设监理的基本方法有哪些？

5. 简述工程建设监理的步骤。

6. 工程建设监理工作文件有哪些？

7. 简述工程建设主要管理制度。

学习情境二
监理工程师和工程建设监理企业

案例引入

某建筑工程监理公司，原为某市建筑设计研究院所属一个单位，是按照传统的国有企业模式设立的，根据党的十五大提出的建立现代企业制度及党中央《关于国有企业改革和发展若干重大问题的决定》，该监理公司也积极进行改革，以便转换企业的经营机制，建立现代企业制度，使监理公司真正成为具有"四主"能力的主体，使企业形成适应市场经济要求的管理制度和经营机制。

案例导航

本案例涉及工程监理企业经营管理。本案例中该监理公司积极响应十五大提出的建立现代企业制度及党中央《关于国有企业改革和发展若干重大问题的决定》的要求，以便转换企业的经营机制，建立现代企业制度的做法体现了工程建设监理企业经营管理措施。

要了解工程建设监理企业的经营管理，需要掌握以下相关知识。

1. 工程建设监理企业的组织形式及资质管理。
2. 工程建设监理企业的经营管理。

学习单元一　监理工程师

知识目标

1. 了解监理工程师的概念和基本素质。
2. 熟悉监理工程师的法律责任。
3. 掌握监理工程师执业资格考试、注册和继续教育的规定。

基础知识

一、监理工程师的概念

监理工程师是指经考试取得中华人民共和国监理工程师资格证书，并经注册，取得中华人民共和国注册监理工程师执业证书和执业印章，从事工程监理及相关业务活动的专业人员。

监理工程师是一种岗位职务。它包含三层含义：第一，监理工程师是从事工程建设监理工作的人员；第二，已取得国家确认的"监理工程师资格证书"；第三，经省、自治区、直辖市建委（建设厅）或由国务院工业、交通等部门的建设主管单位核准、注册，取得"监理工程师岗位证书"。

从事工程建设监理工作，但尚未取得"监理工程师岗位证书"的人员统称为监理员。在工作中，监理员与监理工程师的区别主要在于监理工程师具有相应岗位责任的签字权，监理员没有相应岗位责任的签字权。

二、监理工程师的基本素质和职业道德

1. 监理工程师的基本素质

监理单位的职责是受工程建设项目业主的委托，对工程建设进行监督和管理。具体从事监理工作的监理人员，不仅要有较强的专业技术能力和较高的政策水平，能够对工程建设进行监督管理，提出指导性的意见，而且要能够组织、协调与工程建设有关的各方面共同完成工程建设服务。就是说，监理人员既要具备一定的工程技术或工程经济方面的专业知识，还要有一定的组织协调能力。就专业知识而言，既要精通某一专业，又要具备一定的其他专业知识。所以说监理人员，尤其是监理工程师是一种复合型人才。对这种高智能的人才素质的要求，主要体现在以下几个方面。

（1）具有较高的学历和多学科专业知识

现代工程建设，工艺越来越先进，材料、设备越来越新颖，而且规模大、应用科技门类多，需要组织多专业、多工种人员，形成分工协作、共同工作群体。即使是规模不大、工艺简单的工程项目，为了优质、高效地搞好工程建设，也需要具有较深厚的现代科技理论知识、经济管理理论知识和一定的法律知识的人员进行组织管理。如果工程建设委托监理，监理工程师不仅要担负一般的组织管理工作，而且要指导参加工程建设的各方搞好工作。所以，监理工程师不具备上述理论知识就难以胜任监理岗位的工作。

要胜任监理工作的需要，监理工程师就应当具有较高的学历和学识水平。

监理工程师应具备大专以上（含大专院校毕业）的学历，并且要有综合知识结构，主要包括工程技术、管理、经济和法律方面的理论知识。由于监理工程师有专业之分，作为一名监理工程师不可能学习和掌握所有的专业理论知识，但是起码应学习、掌握一种专业理论知识。无论监理工程师已经掌握了哪一门的专业技术知识，都必须还要学习、掌握一定的工程建设中有关经济、法律和组织管理等方面的理论知识，达到"一专多能"的程度。

（2）要有丰富的工程建设实践经验

工程建设实践经验就是理论知识在工程建设中的成功应用。一般来说，一个人在工程建设中工作的时间越长，经验就越丰富；反之，经验则不足。不少人研究指出，工程建设中出现失误，往往与经验不足有关。当然，若不从实际出发，单凭以往的经验，也难以取得预期的成效。据了解，世界各国都很重视工程建设的实践。在考核某一个单位或某一个人的能力大小时，都把实践经验作为主要的衡量尺度。英国咨询工程师协会规定，入会的会员年龄必须在38岁以上；新加坡有关机构规定，注册结构工程师，必须具有8年以上的工程结构设计实践经验。

工程建设实践经验包括工程项目建设各个阶段的工作经验、工程建设专业工作经验、各类工程的建设经验以及担任不同职务经历的工作经验。

小　提　示

　　要求监理工程师具有丰富的实践经验，是指监理工程师起码要在工程建设的某一方面具有丰富的实践经验，若在两个或更多的方面都有丰富的实践经验更好。我国在报考监理工程师的资格中，对其在工程建设实践中起码的工作年限做了相应的规定，即取得中级技术职称后还要有3年的工作实践，方可参加监理工程师的资格考试。

（3）要有良好的品德

监理工程师的良好品德主要体现在以下几个方面。

①热爱社会主义祖国、热爱人民、热爱建设事业。

②具有科学的工作态度。

③具有廉洁奉公、为人正直、办事公道的高尚情操。

④善于听取不同方面的意见，冷静分析和处理问题。

（4）要有健康的体魄和充沛的精力

　　尽管工程建设监理是一种高智能的技术服务，以脑力劳动为主，但是，也必须具有健康的身体和充沛的精力，才能胜任繁忙、严谨的监理工作。工程建设施工阶段，由于露天作业、工作条件艰苦，工期往往紧迫、业务繁忙，更需要有健康的身体，否则，难以胜任工作。一般来说，年满65周岁就不宜再在监理单位承担监理工作，所以，年满65周岁的监理工程师就不再注册。

2. 监理工程师的职业道德

　　工程建设监理工作的性质决定了监理工程师的行为主要靠自身内在的约束。因此，好的职业道德是工程建设监理行业得以长期存在和发展的基础。

（1）职业道德守则

我国有关部门制定的监理工程师职业道德守则包括下列内容。

①维护国家的荣誉和利益，按照"守法、诚信、公正、科学"的准则执业。

②执行有关工程建设的法律、法规、规范、标准和制度，履行监理合同规定的义务和职责。

③努力学习专业技术和工程建设监理知识，不断提高业务能力和监理水平。

④不以个人名义承揽监理业务。

⑤不同时在两个或两个以上监理单位注册和从事监理活动，不在政府部门和施工、材料和设备的生产供应等单位兼职。

⑥不为所监理项目指定承建商、建筑构配件、设备、材料生产厂家和施工方法。

⑦不收受被监理单位的任何礼金。

⑧不泄露所监理工程各方认为需要保密的事项。

⑨坚持独立自主地开展工作。

（2）工作纪律

①遵守国家的法律和政府的有关条例、规定和办法等。

②认真履行工程建设监理委托合同所承诺的义务和承担约定的责任。

③坚持公正的立场，公平地处理有关各方的争议。

④ 坚持科学的态度和实事求是的原则。

⑤ 在坚持按工程建设监理委托合同的规定向业主提供技术服务的同时，帮助被监理者完成其担负的建设任务。

⑥ 不以个人名义在报刊上刊登承揽监理业务的广告。

⑦ 不得损害他人名誉。

⑧ 不泄露所监理的工程需保密的事项。

⑨ 不在任何承建商或材料设备供应商中兼职。

⑩ 不擅自接受业主额外的津贴，也不接受被监理单位的任何津贴。不接受可能导致判断不公的报酬。

小 提 示

> 　　监理工程师违背职业道德或违反工作纪律，由政府主管部门没收非法所得，收缴"监理工程师岗位证书"，并处以罚款。监理单位还要根据企业内部的规章制度给予处罚。

（3）FIDIC道德准则

FIDIC（国际咨询工程师联合会）成员行为的基本准则如下。

① 对社会和咨询业的责任。

- 承担咨询业对社会所负有的责任。
- 寻求符合可持续发展原则的解决方案。
- 始终维护咨询业的尊严、地位和荣誉。

② 能力。

- 保持其知识和技能与技术、法规、管理的发展相一致的水平，对于委托人要求的服务采用相应的技能，并尽心尽力。
- 仅在有能力从事服务时方才进行。

③ 廉洁。始终维护客户的合法权益，并廉洁、忠诚地提供服务。

④ 公正性。

- 在提供职业咨询、评审或决策时不偏不倚。
- 通知委托人在行使其委托权时可能引起的任何潜在的利益冲突。
- 不接受可能导致判断不公的报酬。

⑤ 对他人的公正。

- 加强"按照能力进行选择"的观念。
- 不得故意或无意地做出损害他人名誉或事务的事情。
- 不得直接或间接取代某一特定工作中已经任命的其他咨询工程师的位置。
- 通知该咨询工程师并且接到委托人终止先前任命的建议前不得取代该咨询工程师的工作。
- 在被要求对其他咨询工程师的工作进行审查的情况下，要以适当的职业行为和礼节进行。

三、监理工程师执业资格考试、注册和继续教育

1. 监理工程师执业资格考试

监理工程师是一种执业资格。所以，学习了工程建设监理专业理论知识，并取得合格结业

证书后，还不能算具有监理工程师资格，还要参加侧重于工程建设监理实践知识的全国统考，考试合格者才能取得"监理工程师资格证书"。

（1）监理工程师执业资格考试制度

我国按照有利于国家经济发展、得到社会公认、具有国际可比性、事关社会公共利益四项原则，在涉及国家、人民生命财产安全的专业技术工作领域，实行专业技术人员执业资格制度。

知识链接

> 执业资格一般要通过考试方式取得，这体现了执业资格制度公开、公平、公正的原则。
>
> 1992年6月，建设部发布了《监理工程师资格考试和注册试行办法》（建设部第18号令），我国开始实施监理工程师资格考试。在1996年8月，建设部、人事部下发了《建设部、人事部关于全国监理工程师执业资格考试工作的通知》（建监〔1996〕462号），从1997年起，全国正式举行监理工程师执业资格考试。考试工作由建设部、人事部共同负责，日常工作委托建设部建筑监理协会承担，具体考务工作由人事部人事考试中心负责。
>
> 考试每年举行一次，考试时间一般安排在5月中旬。原则上在省会城市设立考点。

实行监理工程师资格考试制度具有以下重要意义。

① 有助于促进监理人员和其他愿意掌握建设监理基本知识的人员努力钻研监理业务，提高业务水平。

② 有利于统一监理工程师的基本标准，有助于保证全国各地方、各部门监理队伍的素质。

③ 有利于公正地确定监理人员是否具备监理工程师的资格。

④ 有助于建立建设监理人才库，把监理单位以外，已经掌握监理知识的人员的监理资格确认下来，形成蕴涵于社会的监理人才库。

⑤ 通过考试确认相关资格的做法，是国际上通行的方式。实行监理工程师资格考试制度便于同国际接轨，开拓国际工程监理市场。

因此，我国要建立监理工程师执业资格考试制度。

（2）考试范围

开展建设监理培训工作以来，根据监理工作的实际业务内容，综合培训院校的教学科目，原建设部组织编写了6本培训教材，并逐步在全国范围内推广使用。所以，监理工程师资格考试的范围是现行的监理培训教材，即工程建设监理概论、工程建设合同管理、工程建设质量控制、工程建设进度控制、工程建设投资控制和工程建设信息管理六方面的理论知识和实务技能。

考试设4个科目，具体是"工程建设监理基本理论与相关法规""工程建设合同管理""工程建设质量、投资、进度控制""工程建设监理案例分析"。其中，"工程建设监理案例分析"为主观题，在试卷上作答；其余3科均为客观题，在答题卡上作答。

（3）报考条件

根据建设工程监理工作对监理人员素质的要求，对报考监理工程师资格的人员有一定的条件限制。

①参加全科（4科）考试的条件。

* 工程技术或工程经济专业大专（含大专）以上学历，按照国家有关规定，取得工程技术或工程经济专业中级职务，并任职满3年。

* 按照国家有关规定，取得工程技术或工程经济专业高级职务。

* 1970年（含1970年）以前工程技术或工程经济专业中专毕业，按照国家有关规定，取得工程技术或工程经济专业中级职务，并任职满3年。

②免试部分科目的条件。对从事工程建设监理工作并同时具备下列4项条件的人员，可免试"工程建设合同管理"和"工程建设质量、投资、进度控制"两科。

* 1970年（含1970年）以前工程技术或工程经济专业中专（含中专）以上毕业。

* 按照国家有关规定，取得工程技术或工程经济专业高级职务。

* 从事工程设计或工程施工管理工作满15年。

* 从事监理工作满1年。

参加全部4个科目考试的人员，必须在连续两个考试年度内通过全部科目考试；符合免试部分科目考试的人员，必须在一个考试年度内通过规定的两个科目的考试，可取得监理工程师执业资格证书。

（4）考试方式和录取

监理工程师资格考试是对考生监理理论和监理实务技能水平的考察，是一种水平考试。因此，采取统一命题、闭卷考试、分科记分、统一标准录取的方式，一般每年举行一次。有些学者提出，笔试不能充分地反映考生的实际监理水平，因而应增加对考生实际技能的考核。

小 提 示

> 对考试合格人员，由省、自治区、直辖市人民政府人事行政主管部门颁发由国务院人事行政主管部门统一印制，国务院人事行政主管部门和建设行政主管部门共同编制的"监理工程师执业资格证书"。取得执业资格证书并经注册后，即成为监理工程师。

（5）考试管理

根据我国的国情，对监理工程师资格考试工作，实行政府统一管理的原则。国家成立由建设行政主管部门、人事行政主管部门、计划行政主管部门和有关方面的专家组成的"全国监理工程师资格考试委员会"，省、自治区、直辖市成立"地方监理工程师资格考试委员会"。

全国监理工程师资格考试委员会是全国监理工程师资格考试工作的最高管理机构，其主要职责有以下几方面。

①拟订考试计划。

②组织制定并发布考试大纲。

③组成命题小组，领导命题小组确定考试命题，拟订标准答案和评分标准，印刷试卷。

④指导、监督考试工作。

⑤拟订考试合格标准，报国家人事行政主管部门、建设行政主管部门审批。

⑥进行考试总结，并写出总结报告。

小　提　示

地方监理工程师资格考试委员会，在全国监理工程师资格考试委员会领导下，负责当地的考试工作，其具体职责有以下几方面。

① 根据监理工程师资格考试大纲和有关有求，发布本地区、本部门监理工程师资格考试公告。

② 受理考试申请，审查参考者资格。

③ 组织考试、阅卷评分和确认考试合格者。

④ 向本地区或本部门监理工程师注册机关书面报告考试情况。

⑤ 向全国监理工程师资格考试委员会报告工作。

2．监理工程师的注册

取得"监理工程师执业资格证书"者，须按规定向所在省（区、市）建设部门申请注册，监理工程师注册有效期为5年。有效期满前3个月，持证者须按规定到注册机构办理再次注册手续。

监理工程师的注册，根据注册内容的不同分为三种形式，即初始注册、延续注册和变更注册。按照我国有关法规规定，监理工程师依据其所学专业、工作经历、工程业绩，按专业注册，每人最多可以申请两个专业注册，并且只能在一家工程建设勘察、设计、施工、监理、招标代理、造价咨询等企业注册。

（1）初始注册

经考试合格，取得"监理工程师执业资格证书"的，可以申请监理工程师初始注册。

① 申请初始注册，应当具备以下条件。

- 经全国注册监理工程师执业资格统一考试合格，取得资格证书。
- 受聘于一个相关单位。
- 达到继续教育要求。

② 申请监理工程师初始注册，一般要提供下列材料。

- 本人填写的《中华人民共和国注册监理工程师初始注册申请表》（一式二份，另附一张近期一寸免冠照片，供制作注册执业证书使用）和相应电子文档（电子文档通过网上报送给省（区、市）建设行政主管部门）。
- 申请人的资格证书和身份证复印件。
- 申请人与聘用单位签订的聘用劳动合同复印件及社会保险机构出具的参加社会保险的清单复印件。
- 学历或学位证书、职称证书复印件，与申请注册相关的工程技术、工程管理工作经历和工程业绩证明。
- 逾期初始注册的，应提交达到继续教育要求的证明材料。

③ 申请初始注册的程序如下。

- 申请人向聘用单位提出申请。
- 聘用单位同意后，连同上述材料由聘用企业向所在省、自治区、直辖市人民政府建设行政主管部门提出申请。
- 省、自治区、直辖市人民政府建设行政主管部门初审合格后，报国务院建设行政主管部门。

● 国务院建设行政主管部门对初审意见进行审核，对符合条件者准予注册，并颁发由国务院建设行政主管部门统一印制的"监理工程师注册证书"和执业印章。执业印章由监理工程师本人保管。

国务院建设行政主管部门对监理工程师初始注册随时受理审批，并实行公示、公告制度，对符合注册条件的进行网上公示，经公示未提出异议的予以批准确认。

（2）延续注册

监理工程师初始注册有效期为3年，注册有效期满要求继续执业的，需要办理延续注册。延续注册应提交以下材料。

① 本人填写的《中华人民共和国注册监理工程师延续注册申请表》（一式二份，另附一张近期一寸免冠照片，供制作注册执业证书使用）和相应电子文档（电子文档通过网上报送给省级建设行政主管部门）。

② 申请人与聘用单位签订的聘用劳动合同复印件及社会保险机构出具的参加社会保险的清单复印件。

③ 申请人注册有效期内达到继续教育要求的证明材料。

延续注册的有效期同样为3年，从准予延续注册之日起计算。国务院建设行政主管部门定期向社会公告准予延续注册的人员名单。

（3）变更注册

根据《注册监理工程师管理规定》（建设部第147号令）的有关规定，注册监理工程师发生下列情况时，应及时办理变更注册手续。

① 变更执业单位。

② 变更注册专业。

③ 所在聘用企业变更企业名称。

④ 所在聘用企业变更注册管理部门。

变更注册需要提交下列材料。

① 申请人如实填写的《中华人民共和国注册监理工程师变更注册申请表》一式两份；跨省、自治区、直辖市、总后基建营房部办理变更注册手续的，需提交一式三份。

② 申请人的身份证件（身份证、军官退休证、警官退休证）复印件（需加盖现聘用企业公章）。

③ 申请人的"中华人民共和国监理工程师执业资格证书"或"中华人民共和国监理工程师证书"复印件（需加盖现聘用企业公章）。

④ 申请人的"中华人民共和国注册监理工程师注册执业证书"原件及执业印章。

⑤ 申请人与新聘用单位签订的聘用劳动合同复印件及社会保险机构出具的参加社会保险的清单复印件。

⑥ 申请人的工作调动证明（与原聘用单位解除聘用劳动合同或者聘用劳动合同到期的证明文件、退休人员的退休证明）。

⑦ 在注册有效期内或有效期届满，变更注册专业的，应提供与申请注册专业相关的工程技术、工程管理工作经历和工程业绩证明，以及满足相应专业继续教育要求的证明材料。

⑧ 在注册有效期内，因所在聘用单位名称发生变更的，应提供聘用单位新名称的营业执照复印件。

⑨ 申请人近期免冠一寸彩色照片一张。

（4）不予初始注册、延续注册或者变更注册的特殊情况

如果注册申请人有下列情形之一的，将不予初始注册、延续注册或者变更注册。

① 不具有完全民事行为能力。

② 刑事处罚尚未执行完毕或者因从事工程监理或者相关业务受到刑事处罚，自刑事处罚执行完毕之日起至申请注册之日止不满两年。

③ 未达到监理工程师继续教育要求。

④ 在两个或者两个以上单位申请注册。

⑤ 以虚假的职称证书参加考试并取得资格证书。

⑥ 年龄超过65周岁。

⑦ 法律、法规规定不予注册的其他情形。

注册监理工程师如果有下列情形之一的，其注册证书和执业印章将自动失效。

① 聘用单位破产。

② 聘用单位被吊销营业执照。

③ 聘用单位被吊销相应资质证书。

④ 已与聘用单位解除劳动关系。

⑤ 注册有效期满且未延续注册。

⑥ 年龄超过65周岁。

⑦ 死亡或者丧失行为能力。

⑧ 其他导致注册失效的情形。

（5）注销注册

注册监理工程师如果有下列情形之一的，应当办理注销注册，交回注册证书和执业印章，注册管理机构将公告其注册证书和执业印章作废。

① 不具有完全民事行为能力。

② 申请注销注册。

③ 注册证书和执业印章已失效。

④ 依法被撤销注册。

⑤ 依法被吊销注册证书。

⑥ 受到刑事处罚。

⑦ 法律、法规规定应当注销注册的其他情形。

3. 注册监理工程师的继续教育

（1）继续教育的目的

随着现代科学技术日新月异的发展，注册后监理工程师不能一劳永逸地停留在原有的知识水平上，而要随着时代的进步不断更新知识、扩大知识面。通过继续教育使注册监理工程师及时掌握与工程监理有关的政策、法律法规和标准规范，熟悉工程监理与工程项目管理的新理论、新方法，了解工程建设新技术、新材料、新设备及新工艺，适时更新业务知识，不断提高注册监理工程师业务素质和执业水平，以适应开展工程监理业务和工程监理事业发展的需要。因此，注册监理工程师每年都要接受一定学时的继续教育。

（2）继续教育的学时

注册监理工程师在每一注册有效期（3年）内应接受96学时的继续教育，其中必修课和选

35

修课各为48学时。必修课48学时，每年可安排16学时。选修课48学时，按注册专业安排学时，只注册1个专业的，每年接受该注册专业选修课16学时的继续教育；注册2个专业的，每年接受相应2个注册专业选修课各8学时的继续教育。

在一个注册有效期内，注册监理工程师根据工作需要可集中安排或分年度安排继续教育的学时。

> **小 提 示**
>
> 注册监理工程师申请变更注册专业时，在提出申请之前，应接受申请变更注册专业24学时选修课的继续教育。注册监理工程师申请跨省级行政区域变更执业单位时，在提出申请之前，还应接受新聘用单位所在地8学时选修课的继续教育。

经全国性行业协会监理委员会或分会（以下简称专业监理协会）和省、自治区、直辖市监理协会（以下简称地方监理协会）报中国建设监理协会同意，从事以下工作所取得的学时可充抵继续教育选修课的部分学时：注册监理工程师在公开发行的期刊上发表有关工程监理的学术论文，字数在3 000字以上的，每篇可充抵选修课4学时；从事注册监理工程师继续教育授课工作和考试命题工作，每年每次可充抵选修课8学时。

（3）继续教育的方式和内容

继续教育的方式有两种，即集中面授和网络教学。继续教育的学习内容主要有以下几方面。

① 必修课：国家近期颁布的与工程监理有关的法律法规、标准规范和政策；工程监理与工程项目管理的新理论、新方法；工程监理案例分析；注册监理工程师职业道德。

② 选修课：地方及行业近期颁布的与工程监理有关的法规、标准规范和政策；工程建设新技术、新材料、新设备及新工艺；专业工程监理案例分析；需要补充的其他与工程监理业务有关的知识。

中国建设监理协会于每年12月底向社会公布下一年度的继续教育的具体内容。其中继续教育必修课的具体内容由建设部有关司局、中国建设监理协会和行业专家共同制定，必修课的培训教材由中国建设监理协会负责编写和推荐。继续教育选修课的具体内容由专业监理协会和地方监理协会负责提出，并于每年的11月底前报送中国建设监理协会确认，选修课培训教材由专业监理协会和地方监理协会负责编写和推荐。

四、监理工程师的法律责任

1. 监理工程师法律责任的表现行为

监理工程师的法律责任主要来源于法律法规的规定和委托监理合同的约定。

（1）违反法律法规的行为

现行法律法规对监理工程师的法律责任专门作出了具体规定。如《中华人民共和国建筑法》第35条规定："工程监理单位不按照委托监理合同的约定履行监理义务，对应当监督检查的项目不检查或者不按照规定检查，给建设单位造成损失的，应当承担相应的赔偿责任。"

> **小 提 示**
>
> 《中华人民共和国刑法》第137条规定:"建设单位、设计单位、施工单位、工程监理单位违反国家规定,降低工程质量标准,造成重大安全事故的,对直接责任人员,处五年以下有期徒刑或者拘役,并处罚金;后果特别严重的,处五年以上十年以下有期徒刑,并处罚金。"

这些规定能够有效地规范、指导监理工程师的执业行为,提高监理工程师的法律责任意识,引导监理工程师公正、守法地开展监理业务。

（2）违反合同约定的行为

监理工程师一般主要受聘于工程建设监理企业,从事工程建设监理业务。工程建设监理企业是订立委托监理合同的当事人,是法定意义上的合同主体。但委托监理合同在具体履行时,由监理工程师代表监理企业来实现。因此,如果监理工程师出现工作过失,违反了合同约定,其行为将被视为监理企业违约,由监理企业承担相应的违约责任。当然,监理企业在承担违约赔偿责任后,有权在企业内部向有相应过失行为的监理工程师追偿部分损失。因此,由监理工程师个人过失引发的合同违约行为,监理工程师应当与监理企业承担一定的连带责任。其连带责任的基础是监理企业与监理工程师签订的《聘用协议》或《责任保证书》,或监理企业法定代表人对监理工程师签发的《授权委托书》。一般来说,《授权委托书》应包含职权范围和相应的责任条款。

2. 监理工程师的安全生产责任

监理工程师的安全生产责任是法律责任的一部分。如果监理工程师有下列行为之一,则要承担一定的监理责任。

① 未对施工组织设计中的安全技术措施或专项施工方案进行审查。

② 发现安全事故隐患未及时要求施工单位整改或暂时停止施工。

③ 施工单位拒不整改或者不停止施工,未及时向有关主管部门报告。

④ 未依照法律、法规和工程建设强制性标准实施监理。

导致工作安全事故或问题的原因很多,有自然灾害、不可抗力等客观原因,也有建设单位、设计单位、施工企业、材料供应单位等方面的主观原因。监理工程师虽然不管安全生产,不直接承担安全责任,但不能排除其间接或连带承担安全责任的可能性。如果监理工程师有下列行为之一,则应当与质量、安全事故责任主体承担连带责任。

① 违章指挥或者发出错误指令,引发安全事故的。

② 将不合格的工程建设、建筑材料、建筑构配件和设备按照合格签字,造成工程质量事故,由此引发安全事故的。

③ 与建设单位或施工企业串通,弄虚作假、降低工程质量,从而引发安全事故的。

3. 监理工程师违规行为罚则

监理工程师在执业过程中必须严格遵纪守法。政府建设行政主管部门对于监理工程师的违法违规行为,将追究其责任,并根据不同情节给予必要的行政处罚,一般包括以下几方面。

① 对于未取得"监理工程师执业资格证书""监理工程师注册证书"和执业印章,以监理工程师名义执行业务的人员,政府建设行政主管部门将予以取缔,并处以罚款;有违法所得的,予以没收。

② 对于以欺骗手段取得"监理工程师执业资格证书""监理工程师注册证书"和执业印章的人员，政府建设行政主管部门将吊销其证书，收回执业印章，并处以罚款；情节严重的，3年之内不允许考试及注册。

③ 如果监理工程师出借"监理工程师执业资格证书""监理工程师注册证书"和执业印章，情节严重的，将被吊销证书，收回执业印章，3年之内不允许考试和注册。

④ 监理工程师注册内容发生变更，未按照规定办理变更手续的，将被责令改正，并可能受到罚款的处理。

⑤ 同时受聘于两个及两个以上单位执业的，将被注销"监理工程师注册证书"，收回执业印章，并将受到罚款处理；有违法所得的，将被没收。

⑥ 对于监理工程师在执业中出现的行为过失，产生不良后果的，《工程建设质量管理条例》有明确规定：监理工程师因过错造成质量事故的，责令停止执业1年；造成重大质量事故的，吊销执业资格证书，5年以内不予注册；情节特别恶劣的，终身不予注册。

学习单元二　工程建设监理企业

知识目标
1. 了解工程建设监理企业的组织形式。
2. 了解工程建设监理企业经营活动准则。
3. 熟悉工程建设监理企业资质管理。

基础知识

工程建设监理企业是指具有工程建设监理企业资质证书，从事工程建设监理业务的经济组织，是监理工程师的执业机构。它为业主提供咨询服务，属于从事第三产业的企业。

一、工程建设监理企业的组织形式及资质管理

1. 工程建设监理企业的组织形式

按照我国现行法律法规的规定，我国的工程建设监理企业可以存在的企业组织形式包括公司制监理企业、合伙监理企业、个人独资监理企业、中外合资经营监理企业和中外合作经营监理企业。

（1）公司制监理企业

公司制监理企业又称监理公司，是以盈利为目的，依照法定程序设立的企业法人。我国公司制监理企业有以下特征。

① 必须是依照《中华人民共和国公司法》的规定设立的社会经济组织。

② 必须是以盈利为目的的独立企业法人。

③ 自负盈亏，独立承担民事责任。

④ 是完整纳税的经济实体。

⑤ 采用规范的成本会计和财务会计制度。

我国公司制监理企业有两类，即监理有限责任公司和监理股份有限公司。

① 监理有限责任公司，是指由2个以上、50个以下的股东共同出资，股东以其所认缴的出资额对公司行为承担有限责任，公司以其全部资产对其债务承担责任的企业法人。其特征有以下几个。

- 公司不对外发行股票，股东的出资额由股东协商确定。
- 股东交付股金后，公司出具股权证书，作为股东在公司中拥有的权益凭证，这种凭证不同于股票，不能自由流通，必须在其他股东同意的条件下才能转让，且要优先转让给公司原有股东。
- 公司股东所负责任仅以其出资额为限，即把股东投入公司的财产与其个人的其他财产脱钩，公司破产或解散时，只以公司所有的资产偿还债务。
- 公司具有法人地位。
- 在公司名称中必须注明有限责任公司字样。
- 公司股东可以作为雇员参与公司经营管理。通常公司管理者也是公司的所有者。
- 公司账目可以不公开，尤其是公司的资产负债表一般不公开。

② 监理股份有限公司，是指全部资本由等额股份构成，并通过发行股票筹集资本，股东以其所认购股份对公司承担责任，公司以其全部资产对公司债务承担责任的企业法人。

设立监理股份有限公司可以采取发起设立或者募集设立方式。发起设立是指由发起人认购公司应发行的全部股份而设立公司。募集设立是指由发起人认购公司应发行股份的一部分，其余部分向社会公开募集而设立公司。

监理股份有限公司的特征有以下几个。

- 公司资本总额分为金额相等的股份。股东以其所认购的股份对公司承担有限责任。
- 公司以其全部资产对公司债务承担责任。公司作为独立的法人，有自己独立的财产，公司在对外经营业务时，以其独立的财产承担公司债务。
- 公司可以公开向社会发行股票。
- 公司股东的数量有最低限制，应当有5个以上发起人，其中必须有过半数的发起人在中国境内有住所。
- 股东以其所持有的股份享受权利和承担义务。
- 在公司名称中必须标明股份有限公司字样。
- 公司账目必须公开，便于股东全面掌握公司情况。
- 公司管理实行两权分离。董事会接受股东大会委托，监督公司财产的保值增值，行使公司财产所有者职权；经理由董事会聘任，掌握公司经营权。

（2）合伙监理企业

合伙监理企业是依照《中华人民共和国合伙企业法》在中国境内设立的，由各合伙人订立合伙协议，共同出资、合伙经营、共享收益、共担风险，并对合伙企业债务承担无限连带责任的营利性组织。

合伙工程建设监理企业的主要特征有以下几个。

① 合伙企业是契约式组织，不具有法人资格。订立合伙协议，设立合伙企业，应当遵循自愿、平等、公平、诚实信用原则。

② 法律、行政法规禁止从事营利性活动的人，不得成为合伙企业的合伙人。

③ 合伙人对合伙企业的财产享有共有权，合伙人对合伙企业的债务承担无限连带责任。

④ 合伙企业人员结构稳定，合伙人变动不自由。合伙人向合伙人以外的人转让其在合伙

39

企业中的全部或者部分财产份额时，须经其他合伙人一致同意；合伙人之间转让在合伙企业中的全部或者部分财产份额时，应当通知其他合伙人；合伙人依法转让其财产份额时，在同等条件下，其他合伙人有优先受让的权利。

（3）个人独资监理企业

个人独资监理企业是依照《中华人民共和国个人独资企业法》在中国境内设立，由一个自然人投资，财产为投资人个人所有，投资人以其个人财产对企业债务承担无限责任的经营实体。

（4）中外合资经营监理企业

中外合资经营监理企业简称合营监理企业，是指以中国的企业或其他经济组织为一方，以外国的公司、企业、其他经济组织或个人为另一方，在平等互利的基础上，根据《中华人民共和国中外合资经营企业法》，签订合同、制定章程，经中国政府批准，在中国境内共同投资、共同经营、共同管理、共同分享利润、共同承担风险，主要从事工程建设监理业务的监理企业。其组织形式为有限责任公司。

小提示

> 在合营监理企业的注册资本中，外国合营者的投资比例一般不得低于25%。合营企业各方可以现金、实物、工业产权等进行投资，合营各方按注册资本比例分享利润和分担风险及亏损。合营者的注册资本如果转让必须经合营各方同意。

中外合资经营监理企业具有下列特点。

① 中外合资经营的组织形式为有限责任公司，具有法人资格。

② 中外合资经营监理企业由合营双方共同经营管理，实行单一的董事会领导下的总经理负责制。

③ 中外合资经营监理企业一般以货币形式计算各方的投资比例。

④ 中外合资经营监理企业按各方注册资本比例分配利润和分担风险。

⑤ 中外合资经营监理企业各方在合营期内不得减少其注册资本。

（5）中外合作经营监理企业

中外合作经营监理企业简称合作监理企业，是指中国的企业或其他经济组织同外国的企业、其他经济组织或者个人，按照平等互利的原则和我国的法律规定，用合同约定双方的权利义务，在中国境内共同举办的、主要从事工程建设监理业务的经济实体。

中外合作经营监理企业具有下列特点。

① 中外合作经营监理企业可以是法人型企业，也可以是不具有法人资格的合伙企业，法人型企业独立对外承担责任，合伙企业由合作各方对外承担连带责任。

② 中外合作经营监理企业可以采取董事会负责制，也可以采取联合管理制，既可由双方组织联合管理机构管理，也可以由一方管理，还可以委托第三方管理。

③ 中外合作经营监理企业是以合同规定投资或者提供合作条件，以非现金投资作为合作条件，可不以货币形式作价，不计算投资比例。

④ 中外合作经营监理企业按合同约定分配收益或产品和分担风险。

⑤ 中外合作经营监理企业允许外国合作者在合作期限内先行收回投资，合作期满时，企业的全部固定资产归中国合作者所有。

2. 工程建设监理企业资质管理

（1）工程建设监理企业应具备的条件

工程建设监理企业是技术密集型企业，是依法成立的法人。它除有自己的名称、组织机构、场所、必要的财产和经费外，还必须具有与承担监理业务相适应的人员素质、监理手段、专业技能和管理水平等。

符合条件的企业，经申请得到政府有关部门的资格认证，确定可以监理经核定的工程类别及等级，并经工商行政管理机关注册登记，取得营业执照，方具有进行工程项目监理的资格，成为可以从事建设工程监理业务的经济实体。

（2）工程建设监理企业的资质等级

工程建设监理企业资质分为综合资质、专业资质和事务所资质。其中，专业资质按照工程性质和技术特点划分为若干工程类别。专业资质分为甲级、乙级和丙级；其中，房屋建筑、水利水电、公路和市政公用专业资质可设立丙级。综合资质、事务所资质不分级别。

工程建设监理企业的资质等级标准如下。

① 综合资质标准。

- 具有独立法人资格且注册资本不少于600万元。
- 企业技术负责人应为注册监理工程师，并具有15年以上从事工程建设工作的经历或者具有工程类高级职称。
- 具有5个以上工程类别的专业甲级工程建设监理资质。
- 注册监理工程师不少于60人，注册造价工程师不少于5人，一级注册建造师、一级注册建筑师、一级注册结构工程师或者其他勘察设计注册工程师合计不少于15人次。
- 企业具有完善的组织结构和质量管理体系，有健全的技术、档案等管理制度。
- 企业具有必要的工程试验检测设备。
- 申请工程建设监理资质之日前一年内没有《工程监理企业资质管理规定》（原建设部令第158号）中所禁止的行为。
- 申请工程建设监理资质之日前一年内没有因本企业监理责任造成重大质量事故。
- 申请工程建设监理资质之日前一年内没有因本企业监理责任发生三级以上工程建设重大安全事故或者发生两起以上四级工程建设安全事故。

② 专业资质标准。工程建设监理企业专业资质标准如表2-1所示。

表2-1　　　　　　　　　　　工程建设监理企业专业资质标准

序号	专业资质等级	专业资质标准
1	甲级	① 具有独立法人资格且注册资本不少于300万元 ② 企业技术负责人应为注册监理工程师，并具有15年以上从事工程建设工作的经历或者具有工程类高级职称 ③ 注册监理工程师、注册造价工程师、一级注册建造师、一级注册建筑师、一级注册结构工程师或者其他勘察设计注册工程师合计不少于25人次。其中，相应专业注册监理工程师不少于《专业资质注册监理工程师人数配备表》中要求配备的人数，注册造价工程师不少于2人 ④ 企业近2年内独立监理过3个以上相应专业的二级工程项目，但是，具有甲级设计资质或一级及以上施工总承包资质的企业申请本专业工程类别甲级资质的除外

41

序号	专业资质等级	专业资质标准
1	甲级	⑤ 企业具有完善的组织结构和质量管理体系，有健全的技术、档案等管理制度 ⑥ 企业具有必要的工程试验检测设备 ⑦ 申请工程建设监理资质之日前一年内没有《建筑业企业资质管理规定》中禁止的行为 ⑧ 申请工程建设监理资质之日前一年内没有因本企业监理责任造成重大质量事故 ⑨ 申请工程建设监理资质之日前一年内没有因本企业监理责任发生三级以上工程建设重大安全事故或者发生两起以上四级工程建设安全事故
2	乙级	① 具有独立法人资格且注册资本不少于100万元 ② 企业技术负责人应为注册监理工程师，并具有10年以上从事工程建设工作的经历 ③ 注册监理工程师、注册造价工程师、一级注册建造师、一级注册建筑师、一级注册结构工程师或者其他勘察设计注册工程师合计不少于15人次。其中，相应专业注册监理工程师不少于《专业资质注册监理工程师人数配备表》中要求配备的人数，注册造价工程师不少于1人 ④ 有较完善的组织结构和质量管理体系，有技术、档案等管理制度 ⑤ 有必要的工程试验检测设备 ⑥ 申请工程建设监理资质之日前一年内没有《建筑业企业资质管理规定》第16条禁止的行为 ⑦ 申请工程建设监理资质之日前一年内没有因本企业监理责任造成重大质量事故 ⑧ 申请工程建设监理资质之日前一年内没有因本企业监理责任发生三级以上工程建设重大安全事故或者发生两起以上四级工程建设安全事故
3	丙级	① 具有独立法人资格且注册资本不少于50万元 ② 企业技术负责人应为注册监理工程师，并具有8年以上从事工程建设工作的经历 ③ 相应专业的注册监理工程师不少于《专业资质注册监理工程师人数配备表》中要求配备的人数 ④ 有必要的质量管理体系和规章制度 ⑤ 有必要的工程试验检测设备

③ 事务所资质标准。

- 取得合伙企业营业执照，具有书面合作协议书。
- 合伙人中有3名以上注册监理工程师，合伙人均有5年以上从事工程建设监理的工作经历。
- 有固定的工作场所。
- 有必要的质量管理体系和规章制度。
- 有必要的工程试验检测设备。

（3）工程建设监理企业资质相应许可的业务范围

① 综合资质：可以承担所有专业工程类别建设工程项目的工程监理业务。

② 专业资质。

- 专业甲级资质：可承担相应专业工程类别建设工程项目的工程监理业务。
- 专业乙级资质：可承担相应专业工程类别二级以下（含二级）建设工程项目的工程监

理业务。

●专业丙级资质：可承担相应专业工程类别三级建设工程项目的工程监理业务。

③事务所资质：可承担三级建设工程项目的工程监理业务，但是，国家规定必须实行强制监理的工程除外。

工程建设监理企业可以开展相应类别建设工程的项目管理、技术咨询等业务。

（4）工程建设监理企业资质申请和审批

按照《工程监理企业资质管理规定》的规定，监理企业资质的申请和审批工作主要有以下几个方面。

①申请综合资质、专业甲级资质的，应当向企业工商注册所在地的省、自治区、直辖市人民政府建设行政主管部门提出申请。

省、自治区、直辖市人民政府建设行政主管部门应当自受理申请之日起20日内初审完毕，并将初审意见和申请材料报国务院建设行政主管部门。

国务院建设行政主管部门应当自省、自治区、直辖市人民政府建设行政主管部门受理申请材料之日起60日内完成审查，公示审查意见，公示时间为10日。其中，涉及铁路、交通、水利、通信、民航等专业工程建设监理资质的，由国务院建设行政主管部门送国务院有关部门审核。国务院有关部门应当在20日内审核完毕，并将审核意见报国务院建设行政主管部门。国务院建设行政主管部门根据初审意见审批。

②专业乙级、丙级资质和事务所资质由企业所在地省、自治区、直辖市人民政府建设行政主管部门审批。

专业乙级、丙级资质和事务所资质许可延续的实施程序由省、自治区、直辖市人民政府建设行政主管部门依法确定。

省、自治区、直辖市人民政府建设行政主管部门应当自作出决定之日起10日内，将准予资质许可的决定报国务院建设行政主管部门备案。

③工程建设监理企业资质证书分为正本和副本，每套资质证书包括一本正本、四本副本。正、副本具有同等法律效力。

工程建设监理企业资质证书的有效期为5年。

工程建设监理企业资质证书由国务院建设行政主管部门统一印制并发放。

小 提 示

申请工程建设监理企业资质，应当提交以下材料。

①工程建设监理企业资质申请表（一式三份）及相应电子文档。

②企业法人、合伙企业营业执照。

③企业章程或合伙人协议。

④企业法定代表人、企业负责人和技术负责人的身份证明、工作简历及任命（聘用）文件。

⑤工程建设监理企业资质申请表中所列注册监理工程师及其他注册执业人员的注册执业证书。

⑥有关企业质量管理体系、技术和档案等管理制度的证明材料。

⑦有关工程试验检测设备的证明材料。

取得专业资质的企业申请晋升专业资质等级或者取得专业甲级资质的企业申请综合资质的，除前款规定的材料外，还应当提交企业原工程建设监理企业资质证书正、副本复印件，企业监理业务手册及近两年已完成代表工程的监理合同、监理规划、工程竣工验收报告及监理工作总结。

④ 资质有效期届满，工程建设监理企业需要继续从事工程建设监理活动的，应当在资质证书有效期届满60日前，向原资质许可机关申请办理延续手续。

对在资质有效期内遵守有关法律、法规、规章、技术标准，信用档案中无不良记录，且专业技术人员满足资质标准要求的企业，经资质许可机关同意，有效期延续5年。

⑤ 工程建设监理企业在资质证书有效期内名称、地址、注册资本、法定代表人等发生变更的，应当在工商行政管理部门办理变更手续后30日内办理资质证书变更手续。

涉及综合资质、专业甲级资质证书中企业名称变更的，由国务院建设行政主管部门负责办理，并自受理申请之日起3日内办理变更手续。

小提示

前款规定以外的资质证书变更手续，由省、自治区、直辖市人民政府建设行政主管部门负责办理。省（区、市）人民政府建设行政主管部门应当自受理申请之日起3日内办理变更手续，并在办理资质证书变更手续后15日内将变更结果报国务院建设行政主管部门备案。

---

⑥ 申请资质证书变更，应当提交以下材料。
- 资质证书变更的申请报告。
- 企业法人营业执照副本原件。
- 工程建设监理企业资质证书正、副本原件。

工程建设监理企业改制的，除前款规定材料外，还应当提交企业职工代表大会或股东大会关于企业改制或股权变更的决议、企业上级主管部门关于企业申请改制的批复文件。

⑦ 工程建设监理企业不得有下列行为。
- 与建设单位串通投标或者与其他工程建设监理企业串通投标，以行贿手段谋取中标。
- 与建设单位或者施工单位串通弄虚作假、降低工程质量。
- 将不合格的工程建设、建筑材料、建筑构配件和设备按照合格签字。
- 超越本企业资质等级或以其他企业名义承揽监理业务。
- 允许其他单位或个人以本企业的名义承揽工程。
- 将承揽的监理业务转包。
- 在监理过程中实施商业贿赂。
- 涂改、伪造、出借、转让工程建设监理企业资质证书。
- 其他违反法律法规的行为。

⑧ 工程建设监理企业合并的，合并后存续或者新设立的工程建设监理企业可以继承合并前各方中较高的资质等级，但应当符合相应的资质等级条件。

工程建设监理企业分立的，分立后企业的资质等级，根据实际达到的资质条件，按照本规定的审批程序核定。

⑨ 企业需增补工程建设监理企业资质证书的（含增加、更换、遗失补办），应当持资质证书增补申请及电子文档等材料向资质许可机关申请办理。遗失资质证书的，在申请补办前应当

在公众媒体刊登遗失声明。资质许可机关应当自受理申请之日起3日内予以办理。

二、工程建设监理企业经营管理

1. 工程建设监理企业经营活动准则

工程建设监理企业在工程建设的决策阶段、勘察设计阶段、招投标阶段以及施工阶段等各个阶段从事建设工程监理活动时，应当遵循"守法、诚信、公正、科学"的准则。

（1）守法

守法即遵守国家的法律法规。对于工程建设监理企业来说，守法既是要依法经营，也是监理企业从事监理业务的最基本准则，主要体现在以下几个方面。

① 工程建设监理企业只能在核定的业务范围内开展经营活动。工程建设监理企业的业务范围是指填写在监理企业资质证书中、经工程建设监理资质管理部门审查确认的主项资质和增项资质。核定的业务范围包括两方面：一方面是监理业务的工程类别；另一方面是承接监理工程的等级。

② 工程建设监理企业不得伪造、涂改、出租、出借、转让、出卖"工程建设监理企业资质证书"。

③ 工程建设监理合同一经双方签订，即具有法律约束力，工程建设监理企业应按照合同的约定认真履行，不得无故或故意违背自己的承诺。

④ 工程建设监理企业离开原住所地承接监理业务，要自觉遵守当地人民政府颁发的监理法规和有关规定，主动向监理工程所在地的省、自治区、直辖市建设行政主管部门备案登记，接受其指导和监督管理。

⑤ 遵守国家关于企业法人的其他法律、法规的规定。

（2）诚信

诚信即诚实守信。它要求一切市场参加者在不损害他人利益和社会公共利益的前提下，追求自己的利益，目的是在当事人之间的利益关系和当事人与社会之间的利益关系中实现平衡，并维护市场道德秩序。

工程建设监理企业应当建立健全企业的信用管理制度。信用管理制度主要有以下方面。

① 建立健全合同管理制度。

② 建立健全与业主的合作制度，及时进行信息沟通，增强相互间的信任感。

③ 建立健全监理服务需求调查制度，这也是企业进行有效竞争和防范经营风险的重要手段之一。

④ 建立企业内部信用管理责任制度，及时检查和评估企业信用的实施情况，不断提高企业信用管理水平。

小 提 示

加强企业信用管理，提高企业信用水平，是完善我国工程建设监理制度的重要保证。企业信用的实质是解决经济活动中经济主体之间的利益关系。它是企业经营理念、经营责任和经营文化的集中体现。监理企业应当树立良好的信用意识，使企业成为讲道德、守信用的市场主体。

（3）公正

公正是指工程建设监理企业在处理业主与承建商之间的矛盾和纠纷时，要做到"一碗水端平"，既要维护业主的利益，又不能损害承包商的合法利益，并依据合同公平合理地处理业主与承包商之间的争议。决不能因为监理企业受业主的委托，就偏袒业主。

工程建设监理企业要保持公正，必须做到以下几点。

① 要具有良好的职业道德，在处理相关问题时不受利益的影响。

② 要坚持实事求是，对业主或上级领导的意见不盲目听从。

③ 要熟悉有关工程建设合同条款，能够依据条款处理争议。

④ 要提高专业技术能力，能够在第一时间发现问题并恰当地协调、处理问题。

⑤ 要提高综合分析判断问题的能力，在面对综合性的问题时，不因局部问题或表面现象而影响自己的判断。

（4）科学

科学是指工程建设监理企业要依据科学的方案，运用科学的手段，采取科学的方法开展监理工作。工程监理工作结束后，还要进行科学的总结。总之，监理工作的核心问题是"预控"，必须要有科学的思想、科学的方法。在处理相关事件时，要有可靠依据和凭证；判断问题，要用数据说话。只有这样，才能提供高智能的、科学的服务，才能符合建设工程监理事业发展的需要。

实施科学化管理主要体现在以下几方面。

① 科学的方案。科学的方案是指无论在哪个阶段，开展监理工作之前，均必须编制完成有针对性的监理规划和监理实施细则，用以在具体实施过程中指导现场工作。同时，要响应投标文件的内容，充分利用企业内专业人员的优势，做好对工程的主动控制、前馈控制，做到防患于未然。

② 科学的手段。工程建设监理企业在监理活动中要始终强调实事求是，要做到这一点就要求监理人员在进行管理时必须以事实为依据。随着建设行业的不断发展，仅仅依靠人的感官这种原始的方法进行监理已经不能适应工程的需要，因此，作为监理企业必须借助先进的科学仪器，"力求"实现监理工作目标。如利用各种检测、试验、化验仪器和摄录像设备及办公自动化设备等为监理工作服务。

③ 科学的方法。监理工作的科学方法主要体现在两个方面：一方面是监理人员在掌握大量的、确凿的有关监理对象及其外部环境实际情况的基础上，适时、妥帖、高效地处理有关问题，解决问题要用事实说话、用书面文字说话、用数据说话；另一方面是监理人员要开发、利用计算机软件辅助工程监理。

课堂案例

在工程建设监理过程中，工程建设监理企业应当遵循"守法、诚信、公正、科学"的活动准则。

问题：

1. 守法的概念是什么？

2. 对于工程建设监理企业来说如何守法，具体表现是什么？

分析：

1. 所谓的守法就是遵守国家的法律、法规。

2. 对于工程建设监理企业来说，守法即是要依法经营，具体表现在以下几方面。

① 工程建设监理企业只能在核定的业务范围内开展经营活动。

② 工程建设监理企业不得伪造、涂改、出租、出借、转让、出卖"工程建设监理企业资质证书"。

③ 工程建设监理合同一经双方签订，即具有法律约束力，工程建设监理企业应按照合同的约定认真履行，不得无故或故意违背自己的承诺。

④ 工程建设监理企业离开原住所地承接监理业务，要自觉遵守当地人民政府颁发的监理法规和有关规定，主动向监理工程所在地的省、自治区、直辖市建设行政主管部门备案登记，接受其指导和监督管理。

⑤ 遵守国家关于企业法人的其他法律、法规的规定。

2. 工程建设监理企业经营管理制度与措施

（1）工程建设监理企业经营管理制度

工程建设监理企业经营管理制度一般包括以下几方面。

① 组织管理制度。合理设置企业内部机构和各机构职能，建立严格的岗位责任制度，加强考核和督促检查，有效配置企业资源，提高企业工作效率，健全企业内部监督体系，完善约束机制。

② 财务管理制度。加强资产管理、财务计划管理、投资管理、资金管理、财务审计管理等，要及时编制资产负债表、损益表和现金流量表，真实反映企业经营状况，改进和加强经济核算。

③ 劳动合同管理制度。推行职工全员竞争上岗，严格劳动纪律，严明奖惩，充分调动和发挥职工的积极性、创造性。

④ 人事管理制度。健全工资分配、奖励制度，完善激励机制，加强对员工的业务素质培养和职业道德教育。

⑤ 经营管理制度。制订企业的经营规划、市场开发计划。

⑥ 项目监理机构管理制度。制定项目监理机构的运行办法、各项监理工作的标准及检查评定办法等。

⑦ 设备管理制度。制定设备的购置办法及设备的使用、保养规定等。

⑧ 科技管理制度。编制科技开发规划、科技成果评审办法、科技成果应用推广办法等。

⑨ 档案文书管理制度。制定档案的整理和保管制度，文件和资料的使用、归档管理办法等。有条件的监理企业，还要注重风险管理，实行监理责任保险制度，适当转移责任风险。

（2）工程建设监理企业经营管理措施

强化企业管理，提高科学管理水平，是建立现代企业制度的要求，也是监理企业提高自身市场竞争能力的重要途径。监理企业应抓好成本管理、资金管理、质量管理，增强法制意识，依法经营管理。重点应做好以下几方面工作。

① 市场定位。工程建设监理企业要加强自身发展战略研究，适应市场，根据本企业实际情况，合理确定企业的市场地位，制定和实施明确的发展战略、技术创新战略，并根据市场变化适时调整。

② 管理方法现代化。工程建设监理企业要广泛采用现代管理技术、方法和手段，推广先

进企业的管理经验，借鉴国外企业现代管理方法。

③ 建立市场信息系统。工程建设监理企业要加强现代信息技术的运用，建立灵敏、准确的市场信息系统，掌握市场动态。

④ 开展贯标活动。工程建设监理企业要积极实行 ISO 9000 质量管理体系贯标认证工作，严格按照质量手册和程序文件的要求开展各项工作。

⑤ 要严格贯彻实施《工程建设监理规范》。工程建设监理企业要结合企业实际情况，制定相应的《工程建设监理规范》实施细则，组织全员学习，在签订委托监理合同、实施监理工作、检查考核监理业绩、制定企业规章制度等各个环节，都应当以《工程建设监理规范》为主要依据。

3. 工程建设监理企业的服务内容

工程建设监理企业向业主提供的是管理服务。工程建设监理企业承揽监理业务的途径有两种：一种是通过投标竞争取得监理业务；另一种是由业主直接委托取得监理业务。通过投标取得监理业务，这是市场经济体制下比较普遍的形式。所以，我国有关法规规定，业主一般通过招标投标的方式择优选择监理单位。这里使用"一般"二字有两层含义：一方面说明业主通过招标的方式择优选择监理单位，也就是监理单位通过投标竞争的形式取得监理业务是方向，是发展的大趋势，或者说是一种普遍的企业行为；另一方面，也蕴涵着在特定的条件下，业主可以不采用招标的形式而把监理业务直接委托给监理单位。在不宜公开招标的机密工程或没有投标竞争对手的情况下，或者是工程规模比较小、比较单一的监理业务，或者是对原监理单位的续用等情况下，业主都可以直接委托监理单位。

小提示

工程建设监理企业投标书的核心是反映所提供的管理服务水平高低的监理大纲，尤其是主要的监理对策。业主在监理招标时应以监理大纲的水平作为评定投标书优劣的重要内容，而不应把监理费的高低当作选择工程建设监理企业的主要评定标准。作为工程建设监理企业，不应该以降低监理费作为竞争的主要手段去承揽监理业务。

根据建立社会主义市场经济体制的总体目标和工程建设的客观需要，监理单位进行监理经营服务的内容包括工程建设决策阶段监理、工程建设设计阶段监理和工程建设施工阶段监理三大部分，每一阶段的监理又可分为若干条款。

（1）工程建设决策阶段的监理服务

工程建设决策阶段的工作主要是对投资决策、立项决策、可行性研究决策的监理。现阶段，这些决策大都由政府负责，也就是由政府决策。按照我国深化改革，逐步实现政企分开大政方针的要求和要建立社会主义市场经济体制的大趋势的发展结果，上述三项决策必将向企业转移，或者大部分转由企业决策，政府核准。无论是由政府决策，或由企业决策，为了达到科学的、完善的决策，委托监理势在必行。

工程建设的决策监理，既不是监理单位替建设单位决策，也不是替政府决策，而是受建设单位或政府的委托选择决策咨询单位，协助建设单位或政府与决策咨询单位签订咨询合同，并监督合同的履行，对咨询意见进行评估。

工程建设决策监理的内容如下。

① 投资决策监理。投资决策监理的委托方可能是建设单位（筹备机构），也可能是金融单位，还可能是政府。这一阶段的监理内容如下。

- 协助委托方选择投资决策咨询单位，并协助签订合同书。
- 监督管理投资决策咨询合同的实施。
- 对投资咨询意见评估，并提出监理报告。

② 立项决策监理。工程建设立项决策主要是确定拟建工程项目的必要性和可行性（建设条件是否具备）以及拟建规模。这一阶段的监理内容如下。

- 协助委托方选择工程建设立项决策咨询单位，并协助签订合同书。
- 监督管理立项决策咨询合同的实施。
- 对立项决策咨询方案进行评估，并提出监理报告。

③ 可行性研究决策监理。工程建设的可行性研究是根据确定的项目建议书在技术上、经济上、财务上对项目进行详细论证，提出优化方案。这一阶段的监理内容如下。

- 协助委托方选择工程建设可行性研究单位，并协助签订可行性研究合同书。
- 监督管理可行性研究合同的实施。
- 对可行性研究报告进行评估，并提出监理报告。

对于规模小、工艺简单的工程来说，在工程建设决策阶段可以委托监理，也可以不委托监理，而直接把咨询意见作为决策依据。但是，对于大型、中型工程建设项目的业主或政府主管部门来说，最好是委托监理单位，以期得到帮助，搞好管理，同时，搞好对咨询意见的审查，做出科学的决策。

（2）工程建设设计阶段的监理服务

工程建设设计阶段是工程项目建设进入实施阶段的开始。工程设计通常包括初步设计和施工图设计两个阶段。在进行工程设计之前还要进行勘察（地质勘察、水文勘察等），这一阶段又叫作勘察设计阶段。在工程建设实施过程中，一般是把勘察和设计分开来签订合同。为了叙述简便起见，把勘察和设计的监理工作合并叙述。这一阶段的监理内容如下。

① 编制工程勘察设计招标文件。

② 协助业主审查和评选工程勘察设计方案。

③ 协助业主选择勘察设计单位。

④ 协助业主签订工程勘察设计合同书。

⑤ 监督管理勘察设计合同的实施。

⑥ 检查工程设计概算和施工图预算，验收工程设计文件。

工程建设勘察设计阶段监理的主要工作是对勘察设计进度、质量和投资的监督管理。总的内容是根据勘察设计任务批准书编制勘察设计资金使用计划、勘察设计进度计划和设计质量标准要求，并与勘察设计单位协商一致，圆满地贯彻业主的建设意图。对勘察设计工作进行跟踪检查、阶段性审查。设计完成后要进行全面审查。审查的主要内容如下。

① 设计文件的规范性、工艺的先进性和科学性、机构的安全性、施工的可行性以及设计标准的适宜性等。

② 设计概算或施工图预算的合理性以及业主投资的许可性，若超过投资限额，除非业主许可，否则要修改设计。

③ 在审查上述两项的基础上，全面审查勘察设计合同的执行情况，最后核定勘察设计费用。

（3）工程建设施工阶段的监理服务

工程施工是工程建设最终的实施阶段，是形成建筑产品的最后一步。施工阶段各方面工作的好坏对建筑产品优劣的影响巨大，因此，这一阶段的监理至关重要。它包括施工招标阶段的监理、施工监理和竣工后工程保修阶段的监理，其内容如下。

① 组织编制工程施工招标文件。

② 核查工程施工图设计、工程施工图预算标底。（当工程总包单位承担施工图设计时，监理单位应投入较大的精力做好施工图设计审查和施工图预算审查工作。另外，招标标底包括在招标文件中，但有的建设单位另行委托编制标底，因此，监理单位要另行核查。）

③ 协助建设单位组织投标、开标、评标活动，向建设单位提出中标单位建议。

④ 协助建设单位与中标单位签订工程施工合同书。

⑤ 协助建设单位与承建单位编写开工申请报告。

⑥ 查看工程项目建设现场，向承建单位办理移交手续。

⑦ 审查、确认承建单位选择的分包单位。

⑧ 制订施工总体规划，审查承建单位的施工组织设计和施工技术方案，提出修改意见，下达工程施工单位开工令。

⑨ 审查承建单位提出的建筑材料、建筑物构件和设备的采购清单。工业工程的建设单位往往为了满足连续施工的需求，在选定承建单位之前就开始设备订货。

⑩ 检查工程使用的材料、构件、设备的规格和质量。

⑪ 检查施工技术措施和安全防护设施。

⑫ 主持协商建设单位、设计单位、施工单位或监理单位本身提出的设计变更。

⑬ 监督管理工程施工合同的履行，主持协商合同条款的变更，调解合同双方的争议，处理索赔事项。

⑭ 核查完成的工程量，验收分项分部工程，签署工程付款凭证。

⑮ 督促施工单位整理施工文件的归档准备工作。

⑯ 参与工程竣工预验收，并签署监理意见。

⑰ 检查工程结算。

⑱ 向建设单位提交监理档案资料。

⑲ 编写竣工验收申请报告。

⑳ 在规定的工程质量保修期限内，负责检查工程质量状况，组织鉴定质量问题责任，督促责任单位维修。

知 识 链 接

监理的其他服务

监理单位除承担工程建设监理方面的业务之外，还可以承担工程建设方面的咨询业务。属于工程建设方面的咨询业务包括以下几方面。

① 工程建设投资风险分析。

② 工程建设立项评估。

③ 编制工程建设项目可行性研究报告。

④ 编制工程施工招标标底。

⑤ 编制工程建设各种估算。

⑥ 各类建筑物（构筑物）的技术检测、质量鉴定。

⑦ 有关工程建设的其他专项技术咨询服务。

4. 工程建设监理企业服务收费

（1）监理费的构成

作为企业，监理单位要担负必要的支出，监理单位的经营活动应达到收支平衡，且略有节余。所以，概况地说，监理费的构成包括监理企业在工程项目建设监理活动中所需要的全部成本、应缴纳的税金以及合理利润。

① 直接成本。直接成本是指监理企业在完成某项具体监理业务中所发生的成本，主要包括以下几项。

- 监理人员和监理辅助人员的工资，包括津贴、附加工资、奖金等。
- 用于监理人员和监理辅助人员的其他专项开支，包括差旅费、补助费、书刊费、医疗费等。
- 用于监理工作的计算机等办公设施的购置使用费和其他仪器、机械的租赁费等。
- 所需的其他外部服务支出。

② 间接成本。间接成本有时称作日常管理费，包括全部业务经营开支和非工程项目监理的特定开支，一般包括以下几项。

- 管理人员、行政人员、后勤服务人员的工资，包括津贴、附加工资、奖金等。
- 经营业务费，包括为招揽监理业务而发生的广告费、宣传费，有关契约或合同的公证费和签证费等活动经费。
- 办公费，包括办公用具、用品购置费，通信、邮寄费，交通费，办公室及相关设施的使用（或租用）费、维修费以及会议费、差旅费等。
- 其他固定资产及常用工、器具和设备的使用费。
- 垫支资金贷款利息。
- 业务培训费，图书、资料购置费等教育经费。
- 新技术开发、研制、试用费。
- 咨询费、专有技术使用费。
- 职工福利费、劳动保护费。
- 工会等职工组织活动经费。
- 其他行政活动经费，如职工文化活动经费等。
- 企业领导基金和其他营业外支出。

③ 税金。税金是指按照国家规定，监理企业应缴纳的各种税金总额，包括营业税、所得税等。监理单位属科技服务类，应享受一定的优惠政策。

④ 利润。利润是指监理企业的监理收入扣除直接成本、间接成本和各种税金之后的余额。监理企业是一种高智能群体，监理是一种高智能的技术服务，监理企业的利润应当高于社会平均利润。

（2）监理费的计算方法

按照国家规定，监理费从工程概算中列支。监理费的计算方法一般由业主与工程建设监理企业确定，主要有以下几种。

① 按时计算法。按时计算法根据合同项目使用的时间（计算时间的单位可以是小时，也可以是工日或月）补偿费再加上一定数额的补贴来计算监理费的总额。单位时间的补偿费用一般是以监理企业职员的基本工资为基础，加上一定的管理费和利润（税前利润）。采用这种方

法时，监理人员的差旅费、工作函电费、资料费以及实验和检验费、交通和住宿费等均由业主另行支付。

② 工资加一定比例的其他费用计算法。工资加一定比例的其他费用计算法实际上是按时计算监理费形式的变换，即按参加监理工作的人员的实际工资的基数乘上一个系数。这个系数包括应有的间接成本和税金、利润等。除了监理人员的工资之外，其他各项直接费用等均由项目业主另行支付。一般情况下，较少采用这种方法，尤其是在核定监理人员数量和监理人员的实际工资方面，业主与监理企业之间难以取得完全一致的意见。

③ 工程造价的百分比计算法。工程造价的百分比计算法是按照工程规模大小和所委托的监理工作的繁简，以建设投资的一定百分比来计算。一般情况下，工程规模越大，建设投资越多，计算监理费的百分比越小。这种方法简便、科学，是目前比较常用的计算方法。采用这种方法的关键是确定计算监理费的基数。新建、改建、扩建工程以及较大型的技术改造工程都编制有工程概算，有的工程还编有工程预算。工程的概（预）算就是初始计算监理费的基数。待工程结算时，再按结算进行调整。这里所说的工程概（预）算不一定是工程概（预）算的全部，因部分工程的概（预）算并不全部用来计算监理费，如业主的管理费、工程所用土地的征用费、所有建（构）筑物的拆迁费等一般都应扣除，不作为计算监理费的基数。只是为了简便起见，签订监理合同时，可不扣除这些费用，由此造成的出入，留待工程结算时一并调整。即便没有工程概（预）算，即使是"三边"工程，只要根据监理范围确定了计算监理费的百分比，就不会影响监理合同的签订。

④ 监理成本加固定费用计算法。监理成本是指监理企业在工程监理项目上花费的直接成本。固定费用是指直接费用之外的其他费用。各监理企业的直接费用与其他费用的比例是不同的，但是，一个监理企业的监理直接费用与其他费用之比大体上可以确定。这样，只要估算出某工程项目的监理成本，那么，整个监理费也就可以确定了。问题是，在商谈监理合同时，往往难以较准确地确定监理成本，这就为商签监理合同带来较大的阻力。所以，这种计算方法用得很少。

⑤ 固定价格计算法。固定价格计算法适用于小型或中等规模的工程项目监理费的计算，尤其是监理内容比较明确的小型或中等规模的工程项目监理。业主和监理单位都不会承担较大的风险，经协商一致，就采用固定价格法。即在明确监理工作内容的基础上，以一笔监理总价包死，工作量有所增减变化，一般也不调整监理费。或者，不同类别的工程项目的监理价格不变，据各项工程量的大小分别计算出各类的监理费，合起来就是监理总价。如居民小区工程的监理，建筑物按确定的建筑面积乘以确定的监理价格，道路工程按道路面积乘以确定的监理价格，市政管理工程按延长米乘以确定的监理价格，三者合起来就是居民小区的监理总价。

学习案例

某工程咨询公司，主要从事市政公用工程方面的咨询业务。该公司通过研究《工程监理企业资质管理规定》文件，认为已经具备从事市政公用工程监理的能力，符合丙级资质。为迅速拓展业务，该公司通过某种渠道与某业主签订了一座20层框架结构办公大楼的监理合同。该座建筑物建筑面积为4万平方米，属于二等房屋建筑工程项目。在签订的监理合同中，咨询公司应业主的要求，大幅度地降低监理费取费费率，最终确定标准为每平方米建筑面积的监理费为5元。在监理过程中，给承包商提供方便，接受承包商生活补贴5万元。

问题：

1. 工程咨询公司是否具备工程监理企业资质？

2. 工程咨询公司进行资质申请时，对于房屋建筑工程和市政公用工程，应适合申请哪一个工程类别？为什么？

3. 工程咨询公司如果在市政公用监理业务范围申请成功，并运作规定的时间后，还想进一步承揽房屋建筑工程监理业务，其监理业务的主项资质和增项资质是什么？

4. 监理费的取费方法是哪一种？监理费总额应为多少？

5. 工程咨询公司的行为有何不妥之处？

分析：

1. 工程咨询公司不具备工程监理企业的资质。工程监理企业的资质应通过向相应的建设行政主管部门申请，经过批准后才能具备承揽监理工程的资格，而不是自己对照文件，认为符合规定的要求后，就自然取得资质。

2. 工程咨询公司适合申请市政公用工程这个工程类别的监理业务。因为该工程咨询公司主要从事市政公用工程的咨询工作，在该领域具有自身的优势。

3. 主项资质是市政公用工程监理，增项资质是房屋建筑工程监理。

4. 监理费的取费方法是固定价格计算法。监理费总额为40000平方米×5元/平方米=20万元。

5. 工程咨询公司的行为有如下不妥之处：未取得工程监理资质而承揽监理业务；在非法承揽监理业务过程中，采取了恶性降价压价的手段，这两点违背了工程监理企业的守法经营准则。在监理过程中，给承包商提供方便，接受承包商好处，违背了工程监理企业的公正经营准则。

🌐 知识拓展

工程建设监理收取费用的必要性

我国的有关法规指出：建设监理是一种有偿的服务活动，而且是一种"高智能的有偿技术服务"。众所周知，工程建设是一个比较复杂且需花费较长时间才能完成的系统工程。要取得预期的、比较满意的效果，对工程建设的管理就要付出艰辛的劳动。工程项目业主为了使监理单位能顺利地完成监理任务，必须付给监理单位一定的报酬，用以补偿监理单位在完成监理任务时的支出，包括监理人员的劳务支出、各项费用支出以及监理单位交纳各项税金和应提留的发展基金。所以，对于监理单位来说，收取的监理费用是监理单位得以生存和发展的血液。

应当指出，如果监理费过高，业主的相对有限的资金中直接用于工程建设项目上的数额势必减少。显然，这是不适当的，对业主来说是得不偿失。监理费用也不能过低，在监理费用过低的情况下，监理企业为了维系生计，首先可能派遣业务水平较低，工资相应也低的监理人员去完成监理业务；其次，可能会减少监理人员的工作时间，以减少监理劳务的支出；最后，监理费过低会挫伤监理人员的工作积极性，抑制监理人员创造性的发挥，其结果很可能导致工程质量低劣、工期延长、建设费用增加。因此，把监理费标准定得太低，或者监理费标准虽不低，但是在具体执行中，业主盲目压低监理费，这些做法，表面上对业主是有益的，实际上，最终受到较大损失的还是项目业主。如果监理费比较合理，监理人员的劳动得到了认可和回报，就能激发他们的工作积极性和创造性，就可能创造出远高于监理费的价值和财富。

学习情境小结

本学习情境内容包括监理工程师和工程建设监理企业两大部分。

监理工程师指的是经考试取得中华人民共和国监理工程师资格证书，并经注册，取得中华人民共和国注册监理工程师执业证书和执业印章，从事工程监理及相关业务活动的专业人员。

监理工程师应依据其所学专业、工作经历、工程业绩，按专业注册，每人最多可以申请两个专业注册，并且只能在一家工程建设勘察、设计、施工、监理、招标代理、造价咨询等企业注册。根据注册内容的不同，可将监理工程师的注册分为初始注册、延续注册和变更注册三种形式。

按照我国现行法律法规的规定，我国的工程建设监理企业可以存在的企业组织形式包括公司制监理企业、合伙监理企业、个人独资监理企业、中外合资经营监理企业和中外合作经营监理企业。

工程建设监理企业从事工程建设监理活动，应当遵循"守法、诚信、公正、科学"的准则；工程建设监理企业经营管理措施包括市场定位、管理方法现代化、建立市场信息系统、开展贯标活动、严格贯彻实施《工程建设监理规范》。

学习检测

一、填空题

1. _____是指取得企业法人营业执照，具有监理资质证书的依法从事工程建设监理业务的经济组织。它是监理工程师的执业机构。

2. 工程建设监理企业申请资质证书变更，应当提交的材料包括_____、_____、_____。

3. 监理工程师一般主要受聘于_____，从事工程监理业务。

4. 监理工程师注册后，如果注册内容发生变更，应_____办理变更注册。

5. 监理工程师继续教育的方式有_____和_____两种。

二、选择题

1. 在合营监理企业的注册资本中，外国合营者的投资比例一般不得低于（   ）。

A．30%   B．10%

C．50% D．25%

2．具有综合资质的工程建设监理企业应具有独立法人资格且注册资本不少于（　　）万元。

A．100 B．500

C．600 D．300

3．监理工程师注册申请人年龄超过（　　）周岁的，将不予初始注册、延续注册或者变更注册。

A．60 B．65

C．55 D．50

4．注册监理工程师有下列（　　）情形的，其注册证书和执业印章将自动失效。

A．以虚假的职称证书参加考试并取得资格证书

B．未达到监理工程师继续教育要求

C．已与聘用单位解除劳动关系

D．在两个或者两个以上单位申请注册

5．监理工程师每注册一次的有效期为（　　）年。

A．3 B．4

C．5 D．10

三、简答题

1．什么是工程建设监理企业？

2．简述工程建设监理企业资质的审批程序。

3．简述工程建设监理费用的构成。

4．监理工程师应具备哪些素质和职业道德？

5．监理工程师如何注册？

学习情境三

工程建设目标控制

案例引入

某钢结构公路桥项目，业主将桥梁下部结构工程发包给甲施工单位，并将钢梁制造、架设工程发包给乙施工单位。业主通过招标选择了某监理单位承担施工阶段监理任务。

监理合同签订后，总监理工程师组建了直线制监理组织机构，并重点提出了质量目标控制措施如下。

1. 熟悉质量控制依据和文件。
2. 确定质量控制要点，落实质量控制手段。
3. 完善职责分工及有关质量监督制度，落实质量控制责任。
4. 对不符合合同规定质量要求的，拒签付款凭证。
5. 审查承包单位提交的施工组织设计和施工方案。

案例导航

本案例的关键是工程建设的目标控制。

由于控制的方式和方法的不同，控制可分为多种类型。本案例中总监理工程师所提出的质量目标控制措施中，措施2、3、5属于主动控制，措施4属于被动控制。

要了解工程建设目标控制理论，同时掌握各阶段的目标控制，需要掌握以下相关知识。

1. 工程建设目标控制的类型及其应用。
2. 工程建设项目设计阶段的进度控制。
3. 工程建设目标控制系统。

学习单元一　工程建设目标控制的理论基础

知识目标

1. 了解控制的概念。
2. 熟悉工程建设目标控制类型及应用。

基础知识

一、控制的概念

工程建设监理的核心是工作规划、控制和协调。控制是指目标动态控制，即对目标进行跟踪。进行目标动态控制是监理工作的一个极其重要的方面。

根据控制论的一般原理，控制是作用者对被作用者的一种能动作用，被作用者按照作用者的这种作用而行动，并达到系统的预定目标。因此，控制具有一定的目的性，为达成某种或某些目标而实施；控制是为了达到某个或某些目的而进行的过程，且是一种动态过程，是被作用者的活动依循既定的目标前进的过程，其本身是一种手段而非一种目的；控制不是某个事件或某种状况，而是散布在目标实施过程中的一连串行动；控制深受内部和外部环境的影响，环境影响控制目标的制定与实施；控制过程中每一个员工既是控制的主体又是控制的客体，既对其所负责的作业实施控制，又受到他人的控制和监督；所有的控制都应是针对"人"而设立和实施的，项目实施过程中因此而形成一种控制精神和控制观念，以达到最佳的控制效率和效果。

在管理学中，控制通常是指管理人员按计划标准来衡量所取得的成果，纠正所发生的偏差，以保证计划目标得以实现的管理活动。

二、工程建设目标控制类型及其应用

1. 工程建设目标控制类型

控制类型的划分是根据不同的分析目的而选择的，是主观的，而控制措施本身是客观的。因此，同一控制措施可以表述为不同的控制类型。

根据控制类型划分依据的不同，可对其进行细分。例如，按照控制措施作用于控制对象的时间，可分为事前控制、事中控制和事后控制；按照控制信息的来源，可分为前馈控制和反馈控制；按照控制过程是否形成闭合回路，可分为开环控制和闭环控制。

按照控制措施制定的出发点，可分为主动控制和被动控制。

（1）主动控制

主动控制是指在预先分析各种风险因素及其导致目标偏离的可能性和程度的基础上，拟定和采取有针对性的预防措施，从而减少乃至避免目标偏离。

主动控制是一种事前控制。它必须在计划实施前就采取控制措施，以降低目标偏离的可能性或其后果的严重程度，起到防患于未然的作用。

主动控制是一种前馈控制。当它根据已掌握的可靠信息分析预测得出系统将要输出偏离计划的目标时，就制定纠正措施并向系统输入，以使系统因此而不发生目标的偏离。

主动控制通常是一种开环控制，如图3-1所示。

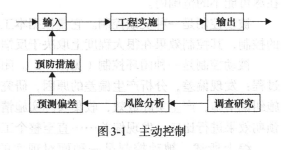

图3-1　主动控制

小 提 示

　　主动控制可以解决传统控制过程中存在的时滞影响，尽最大可能避免偏差已经成为现实的被动局面，降低偏差发生的概率及其严重程度，从而使目标得到有效控制，因此，主动控制是一种面对未来的控制。

当然，人们都不会否认，即使采取了主动控制，仍需要衡量最终输出，因为谁也保证不了所有工作都将做得完美无缺，保证不了在完成过程中再没有任何外部干扰。

主动控制措施如下。

① 详细调查并分析研究外部环境条件，以确定影响目标实现和计划运行的各种有利和不利因素，并将它们考虑到计划和其他管理职能当中。

② 识别风险，努力将各种影响目标实现和计划执行的潜在因素揭示出来，为风险分析和管理提供依据，并在计划实施过程中做好风险管理工作。

③ 用科学的方法制订计划。做好计划可行性分析，消除那些造成资源不可行、技术不可行、经济不可行和财务不可行的各种错误和缺陷，保障工程的实施能够有足够的时间、空间、人力、物力和财力，并在此基础上力求使计划优化。事实上，计划制订得越明确、完善，就越能设计出有效的控制系统，也就越能使控制产生出更好的效果。

④ 高质量地做好组织工作，使组织与目标和计划高度一致，把目标控制的任务与管理职能落实到适当的机构和人员，做到职权与职责明确，使全体成员能够通力协作，为共同实现目标而努力。

⑤ 制定必要的备用方案，以应对可能出现的影响目标或计划实现的情况。一旦发生这些情况，则有应急措施作保障，从而可以减少偏离量，或避免发生偏离。

⑥ 计划应有适当的松弛度，即"计划应留有余地"。这样，可以避免那些经常发生，又不可避免的干扰对计划的不断影响，减少"例外"情况产生的数量，使管理人员处于主动地位。

⑦ 沟通信息流通渠道，加强信息收集、整理和研究工作，为预测工程未来发展状况提供全面、及时、可靠的信息。

（2）被动控制

被动控制是指从计划的实际输出中发现偏差，通过对产生偏差原因的分析，研究制定纠偏措施，以使偏差得以纠正，工程实施恢复到原来计划的状态，或虽然不能恢复到计划状态，但可以减少偏差的严重程度。

被动控制是一种事中控制和事后控制。它是在计划实施过程中，对已经出现的偏差采取控制措施，它虽然不能降低目标偏离的可能性，但可以降低目标偏离的严重程度，并将偏差控制在尽可能小的范围内。

被动控制是一种反馈控制。它是根据本工程实施情况（即反馈信息）的综合分析结果进行的控制，其控制效果在很大程度上取决于反馈信息的全面性、及时性和可靠性。

被动控制是一种闭环控制（见图3-2）。闭环控制即循环控制，即被动控制表现为一个循环过程：发现偏差，分析产生偏差的原因，研究制定纠偏措施并预计纠偏措施的成效，落实并实施纠偏措施，产生实际成效，收集实际实施情况，对实施的实际效果进行评价，将实际效果与预期效果进行比较，发现偏差……直至整个工程建成。

综上所述，被动控制是一种面对现实的控制。虽然目标偏离已成为客观事实，但是通过被动控制措施，仍然可能使工程实施恢复到计划状态，至少可以减少偏差的严重程度。不可否认，被动控制仍然是一种有效的控制，也是十分重要而且经常运用的控制方式。因此，对被动控制应当予以足够的重视，并努力提高其控制效果。

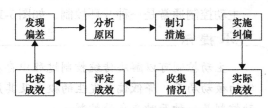

图3-2 被动控制的闭合回路

2．各类型目标控制的应用

在工程建设实施过程中，如果仅仅采取被动控制措施，出现偏差是不可避免的，而且偏差可能有累积效应，即虽然采取了纠偏措施，但偏差可能越来越大，从而难以实现预定的目标。另外，主动控制的效果虽然比被动控制好，但是仅仅采取主动控制措施是不现实的，或者说是不可能的。因此，对于工程建设目标控制来说，主动控制和被动控制两者缺一不可，都是实现工程建设目标所必须采取的控制方式，应将主动控制与被动控制紧密结合起来，如图3-3所示。

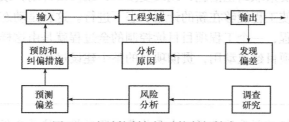

图3-3　主动控制与被动控制相结合

小 提 示

为了使主动控制与被动控制更好结合，应解决好以下两方面问题：一方面是要扩大信息来源，即不仅要从本工程获得实施情况的信息，而且要从外部环境获得有关信息，包括已建同类工程的有关信息，这样才能对风险因素进行定量分析，使纠偏措施有针对性；另一方面是要把握好"输入"这个环节，即要输入两类纠偏措施，不仅有纠正已经发生的偏差的措施，而且有预防和纠正可能发生的偏差的措施，这样才能取得较好的控制效果。

需要说明的是，虽然在工程建设实施过程中仅仅采取主动控制是不可能的，有时甚至是不经济的，但不能因此而否定主动控制的重要性。实际上，牢固确立主动控制的思想，认真研究并制定多种主动控制措施，尤其要重视那些基本上不耗费资金和时间的主动控制措施，对于提高工程建设目标控制的效果，具有十分重要而现实的意义。

三、工程建设目标控制流程

工程建设目标控制流程如图3-4所示。

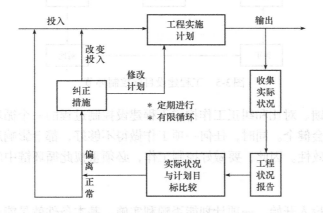

图3-4　工程建设目标控制流程

从图3-4中可以看出控制过程：控制是在事先制订的计划基础上进行的，将计划所需的人力、材料、设备、机具、方法等资源和信息进行投入，于是计划开始运行，工程开始实施。随着工程的实施和计划的运行，不断输出实际的工程状况和实际的投资、进度和质量目标，控制人员要收集工程实际情况和目标值以及其他有关的工程信息，将它们进行加工、整理、分类和综合，提出工程状况报告。控制部门根据工程状况报告将项目实际的投资、进度、质量目标状况与相应的计划目标进行比较，确定实际目标是否偏离了计划目标。如果未偏离，就按原计划继续运行；否则，就需要采取纠正措施，或改变投入，或修改计划，或采取其他纠正措施，使计划呈现一种新状态，使工程能够在新的计划状态下进行。这就是动态控制原理。上述控制程序是一个不断循环的过程，一个工程项目目标控制的全过程就是由这样的一个个循环过程组成的。循环控制要持续到项目建成动用，贯彻项目的整个建设过程。

小 提 示

> 对于工程建设目标控制系统来说，由于收集实际数据、偏差分析、制订纠偏措施都主要由目标控制人员来完成，都需要一定的时间，这些工作不可能同时进行并在瞬间完成，因而其控制实际上就表现为周期性的循环过程。通常，在工程建设监理的实践中，投资控制、进度控制和常规质量控制问题的控制周期按周或月计，而严重的工程质量问题和事故，则需要及时加以控制。

另外，由于系统本身的状态和外部环境是不断变化的，相应地，也就要求控制工作随之变化。目标控制人员对工程建设本身的技术经济规律、目标控制工作规律的认识也是不断变化的，他们的目标控制能力和水平也是在不断提高的。因而，即使在系统状态和环境变化不大的情况下，目标控制工作也可能发生较大的变化。这表明，目标控制也可能包含着对已采取的目标控制措施的调整或控制。

四、工程建设目标控制环节

工程建设的每一个控制过程都包括投入、转换、反馈、对比和纠正五个环节，如图3-5所示。

图3-5　工程建设目标控制环节

投入、转换、反馈、对比和纠正工作构成工程建设控制过程的一个循环链，缺少任何一个工作环节，循环都不会健全。同时，任何一项工作做得不够好，都会影响后续工作和整个控制过程，降低控制的有效性。因此，要做好控制工作，必须重视此循环链中的每一项工作。

1. 投入环节

控制过程首先从投入开始。一项计划能否顺利实施，基本条件就是能否按计划所要求的人力、财力、物力进行投入。计划确定的资源数量、质量和投入的时间是保证计划顺利实施的基本条件，也是实现计划目标的基本保障。因此，要使计划能够正常实施并达到预计目标，就应当保证能够将质量、数量符合计划要求的资源按规定时间和地点投入到工程建设中去。在质量控制中，投入的原材料、成品、半成品的质量对工程的最终质量起着决定作用，因此监理工程师必须把握住对"投入"的控制。

2. 转换环节

转换主要是指工程项目由投入到产出的过程，也就是工程建设目标实现的过程。在转换过程中，计划的运行在一定的时期内会受到来自外部环境和内部系统等多种因素干扰，造成实际工程情况偏离计划的要求。这类干扰往往是潜在的，是在制订计划时未被人们所预料或人们根本无法预料的。同时，由于计划本身不可避免地存在着缺陷，会造成期望输出与实际输出之间发生偏离，如进度计划在实施的过程中，可能由于原材料的供应不足，或者由于气候的变化而发生工程延期等各种问题。

> **小提示**
>
> 为了做好"转换"过程的控制工作，监理工程师应跟踪了解工程进展情况，掌握工程转换过程的第一手资料，为今后分析偏差原因、确定纠正措施，收集和提供原始依据。同时，采取"即时控制"措施，发现偏离，及时纠偏，解决问题于萌芽状态。

3. 反馈环节

即使是一项制订得相当完善的计划，其运行结果也未必与期望一致。因为在计划实施过程中，实际情况的变化是绝对的，不变是相对的，每个变化都会对目标和计划的实现带来一定的影响。所以，控制人员、控制部门对每项计划的执行结果是否达到要求都十分关注。例如，外界环境是否与所预料的一致？执行人员是否能够切实按计划要求实施？执行过程会不会发生错误？等等。而这些正是控制功能的必要性之所在。因此，必须在计划与执行之间建立密切的联系，需要及时捕捉工程信息并反馈给控制部门来为控制服务。

反馈给控制部门的信息既应包括已发生的工程情况、环境变化等信息，还应包括对未来工程预测的信息。信息反馈方式可以分成正式和非正式的两种。在控制过程中两者都需要。正式信息反馈是指书面的工程状况报告一类，它是控制过程中应当采用的主要反馈方式。非正式信息主要指口头方式，对口头方式的信息反馈也应当给予足够的重视。当然，对非正式信息反馈还应当让其转化为正式信息反馈。

控制部门需要什么信息，取决于监理的需要。信息管理部门和控制部门应当事先对信息进行规划，这样才能获得控制所需的全面、准确、及时的信息。

为使信息反馈能够有效配合控制的各项工作，使整个控制过程流畅地进行，需要设计信息反馈系统。它可以根据需要建立信息来源和供应程序，使每个控制和管理部门都能及时获得它们所需要的信息。

4. 对比环节

对比是指将得到的反馈信息与计划所期望的状况相比较，它是控制过程的重要特征。控制的核心是找出差距并采取纠正措施，使工程得以在计划的轨道上进行。进行对比工作，首先是确定实际目标值。这是在各种反馈信息的基础上，进行分析、综合，形成与计划目标相对应的目标值。然后，将这些目标值与衡量标准（计划目标值）进行对比，判断偏差。如果存在偏差，还要进一步判断偏差的程度大小。同时，还要分析产生偏差的原因，以便找到消除偏差的措施。在对比工作中，要注意以下几点。

（1）明确目标实际值与计划值的内涵

目标的实际值与计划值是两个相对的概念。随着工程建设实施过程的展开，其实施计划和目标都将逐渐深化、细化，往往还要作适当的调整。从目标形成的时间来看，在前者为计划值，在后者为实际值。

（2）合理选择比较的对象

在实际工作中，最为常见的是相邻两种目标值之间的比较。在我国许多工程建设中，业主往往以批准的设计概算作为投资控制的总目标。这时，合同价与设计概算、结算价与设计概算的比较也是必要的。另外，结算价以外的各种投资值之间的比较都是一次性的，而结算价与合同价（或设计概算）的比较则是经常性的，一般是定期（如每月）比较。

（3）建立目标实际值与计划值之间的对应关系

工程建设的各项目标都要进行适当分解。通常，目标的计划值分解较粗，目标的实际值分解较细。因此，为了保证能够切实地进行目标实际值与计划值的比较，并通过比较发现问题，必须建立目标实际值与计划值之间的对应关系。这就要求目标的分解深度、细度可以不同，但分解的原则、方法必须相同，从而可以在较粗的层次上进行目标实际值与计划值的比较。

（4）确定衡量目标偏差的标准

要正确判断某一目标是否发生偏差，就要预先确定衡量目标偏差的标准。例如，某工程建设的某项工作的实际进度比计划要求拖延了一段时间，如果这项工作是关键工作，或者虽然不是关键工作，但该项工作拖延的时间超过了它的总时差，则应当判断为发生偏差，即实际进度偏离计划进度；反之，如果该项工作不是关键工作，且其拖延的时间未超过总时差，则虽然该项工作本身偏离计划进度，但从整个工程的角度来看，实际进度并未偏离计划进度。

5. 纠正环节

纠正即纠正偏差，根据偏差的大小和产生偏差的原因，有针对性地采取措施来纠正偏差。如果偏差较小，通常可采用比较简单的措施纠正；如果偏差较大，则需改变局部计划，才能使计划目标得以实现。如果已经确认原计划不能实现，就要重新确定目标，制订新计划，然后工程在新计划下进行。

根据偏差的具体情况，可以按以下3种情况进行纠偏：一是直接纠偏。指在轻度偏离的情况下，不改变原定目标的计划值，基本不改变原定的实施计划，在下一个控制周期内，使目标的实际值控制在计划值范围内。二是不改变总目标的计划值，调整后期实施计划，这是在中度偏离情况下所采取的对策。三是重新确定目标的计划值，并据此重新制定实施计划，这是在重度偏离情况下所采取的对策。

需要特别说明的是，只要目标的实际值与计划值有差异，就表明发生了偏差。但是，对于工程建设目标控制来说，纠正一般是针对正偏差（实际值大于计划值）而言，如投资增加、工期拖延；而如果出现负偏差，如投资节约、工期提前，并不采取"纠正"措施，可通过故意增加投资、放慢进度，使投资和进度恢复到计划状态。不过，对于负偏差的情况，要仔细分析其原因，排除假象。对于确实是通过积极而有效的目标控制方法和措施而产生负偏差效果的情况，应认真总结经验，扩大其应用范围，更好地发挥其在目标控制中的作用。

五、工程建设目标控制前提

工程建设目标控制的前提工作主要包括两项：一是目标规划和计划；二是目标控制的组织。为了进行有效的目标控制，必须做好这两项工作。

1. 目标规划和计划

如果监理工程师事先不知道他所期望的是什么，他就谈不到控制。实际上目标规划和计划越明确、全面和完整，控制的效果就越好。

（1）目标规划和计划与目标控制的关系

图3-6所示为工程项目建设过程中的基本工作、规划、控制之间的关系。

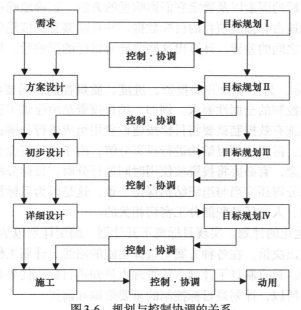

图3-6 规划与控制协调的关系

从图3-6中可以看到，目标规划和计划与控制之间是一种交替出现的循环链式的关系。图示告诉我们，建设一项工程，首先要根据业主需求制定目标规划Ⅰ，即确定项目总体投资、进度、质量目标，确定实现项目目标的总体计划和下一阶段即将开始的工作实施计划。在确定目标规划的过程中，重要的是做好需求与规划之间的协调工作，使需求与规划保持一致。然后，按目标规划Ⅰ的要求进行方案设计。在方案设计的过程中根据目标规划实施控制，力求使方案设计符合规划的目标要求，同时，根据输出的方案设计还要对原规划进行必要的调整，以解决目标规划中不适当的问题。接下来，根据方案设计的输出，在目标规划Ⅰ的基础上调整、细化项目目标规划，得出较为详细的目标分解和较详细的实现目标的计划，即目标规划Ⅱ。然后根据目标规划Ⅱ进行初步设计。在初步设计过程中进行控制，使初步设计尽量符合目标规划Ⅱ的要求。如此循环下去，直到项目动用。

与控制的动态性相一致，在项目运行的整个过程中，目标规划和计划也是处于动态变化之中。工程的实施既要根据目标规划和计划实施控制，力求使之符合目标规划和计划的要求，同时又要根据变化了的内部因素和外部环境情况适当地调整目标规划和计划，使之适应控制的要求和工程的实际。目标规划和计划要在工程实施当中反复调整，真正成为控制的前提和依据。

（2）控制的效果在很大程度上取决于目标规划和计划的质量水平

没有目标规划和计划，就无法实施目标控制。因此，要进行目标控制，必须对控制目标进行合理的规划并制订相应的计划。目标规划和计划越明确、越具体、越全面，目标控制的效果就越好。

为了提高并客观评价目标控制的效果，需要提高目标规划和计划的质量。为此，必须做好以下三方面工作。

① 正确地确定项目目标。若要有效地控制目标，首先要正确地确定目标。要做到这一点，需要监理工程师积累足够的有关工程项目的目标数据，建立项目目标数据库，并且能够把握、分析、确定各种影响目标的因素以及确定它们影响量的方法。正确地确定项目投资、进度、质量目标必须全面而详细地占有拟建项目的目标数据，并且能够看到拟建项目的特点，找出拟建项目与类似的已建项目之间的差异，计算出这些差异对目标的影响量，从而确定拟建项目的各项目标。

② 正确地分解目标。为了有效开展投资、进度、质量控制，需要将各项目标进行分解。目标分解应当满足目标控制的全面性要求。例如，项目投资是由建筑工程费、工器具购置费以及其他费组成，为了实施有效控制就要将目标按建设费用组成进行分解；由于构成项目的每一部分都占用投资，因此，需要按项目结构进行投资分解；由于项目资金总是分阶段、分期支出的，为了合理地使用资金，有必要将投资按使用时间进行分解。目标分解应当满足项目实现过程的系统性要求。目标分解还应当与组织结构保持一致，这是因为目标控制总是由机构、人员来进行的，它是与机构、人员任务职能分工密切相关的。

③ 制订既可行又优化的计划。实现目标离不开计划。编制计划包括选择确定目标、任务、过程和行动。它需要做出决策，在各种方案里选择实施的路线。计划工作是所有管理工作中永远处于领先地位的工作。只有制订了计划，使管理人员知道目标、任务和行动，才能提出评价标准，实现有效控制。所以，计划是目标控制的重要依据和前提。

计划是否可行、是否优化，直接影响目标能否顺利实现。图3-7所示为制订项目进度计划的工作流程。

从图3-7可以看出，要制订一项计划首先应当确定评审计划的有关准则，它是决定一项计划是否可行和优化的标准和原则。初步计划制订出来，就要先看它是否符合计划的基本要求，例如进度计划的工期要求。如果计划的基本要求达不到，那么就要重新确定评审计划的准则或对初步计划进行修改。如果计划的基本要求能够达到，计划制订工作就要深入一步进行，即对计划进行可行性分析，这是制订计划的关键步骤。可行性分析就是剔除各种有碍计划实施的因素，保障计划的实施有足够的资源、技术支持，有足够的经济力量和财务支持。如果确认计划的可行性存在着问题，就应当反复对计划进行调整、修改，直至可行为止。一项仅仅可行的计划，并不能称为优化的计划，优化的计划是与评审计划准则最接近的计划。优化计划的得出往往需要做多次反复调整的工作。直到计划制订者认为最大限度地接近各项评审计划准则为止。只有制订出技术上可行、资源上可行、经济上可行、财务上可行的实现目标的计划，并在此基础上得出最大限度地满足评审计划准则要求的优化计划，才能为有效目标控制提出可靠的保障。

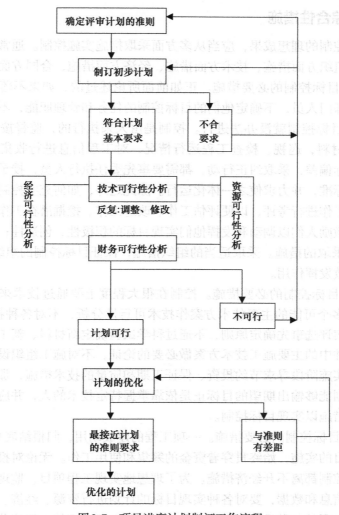

图3-7　项目进度计划制订工作流程

2. 目标控制的组织

由于工程建设目标控制的所有活动以及计划的实施都是由目标控制人员来实现的，因此，目标控制机构和人员是目标控制的前提，其设置必须明确、合理。目标控制的组织机构和任务分工越明确、越完善，目标控制的效果就越好。

小 技 巧

为了有效地进行目标控制，需要做好以下几方面的组织工作。
① 设置目标控制机构。
② 配备合适的目标控制人员。
③ 落实目标控制机构和人员的任务与职能分工。
④ 合理组织目标控制的工作流程和信息流程。

六、目标控制的综合性措施

为了取得目标控制的理想成果，应当从多方面采取措施实施控制。通常可以将这些措施归纳为若干方面，如组织方面措施、技术方面措施、经济方面措施、合同方面措施等。

① 组织措施是目标控制的必要措施。正如前面所论述过的，如果不落实投资控制、进度控制、质量控制的部门人员，不确定他们的目标控制的任务和管理职能，不制订各项目标控制的工作流程，那么目标控制就没办法进行。控制是由人来执行的，监督按计划要求投入劳动力、机具、设备、材料，巡视、检查工程运行情况，对工程信息进行收集、加工、整理、反馈，发现和预测目标偏差，采取纠正行动，都需要事先委任执行人员，授予相应职权，确定职责，制订工作考核标准，并力求使之一体化运行。除此之外，如何充实控制机构，挑选与其工作相称的人员；对工作进行考评，以便评估工作、改进工作、挖掘潜在工作能力、加强相互沟通；在控制过程中激励人们以调动和发挥他们实现目标的积极性、创造性；培训人员等都是在控制当中需要考虑采取的措施。采取适当的组织措施，保证目标控制的组织工作明确、完善，才能使目标控制有效发挥作用。

② 技术措施是目标控制的必要措施。控制在很大程度上要通过技术来解决问题。实施有效控制，如果不对多个可能的主要技术方案作技术可行性分析，不对各种技术数据进行审核、比较，不对设计方案评选事先确定原则，不通过科学试验确定新材料、新工艺、新方法的适用性，不对各投标文件中的主要施工技术方案做必要的论证，不对施工组织设计进行审查，不想方设法在整个项目实施阶段寻求节约投资、保证工期和质量的技术措施，那么目标控制也就毫无效果可谈。使计划能够输出期望的目标正是依靠掌握特定技术的人，并应用工程技术，采取一系列有效的技术措施以实现目标控制。

③ 经济措施是目标控制的必要措施。一项工程的建成动用，归根结底是一项投资的实现，从项目的提出到项目的实施，始终贯穿着资金的筹集和使用工作。无论对投资实施控制，还是对进度、质量实施控制都离不开经济措施。为了理想地实现工程项目，监理工程师要收集、加工、整理工程经济信息和数据，要对各种实现目标的计划进行资源、经济、财务诸方面的可行性分析，要对经常出现的各种设计变更和其他工程变更方案进行技术经济分析，以力求减少对计划目标实现的影响。监理工程师要对工程概、预算进行审核，要编制资金使用计划，要对工程付款进行审查等。如果监理工程师在控制时忽视了经济措施，那么不但投资目标难以实现，而且进度目标和质量目标也同样难以实现。

④ 合同措施也是目标控制的必要措施。工程项目建设需要设计单位、施工单位和材料设备供应单位分别承担设计、施工和材料设备供应。没有这些工程建设行为，项目就无法建成动用。在市场经济条件下，这些承建商是根据分别与业主签订的设计合同、施工合同和供销合同来参与项目建设的。它们与项目业主构成了工程承发包关系。它们是被监理的一方。承包设计的单位要根据合同保障工程项目设计的安全可靠性，提高项目的适用性和经济性，并保证设计工期的要求。承包施工的单位要根据合同保证实现规定的施工质量和工期。承包材料和设备供应的单位要根据合同保证按质、按量、按时供应材料和设备。工程建设监理就是根据这些工程建设合同来进行的。依靠合同进行目标控制是监理目标控制的重要手段。因此，协助业主确定对目标控制有利的承发包模式和合同结构，拟订合同条款，参加合同谈判，处理合同执行过程中的问题，做好防止和处理索赔的工作等，都是监理工程师重要的目标控制措施。所以，目标控制离不开合同措施。

学习单元二　工程建设目标控制系统

知识目标

1. 了解工程建设目标控制系统定义及组成。
2. 熟悉工程建设项目目标的管理。

基础知识

一、工程建设三大控制目标

目标是指想要达到的境地或标准。对于长远的总体目标，多指理想性的境地；对于具体的目标，多指数量描述的指标或标准。

工程项目目标一般都是在有关合同中明确的。工程项目管理的参与者来自于建设方、承包方、监理方等单位。不同的单位在工程项目管理中的主要目标是一致的，但因不同的利益主体关系，各自在目标管理中的角度及程度又有一定的区别。

对于建设单位，工程项目的目标体系主要体现为投资、进度、质量三大目标，这三大目标是一个相互联系的整体，它们构成了工程项目的目标系统。

1. 工程建设投资控制目标

工程建设监理投资控制是指在整个项目的实施阶段开展管理活动，力求使项目在满足质量和进度要求的前提下，实现项目实际投资不超过计划投资。

（1）投资控制不是单一目标的控制

不能简单地把投资控制理解为将工程项目实际发生的投资控制在计划的范围内。而应当认识到，投资控制是与质量控制和进度控制同时进行的，它是对整个项目目标系统所实施的控制活动的一个组成部分，实施投资控制的同时需要兼顾质量和进度目标。

根据目标控制的原则，在实现投资控制时应当注意以下问题。

① 在对投资目标进行确定或论证时应当综合考虑整个目标的协调和统一，不仅使投资目标满足业主的需求，还要使进度目标和质量目标也能满足业主的要求。这就要求在确定项目目标系统时，要认真分析业主对项目的整体需求，做好投资、进度和质量三方面的反复协调工作，力求优化地实现各自目标之间的平衡。

② 在进行投资控制的过程中，要协调好进度控制的关系，做到三大控制的有机配合。当采取某项控制措施时，要考虑这项措施是否对目标控制产生不利影响。例如，采用限额设计投资控制时，一方面要力争使实际的项目投资限定在投资额度内，同时又要保障项目的功能、使用要求和质量标准。这种协调工作在目标控制过程中也是绝对不可缺少的。

以上投资控制的含义如图3-8所示。

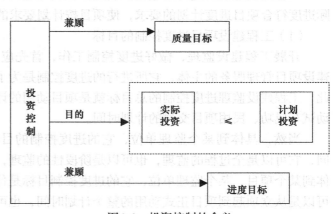

图3-8　投资控制的含义

67

（2）投资控制应具有全面性

① 工程建设项目总投资是项目建设的全部费用。建设项目的总投资是指进行固定资产再生产和形成最低量流动资金的一次性费用总和。它是由建筑安装工程费、设备和工器具购置费和其他费组成。

建筑安装工程费是由人工费、材料费、施工机械使用费和其他各项直接费和施工管理费、临时设施费、劳保开支等间接费以及盈利等项费用组成；设备和工器具购置费由设备购置费和工器具及生产家具购置费组成；其他费是指工程建设中未纳入以上两项费用内的、由项目投资支付的、为保证建设项目正常建设并在动用后能发挥正常效用而发生的各项费用的总和。

明确了建设项目投资的概念和组成，对于控制它就能做到心中有数。投资花在哪儿，就在哪儿控制。

② 对建设项目投资要实施多方面的综合控制。由于项目投资是工程的"全部费用"，所以要从多方面对它实施控制。监理工程师进行投资控制时要针对项目费用组成实施控制，防止只控制建筑安装工程费而忽视甚至不去控制设备和工器具购置费及其他费的现象发生；要针对项目结构的所有子项目的费用实施控制，防止只重视主体工程或红线内工程投资控制而忽视其他子项目投资控制；要对所有合同的付款实施控制，控制住整个合同价；投资控制不能只在施工阶段进行控制，还要在项目实施的其他阶段进行控制，要满足资金使用计划的要求。

全面地对项目投资进行控制是工程建设监理控制的主要特点。因此，监理工程师需要从项目系统性出发，进行综合性的工作，从多方面采取措施实施控制。也就是说，除了从经济方面做好控制工作以外，还应当围绕着投资控制的组织、技术和合同等有关方面开展相应的工作。在考虑问题时，应立足于工程项目的全寿命经济效益，不能只限于项目的一次性费用。

③ 工程建设监理控制是微观性投资控制。与工程监理的微观性一致，监理工程师开展的投资控制也是微观性的工作。他们所进行的投资控制是针对一个项目投资计划的控制，它有别于宏观的固定资产管理。其着眼点不是关于项目的投资方向、投资结构、资金筹集方式和渠道，而是控制住一个具体建设项目的投资。

为了控制项目的计划投资，监理工程师要从每个投资切块开始，从每个分项分部工程开始，一步一步地控制，一个循环一个循环地控制。从"小"处着手，放眼整个项目，从多方面着手，实施全面控制。

2. 工程建设进度控制目标

工程建设监理所进行的进度控制是指在实现建设项目总目标的过程中，为使工程建设的实际进度符合项目进度计划的要求，使项目按计划要求的时间动用而开展的有关监督管理活动。

（1）工程建设项目进度控制的目标

开展工程建设监理，做好进度控制工作，首先应当明确进度控制的目标。监理单位作为建设项目管理服务的主体，它所进行的进度控制是为了最终实现建设项目计划的时间动用。因此，工程建设监理进度控制的总目标就是项目动用的计划时间。也就是，工业项目达到负荷联动试车成功、民用项目交付的计划时间。

当然，具体到某个监理单位，它的进度控制的目标取决于业主的委托要求。根据监理合同，它可以是全过程的监理，也可以是阶段性的监理，还可以是某个子项目的监理。因此，具体到某个项目，某个监理单位，它的进度控制目标是什么，则由工程建设监理合同来决定。既可以是从立项起到项目正式动用的整个计划时间，也可能是某个实施阶段的计划时间，如设计或施工阶段计划工期。

（2）工程建设项目进度控制的范围

既然工程建设监理进度控制的总目标贯穿整个项目的实施阶段，那么监理工程师在进行进度控制时就要涉及建设项目的各个方面，需要实施全面的进度控制。

① 进度控制是对工程建设全过程的控制。明确了工程建设监理进度控制的目标项目的计划动用时间，那么进度控制就不仅仅包括施工阶段，还包括设计准备阶段、设计阶段以及工程招标和动用准备等阶段。它的时间范围涵盖了项目建设的全过程。

② 进度控制是对整个项目的控制。由于项目进度总目标是计划的动用时间，所以监理工程师进行进度控制必须实现全方位控制。也就意味着，对组织项目的所有构成部分的进度都要进行控制，不论是红线内工程还是红线外工程，也不论是土建工程还是设备安装、给水排水、采暖通风、道路、绿化、电气等工程。

③ 对项目建设有关的工作实施进度控制。为了确保项目按计划动用，需要把有关工程建设的各项工作，诸如设计、施工准备、工程招标以及材料设备供应、动用准备等项工作列入进度的范围之内。如果这些工作不能按计划完成，必然影响整个工程项目的正式动用。所以，凡是影响项目动用时间的工作都应当列入进度计划，成为进度控制的对象。当然，任何事务都有主次之分，监理工程师在实施进度控制时，要把这多方面的工作进行详细的规划，形成周密的计划，使进度控制工作能够有条不紊、主次分明地进行。

④ 对影响进度的各项因素实施控制。工程建设进度不能按计划实现有多种原因。例如，管理人员、劳务人员素质和能力低下，数量不足；材料和设备不能按时、按质、按量供应；建设资金缺乏，不能按时到位；技术水平低，不能熟练掌握和运用新技术、新材料、新方法；组织协调困难，各承建商不能协作同步工作；未能提供合格的施工现场；异常的工程地质、水文、气候；社会、政治环境等。要实现有效进度控制必须对上述影响进度的因素实施控制，采取措施减少或避免这些因素的影响。

⑤ 组织协调是有效控制项目进度的关键。实施项目进度控制必须做好与有关单位的协调工作。与工程项目进度有关的单位较多，包括项目业主、设计单位、施工单位、材料供应单位、设备供应厂家、资金供应单位、工程毗邻单位、管理工程建设的政府部门等。如果不能有效地与这些单位做好协调工作，不建立协调工作网络，进度控制将是十分困难的。

3. 工程建设质量控制目标

工程建设监理质量控制是指在力求实现工程建设项目总目标的过程中，为满足项目总体质量要求所开展的有关监督管理活动。

（1）工程建设项目质量目标

质量是指"产品、服务或过程满足规定或潜在要求（或需求）的特征和特性的总和"。对工程建设而言，最终产品就是建设动用的工程项目，过程就是包括项目建设的各阶段的整个工程建设的过程，质量要求就是对整个建设项目和它建设过程提出的"满足规定或潜在要求（或需求）的特征和特性的总和"，即要达到的质量目标。

所谓建设项目的质量控制就是对包括工程项目实体、功能和使用价值、工作质量各方面的要求或需求的标准和水平，也就是对项目符合有关法律、法规、标准程度和满足业主要求程度作出的明确规定。

① 建设项目总体质量目标的内容具有广泛性。凡是构成工程项目实体、功能和使用价值

69

的各方面，如建设地点、建筑形式、结构形式、材料、设备、工艺、规模和生产能力以及使用者满意程度都应当列入项目质量目标范围。同时，对参与工程建设的单位和人员的资质、素质、能力和水平，特别是对其工作质量的要求也是质量目标的不可缺少的组成部分，因为它们直接影响建筑产品的质量。项目质量目标内容的全面性也使投资目标与之保持一致。项目质量目标范围的广泛性告诉我们，要拿出质量符合要求的建筑产品，需要在整个项目上述范围内进行质量管理。

② 建设项目总体质量的形成具有明显的过程。实现建设项目总体质量目标与形成质量的过程息息相关。工程建设的每个阶段都对项目质量的形成起着重要作用，对质量产生重要影响。项目决策阶段决定项目"上"与"不上"以及如何"上"的问题，为确定项目目标系统提供依据并最终确定项目总目标，其中包括项目总体质量目标。在解决"能否做"和"做什么"的过程中，为项目质量的符合性和适用性进行了可行性研究和决策。在项目上述阶段，通过设计解决"如何做"的问题，使项目总体质量得以具体化；通过招标解决"谁来做"的问题，使项目质量目标的实现落实到承包者；通过施工解决"做出来"的问题，使工程项目形成实体，把项目质量目标物化地体现；通过竣工验收最终解决"是否符合"的问题，使项目质量得以确认。因此，每个阶段都有其具体的质量控制任务。监理工程师应当根据每个阶段的特点，确定各阶段质量控制的目标和任务，以便实现上述全过程质量控制。

③ 影响项目质量目标的因素众多。工程项目实体质量、功能和使用价值、工作质量牵扯到设计、施工、供应、监理等诸方面的多种因素。例如，人、机械、材料、方法和环境都影响工程质量。监理工程师应当对这些因素进行有效控制，以保障工程质量。对人，要从思想素质、业务素质、身体素质等多方面综合考虑，全面控制；对材料，要把好检查验收这一关，保证正确合理地使用原材料、成品、半成品、构配件，并检查、监督做好收、发、储、运等技术管理工作；对机械，要根据工艺和技术要求，确认是否选用了合适的机械设备，是否建立了各种管理制度；对方法，要通过分析、研究、对比，在确认可行的基础上确定应采用的优化方案、工艺、设计和措施；对环境，要通过指导、督促、检查建立良好的技术环境、管理环境、劳动环境，以确保为实现质量目标提供良好条件。

（2）技术项目质量控制

① 工程技术监理质量控制要与政府工程质量监督紧密结合。就投资、进度和质量三大目标而言，质量特别受到政府监督管理部门的"青睐"。这是因为工程质量不仅影响业主的投资效益，还关系着社会公众的利益，而维护社会公众利益正是政府的主要职能之一。工程技术的特殊性使它在城市规划、环境保护、安全可靠等方面产生主要的社会影响。因此，衡量工程技术项目质量是否达到计划标准和要求必须考虑这些问题。而这是需要监理单位与政府有关部门共同监督管理的任务。

需要指出的是，虽然政府部门和监理单位都对工程质量负有责任，可是它们在监督管理方面的具体内容、依据、方法、责任等是有区别的，其性质也不同。

政府有关部门侧重于影响社会共同利益的质量方面；它运用法律、法规、规范和标准等衡量工程质量；控制的方式以行政、司法为主，并辅以经济的、管理的手段，是强制性的。它采用阶段性和不定期的方式进行审查、审批、巡视，以发现质量上的问题，并加以制止和纠正；派出专业性的质量监督机构对工程项目施工进行监督、检查；对于工程项目质量上的问题一般不承担法律和经济责任。工程建设监理的质量控制更全面、更具体、更具有针对性，它不但要对社会负责，而且要对项目业主负责。

② 建设项目质量控制是一种系统过程的控制。如前所述，工程项目的建成动用过程也就是它的质量形成过程。要使质量控制产生所期望的成效，监理工程师就要沿着项目建设过程不间断地进行质量控制。

在规划和计划阶段，项目建设是处于由"粗"到"细"形成规划和计划的阶段。在这个时期，一方面要全面落实项目的质量目标系统，另一方面又要根据上阶段确定的计划目标和设计文件对下阶段要达到的目标实施控制。也就是说，既要确定各级质量目标，又要进行质量控制。

在施工阶段，随着一道道工序的完成，最终形成工程项目实体。它是从"小"到"大"逐步建成工程项目实体的时期。在这个时期，要把质量的事前控制与事中、事后控制紧密地结合起来。在各项工程或工作开始之前，要明确目标、制定措施、确定流程、选择方法、落实手段，做好人、财、物的各项准备工作，并为其创造和建立良好环境。然后，在各项工程或工作的过程中，及时发现和预测问题并采取相应措施加以解决。最后，对完成的工程或工作的质量进行检查验收，把存在的工程质量问题找出来并集中处理，使项目最终达到总体质量目标的要求，这是一种序列性的控制，要将它们视为有机的整体控制过程。

③ 建设项目质量要求实施全面控制。由于建设项目质量的内容具有广泛性，所以实现项目总体质量目标应当实施全面的质量控制。控制的全面性首先表现在对工程项目的实体质量、功能和使用价值质量和工作质量的全面控制上。对工程项目的所有质量特征都要实施控制，使它从性能、功能、表面状态、可靠性、安全性直至可维修性方面都能达到质量的符合性要求和适用性要求。质量控制的全面性还表现在对影响工程质量的各种因素都要采取控制措施。无论是来自人的影响因素，来自原材料和设备方面的影响因素，来自施工机械、机具方面的影响因素，来自方法方面的影响因素，还是来自环境的影响因素，都应实施有效控制。

对项目质量实施全面控制，要把控制重点放在调查研究外部环境和内部系统各种干扰质量的因素上，做好风险分析和管理工作，预测各种可能出现的质量偏差，并采取有效的预防措施。要使这些主动控制措施与监督、检查、反馈，发现问题及时解决，发生偏差及时纠正等控制措施有机结合起来，使项目质量能够处于监理工程师的有效控制之下。

（3）处理好工程质量事故

工程质量事故处理的本身就是质量控制的一项重要工作。"返工"就是质量控制中的"纠正"措施之一。如果说，拖延的工期、超额的资金还能在以后的过程中挽回的话，那么质量一旦不合格，就形成了既定事实。不合格的工程，决不会因为时间的推移而变成合格品，也不会因为后序工程的优良而"中和"为合格品，因此，对于不合格工程必须及时处理，决不能含糊。对工程质量事故进行及时处理，是实施有效的质量控制的重要措施之一，是质量控制一项必不可少的工作。

工程质量事故在工程建设中具有多发性特点。诸如基础不均匀沉降、现浇混凝土强度不足、屋面渗漏、建筑物倒塌，乃至一个工程项目报废等都有可能发生。因此，监理工程师应当把杜绝或最大限度地减少工程事故的发生当作质量控制的重要任务。现阶段，市场经济体制还很不健全，市场行为还很不规范，"假冒伪劣"产品俯首皆是，这对工程质量产生极大的冲击，给质量控制带来了更大的困难。面对这种挑战，监理工程师更应认真做好质量控制工作，努力把工程事故降到最低限度。同时要严肃认真地处理工程质量事故，确保项目质量目标的实现。

工程质量事故的实质就是实际工程质量偏离了计划的质量目标。像其他目标偏离一样，一旦出现事故就要进行调查研究，分析事故产生的原因，根据事故的严重程度，决定如何处理，落实处理方案，对最后处理结果进行检查并提出事故处理报告。

　　监理单位无论对一般质量事故还是对重大质量事故都有处理的责任。但对重大事故的处理则应当上报政府有关部门，监理单位要配合政府有关部门做好事故处理工作。

　　减少一般性工程质量事故，杜绝重大工程质量事故，只有通过连续性、系统性的质量控制才能实现，只有认真做好主动控制、事前控制才能实现。特别应强调的是，工程质量事故主要来自设计、施工和材料设备供应，只有从事这些活动的承建单位杜绝或减少工程质量事故的发生，才能从根本上解决问题。因此，监理工程师要把所有减少或杜绝工程事故的措施有效地贯彻到工程实施者当中。

4. 工程建设三大控制目标的关系

　　任何工程项目都应当具有明确的目标。监理工程师进行目标控制时，应当把项目的工期目标、费用目标和质量目标视为一个整体来控制。因为它们相互联系、相互制约，是整个项目系统中的目标子系统。投资、进度和质量三大目标之间既存在矛盾的方面，又存在统一的方面，是一个矛盾的统一体，如图3-9所示。

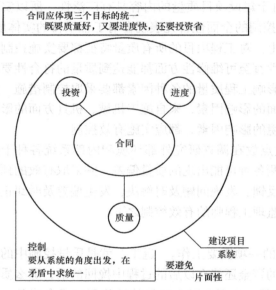 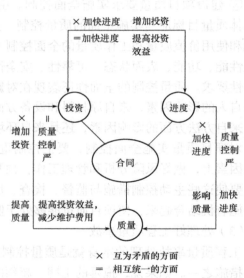

（a）要从系统的角度出发，在矛盾中求统一　　（b）投资目标、进度目标和质量目标的对立统一

图3-9　投资目标、进度目标和质量目标的关系

　　（1）工程建设三大目标之间的对立关系

　　工程建设投资、进度和质量三大目标之间，首先存在着矛盾和对立的一面。例如，通常情况下，如果建设单位对工程质量要求较高，那么就要投入较多的资金、花费较长的建设时间，以实现这个质量目标。如果要抢时间、争速度地完成工程项目，把工期目标定得很高，那么在保证工程质量不受到影响的前提下，投资就要相应地提高；或者是在投资不变的情况下，适当降低对工程质量的要求。如果要降低投资、节约费用，那么势必要考虑降低项目的功能要求和质量标准。

　　以上分析表明，工程建设三大目标之间存在对立的关系。因此，不能奢望投资、进度和质量三大目标同时达到"最优"，即既要投资少，又要工期短，还要质量好。在确定工程建设目标时，不能将投资、进度、质量三大目标割裂开来，分别孤立地分析和论证，更不能片面强调某一目标而忽略其对其他两个目标的不利影响，而是必须将投资、进度和质量三大目标作为一个系统来统筹考虑，反复协调和平衡，力求使整个目标系统达到最优。

（2）工程建设三大目标之间的统一关系

工程建设投资、进度和质量三大目标之间不仅存在着对立的一面，还存在着统一的一面。例如，在质量与功能要求不变的条件下，适当增加投资的数量，就为采取加快工程进度的措施提供了经济条件，就可以加快项目建设速度、缩短工期，使项目提前完工投入使用，投资尽早收回，项目全寿命经济效益得到提高。适当提高项目功能和质量标准，虽然会造成一次性投资的提高和（或）工期的增加，但能够节约项目动用后的运营费和维修费，降低产品的后期成本，从而获得更好的投资经济效益。如果制订一个既可行又优化的项目进度计划，使工程能够连续、均衡地开展，则不但可以缩短工期，而且可能获得较好的质量和较低的费用。这一切都说明了工程项目投资、进度和质量三大目标关系之中存在着统一的一面。

在对工程建设三大目标对立统一关系进行分析时，同样需要将投资、进度和质量三大目标作为一个系统统筹考虑，同样需要反复协调和平衡，力求实现整个目标系统最优，也就是实现投资、进度和质量三大目标的统一。

二、工程建设项目目标的管理

目标管理以被管理的活动目标为中心，通过把社会经济活动的任务转换为具体的目标以及目标的制订、实施和控制来实现社会经济活动的最终目的。项目目标管理的程序大体可划分为以下几个阶段。

1. 确立项目任务和分工

确立项目具体的任务及项目内各层次、各部门的任务分工。

2. 把项目的任务转换为具体的指标或目标

目标管理中，指标必须能够比较全面、真实地反映出项目任务的基本要求，并能够成为评价考核项目任务完成情况的最重要、最基本的依据。目标管理中的指标是用来具体落实评价考核项目任务的手段，必须能够比较全面、真实地反映出项目任务的主要内容。但指标又只能从某一侧面反映项目任务的主要内容，不能代替项目任务本身，因此不能用目标管理代替其对项目任务的全面管理。除了要实现目标外，还必须全面地完成项目任务。指标是可以测定和计量的，这样才能为落实指标、考核指标提供可行的基础标准；指标必须在目标承担者的可控范围之内，这样才能保证目标能够真正执行并成为目标承担者的一种自我约束。

指标作为一种管理手段应该具有层次性、优先次序性以及系统性。层次性是指上一级指标一般都可分解为下一级的几处指标，下一级指标又可再分解为更多的下一级指标，以便把指标落实到最基层的管理主体。优先次序性是指项目的若干指标及各层次、各部门的若干指标都不是并列的，而是有着不同的重要程度，因而在管理上应该首先确定各指标的重要程度并据之进行管理。系统性是指项目内各种指标的设置都不是孤立的，而是有机结合的一个体系以及从各个方面全面地反映项目任务的基本要求。

目标是指标实现程度的标准，它反映在一定时期某一主体活动达到的指标水平。同样的指标体系，由于对其具体达到的水平要求不同，就可构成不同的目标。对于企业来说，其目标水平应该是逐步提高的，但其基本指标可能长期保持不变。

3. 落实和执行项目所制定的目标

制定了项目各层次、各部门的目标后，就要把它具体地落实下去，其中应主要做好如下工作：一要确定目标的责任主体，即谁要对目标的实现负责，是负主要责任还是一般责任；二要明确目标责任主体的职权、利益和责任；三要确定对目标责任主体进行检查、监督的上一级责任人和手段；四要落实实现目标的各种保证条件，如生产要素供应、专业职能的服务指导等。

4. 对目标的执行过程进行调控

首先，要监督目标的执行过程，从中找出需要加强控制的重要环节和偏差；其次，要分析目标出现偏差的原因并及时进行协调控制。对于按目标进行的主体活动，要进行各种形式的激励。

5. 对目标完成的结果进行评价

即要考察经济活动的实际效果与预定目标之间的差别，根据目标实现的程度进行相应的奖惩。一方面要总结有助于目标实现的实际有效的经验；另一方面要找出还可以改进的方面，并据此确定新的目标水平。

学习单元三　工程建设项目决策阶段的目标控制

知识目标

1. 了解工程建设项目决策阶段可行性研究内容及方法。
2. 熟悉工程建设项目决策阶段投资估算的作用及内容。

基础知识

工程建设项目决策阶段的目标控制的关键是项目投资控制，这一阶段，监理工程师的主要工作包括可行性研究、投资估算和项目评价分析。

一、可行性研究

可行性研究是指对某工程项目在作出是否投资的决策前，先对与该项目有关的技术、经济、社会、环境等所有方面进行调查研究，对项目各种可能的拟建方案认真地进行技术经济分析论证，对项目建成投产后的经济效益、社会效益、环境效益等进行科学的预测和评价。

可行性研究报告中包括以下主要内容。

① 总论。主要说明项目提出的背景、概况及问题与建议。

② 市场调查与预测。它是可行性研究的重要环节，内容包括市场现状调查、产品供需预

测、价格预测、竞争力分析、市场风险分析。

③ 资源条件评价。主要内容有资源可利用量、资源品质情况、资源赋存条件、资源开发价值。

④ 建设规模与产品方案。主要内容为建设规模与产品方案构成、建设规模与产品方案比选、推荐的建设规模与产品方案、技术改造项目与原有设施利用情况等。

⑤ 场址选择。主要内容为场址现状、场址方案比选、推荐的场址方案、技术改造项目当前场址的利用情况。

⑥ 技术方案、设备方案和工程方案。主要内容有技术方案选择、主要设备方案选择、工程方案选择、技术改造项目改造前后的比较。

⑦ 原材料、燃料供应方案。主要内容有主要原材料供应方案、燃料供应方案。

⑧ 总图运输与公用辅助工程。主要内容有总图布置方案、场内外运输方案、公用工程与辅助工程方案、技术改造项目现有公用辅助设施利用情况。

⑨ 节能措施。主要内容有节能措施、能耗指标分析。

⑩ 节水措施。主要内容有节水措施、水耗指标分析。

⑪ 环境影响评价。主要内容有环境条件调查、影响环境因素分析、环境保护措施。

⑫ 劳动安全卫生与消防。主要内容有危险因素和危害程度分析、安全防范措施、卫生保健措施、消防设施。

⑬ 组织机构与人力资源配置。主要内容有组织机构设置及其适应性分析、人力资源配置、员工培训。

⑭ 项目实施进度。主要内容有建设工期、实施进度安排、技术改造项目建设与生产的衔接。

⑮ 投资估算。主要内容有建设投资估算、流动资金估算、投资估算表。

⑯ 融资方案。主要内容有融资组织形式、资本资金筹措、债务资金筹措、融资方案分析。

⑰ 财务评价。主要内容有财务评价基础数据与参数选取、销售收入与成本费用估算、财务评价报表、盈利能力分析、偿债能力分析、不确定性分析、财务评价结论。

⑱ 国民经济评价。主要内容有影子价格及评价参数选取、效益费用范围与数值调整、国民经济评价报表、国民经济评价指标、国民经济评价结论。

⑲ 社会评价。主要内容有项目对社会影响分析、项目与所在地互适性分析、社会风险分析、社会评价结论。

⑳ 风险分析。主要内容有项目主要风险识别、风险程度分析、防范风险对策。

㉑ 研究结论与建议。主要内容有推荐方案总体描述、推荐方案优缺点描述、主要对比方案、结论与建议。

二、投资估算

投资估算是在对项目的建设规模、产品方案、工艺技术及设备方案、工程方案及项目实施进度等方面进行研究并基本确定的基础上，估算项目所需资金总额（包括建设投资和流动资金）并测算建设期分年资金使用计划。投资估算是拟建项目编制项目建议书、可行性研究报告的重要组成部分，是项目决策的重要依据之一。

1. 投资估算的作用

（1）投资估算是投资项目建设前期的重要环节

投资估算是投资项目建设前期工作中制订融资方案、进行经济评价的基础，也是其后编制初步设计概算的依据。因此，按照项目建设前期不同阶段所要求的内容和深度，完整准确地进行投资估算，是项目决策分析与评价阶段必不可少的重要工作。

> **小 提 示**
>
> 在项目机会研究和初步可行性研究阶段，虽然对投资估算准确度要求相对较低，但投资估算仍然是该阶段的一项重要工作。投资估算完成后，才有可能进行资金筹措方案设想和经济效益的初步评价。
>
> 在可行性研究阶段，投资估算准确与否，以及是否符合工程实际，不仅决定着能否正确评价项目的可行性，同时也决定着融资方案设计的基础是否可靠，因此投资估算是项目可行性研究报告的关键内容之一。

（2）满足工程设计招标投标及城市建筑方案设计竞选的需要

在工程设计的投标书中，除了包括方案设计的图文说明以外，还应包括工程的投资估算；在城市建筑方案设计竞选过程中，咨询单位编制的竞选文件也应包括投资估算。可见，合理的投资估算是满足工程设计招标投标及城市建筑方案设计竞选的需要。

2. 投资估算的具体内容

投资估算具体包括以下内容。

① 建筑工程费；
② 设备及工具器具购置费；
③ 安装工程费；
④ 工程建设其他费用；
⑤ 基本预备费；
⑥ 涨价预备费；
⑦ 建设期贷款利息；
⑧ 流动资金。

其中，建筑工程费、设备及工具器具购置费、安装工程费和建设期贷款利息在项目交付使用后，形成固定资产。基本预备费一般也按形成固定资产考虑。按照有关规定，工程建设其他费用将分别形成固定资产、无形资产和其他资产。

在上述构成中，前六项构成不含建设期贷款利息的建设投资，加上建设期贷款利息，则称为建设投资。建设投资部分又可分为静态投资和动态投资两部分。静态投资部分由建筑工程费、设备及工具器具购置费、安装工程费、工程建设其他费用、基本预备费构成；动态投资部分由涨价预备费和建设期贷款利息构成。

3. 投资估算的审查

为了保证项目投资估算的准确性和估算质量，确保其应有的作用，项目投资估算的审查部门和单位在审查项目投资估算时，应注意以下几点。

（1）审查投资估算编制依据的可信性

审查选用的投资估算方法的科学性、适用性。因为投资估算方法很多，而每种投资估算方法都有其各自的适用条件和范围，并具有不同的精确度。如果使用的投资估算方法与项目的客观条件和情况不相适应，或者超出了该方法的适用范围，那就不能保证投资估算的质量。

审查投资估算采用数据资料的时效性、准确性。估算项目投资所需的数据资料很多，如已运行同类型项目的投资、设备和材料价格、运杂费率及有关的定额、指标、标准、规定等，都与时间有密切关系，都可能随时间变化而发生不同程度的变化。因此，必须注意其时效性和准确程度。

（2）审查投资估算的编制内容与规定、规划要求的一致性

审查项目投资估算包括的工程内容与规定要求是否一致，是否漏掉了某些辅助工程、室外工程等的建设费用。

审查项目投资估算的项目产品、生产装置的先进水平和自动化程度等，是否符合规划要求的先进程度。

审查是否对拟建项目与已运行项目在工程成本、工艺水平、规模大小、自然条件、环境因素等方面的差异，作了适当的调整。

（3）审查投资估算的费用项目、费用数额的符实性

审查费用项目与规定要求、实际情况是否相符，是否有漏项或多项现象，估算的费用项目是否符合国家规定，是否针对具体情况作了适当的调整。

审查"三废"处理所需投资是否进行了估算，其估算数额是否符合实际。

审查是否考虑了物价上涨和汇率变动对投资额的影响，考虑的波动变化幅度是否合适。

审查是否考虑了采用新技术、新材料以及现行标准和规范比已运行项目的要求提高者所需增加的投资额，考虑的额度是否合适。

三、项目评价分析

1. 环境影响评价

工程项目一般会引起项目所在地自然环境、社会环境和生态环境的变化，对环境状况、环境质量产生不同程度的影响。环境影响评价是在研究确定场址方案和技术方案中，调查研究环境条件，识别和分析拟建项目影响环境的因素，研究提出治理和保护环境的措施，比选和优化环境保护方案。

（1）环境影响评价的基本要求

工程项目应注意保护场址及其周围地区的水土资源、海洋资源、矿产资源、森林植被、文物古迹、风景名胜等自然环境和社会环境。

（2）环境影响评价的管理程序

项目建议书批准后，建设单位应根据项目环境影响分类管理名录，确定项目环境影响评价类别。

编写环境影响评价大纲，并编制环境影响报告书的项目。经有审批权的环境保护行政主管部门负责组织对评价大纲的审查，审查批准后的评价大纲作为环境影响评价的工作依据。

环境影响报告书应当按国务院的有关规定，报有审批权的环境保护行政主管部门审批，有行业主管部门的应当先报其预审。未经批准的，该项目审批部门不得批准其建设，建设单位不得开工。

> **小 提 示**
>
> 　　建设项目的环境影响评价文件经批准后，建设项目的性质、规模、地点，采用的生产工艺或者防治污染、防止生态破坏的措施发生重大变动的，建设单位应当重新报批建设项目的环境影响评价文件。

　　项目建设过程中，建设单位应当同时实施环境影响评价文件及其审批意见中提出的环境保护对策和措施。

2. 项目经济评价

　　建设项目经济评价，分为财务评价和国民经济评价。

　　（1）财务评价

　　财务评价是指在国家现行会计制度、税收法规和市场价格体系下，预测估计项目的财务效益与费用，编制财务报表，计算评价指标，进行财务盈利能力分析和偿债能力分析，考察拟建项目的获利能力和偿债能力等财务状况，据以判别项目的财务可行性。财务评价应在初步确定的建设方案、投资估算和融资方案的基础上进行，财务评价结果又可以反馈到方案设计中，用于方案比选，优化方案设计。

　　（2）国民经济评价

　　国民经济评价是指按照资源合理配置的原则，从国家整体角度考察项目的效益和费用，用货物影子价格、影子工资、影子汇率和社会折现率等经济参数，分析、计算项目对国民经济的净贡献，评价项目的经济合理性。这就是说项目的国民经济评价是将建设项目置于整个国民经济系统之中，站在国家的角度，考察和研究项目的建设与投产给国民经济带来的净贡献和净消耗，评价其宏观经济效果，以决定其取舍。

学习单元四　工程建设项目设计阶段的目标控制

知识目标

1. 了解工程建设设计阶段的特点。
2. 熟悉该阶段目标控制的任务。

基础知识

一、工程建设项目设计阶段的特点

　　在设计阶段，通过设计将业主的基本需求具体化了，同时从各方面衡量了业主需求的可行性，并经过设计过程中的反复协调，使业主的需求变得科学、合理，从而为实现工程项目确立了信心。

　　工程建设项目设计阶段的特点主要表现在以下几个方面。

1. 设计工作表现为创造性的脑力劳动

　　设计的创造性主要体现在因时、因地根据实际情况解决具体的技术问题。在设计阶段，所消耗的主要是设计人员的脑力劳动。随着计算机辅助设计（CAD）技术的不断发展，设计人员将主要从事设计工作中创造性劳动的部分。脑力劳动的时间是外在、可以量度的，但脑力劳动的强度却是内在、难以量度的。设计劳动投入量与设计产品的质量之间并没有必然的联系。因此，不能简单地以设计工作的时间消耗量作为衡量设计产品价值量的尺度，也不能以此作为判断设计产品质量的依据。

2. 设计阶段是决定工程建设价值和使用价值的主要阶段

在设计阶段，通过设计使项目的规模、标准、功能、结构、组成、构造等各方面都确定下来，从而也就确定了它的基本工程价值。例如，主要的物化劳动价值通过材料和设备的确定而确定下来；一部分活化劳动价值，比如设计工作的活化劳动价值在此阶段已经形成，而另外一部分施工安装的活化劳动价值的大小也由于设计的完成而能够计算出来。工程成本是物化劳动价值与活化劳动中必要劳动价值部分的总和。工程价格是工程成本与活化劳动价值中的另一部分（即为社会所创造价值，比如利润和税金）的总和。所以，设计阶段实际上是确定工程成本的阶段和确定工程价格的基本阶段。

毫无疑问，一项工程的预计资金投放量的多少要取决于设计的结果。因此，在项目计划投资目标确定以后，能否按照这个目标来实现工程项目，设计就是最关键、最重要的工作。同时，在设计阶段随着设计工作的不断深入，工程项目结构逐步确定和完善，各子项的投资目标也相继确定下来。而当项目总进度计划伴随着阶段性的设计成果的完成也逐步制定完毕的时候，项目资金使用也就能够制定出来了，因此，可以说项目投资规划基本可以在设计阶段完成，剩余工作可以在其后阶段加以补充和完善。

明确设计阶段的这个特点，为确定设计的投资控制任务和重点工作提供了依据。

3. 设计阶段是影响工程建设投资的关键阶段

工程建设实施各个阶段影响投资的程度是不同的。总的趋势是，随着各阶段设计工作的进展，工程建设的范围、组成、功能、标准、结构形式等内容一步步明确，可以优化的内容越来越少，优化的限制条件却越来越多，各阶段设计工作对投资的影响程度逐步下降。其中，方案设计阶段影响最大，初步设计阶段次之，施工图设计阶段影响已明显降低，到了施工开始时，影响投资的程度只有10％左右。

现代的投资控制已不同于早期原始阶段，即不仅仅限于对已完成工程量的测量与计价，也不仅仅限于按照设计图纸和市场价格估算工程价格，进行单纯地付款控制，而是在设计之前就确定项目投资目标，从设计阶段开始就要实施投资控制，一直持续到工程项目的工式动用。现代工程项目规模大、投资大、风险大，迫使人们不得不把投资控制提高到一个新的、更科学的水平。因此，面对设计阶段，特别是它的前期阶段对投资的重大影响，监理工程不但不能忽视，反而应当加强设计阶段的投资控制。

小 提 示

> 与施工阶段相比，设计阶段是影响工程建设投资的关键阶段；与施工图设计阶段相比，方案设计阶段和初步设计阶段是影响工程建设投资的关键阶段。

4. 设计阶段为制定项目控制性进度计划提供了基础条件

实施有效进度控制，不仅需要确定项目进度的总目标，还需要明确各级分目标。而各级进度分目标的确定有依赖于设计输出的工程信息。随着设计不断深入，使各级子目标逐步明确，从而为子项目进度目标的确定提供了依据。计划部门可以根据管理和控制上的需要，根据设计的输出确定关键性的分目标，为制订控制性进度计划提供条件。由于设计文件提供了有关投资的足够信息，投资目标分解可以达到很细的程度，而且设计提供的项目本身的信息量也已经很充分，所以此时不但能够确定各项目工作的先后顺序等各种逻辑关系，也能够进行资源可行性分析、技术可行性分析、经济可行性分析和财务可行性分析，为制订可行而优化的进度计划提供了充分的条件。所以，在设计阶段完全可以制定出完整的项目进度目标规划和控制性进度计划，为施工阶段的进度控制做好准备。同时，本阶段设计和其他各项工作的实施性进度计划在执行中进行控制。

5. 设计工作的特殊性和设计阶段工作的多样性要求加强进度控制

设计工作与施工活动相比较具有一定的特殊性。首先，设计过程需要进行大量的反复协调工作。因为，从方案设计到施工图设计要由"粗"而"细"地进行，下一阶段的设计要符合上一阶段设计的基本要求，而且随着设计的进一步深入会发现上一阶段设计存在的问题，需要对上一阶段的设计进行必要的修改。因此，设计过程离不开纵向反复协调。同时，工程设计包括多种专业，各专业设计之间要保持一致。这就要求各专业相互密切配合，在各专业设计之间进行反复协调，以避免和减少设计上的矛盾。这种设计工作的特殊性为进度控制带来了一定的困难。

其次，设计工作是一种智力型工作，更富有创造性。从事这种工作的设计人员有其独特的工作方式和方法，与施工活动很不相同。因此，不能像通常的控制施工进度那样来控制设计进度。

再有，外部环境因素对设计工作的顺利开展有着重要影响。例如，业主提供给设计人员的基础资料是否满足要求；政府有关部门能否按时对设计进行审查和批准；业主需求会不会发生变化；参加项目设计的多家单位能否有效协作等。无疑，这些因素给设计进度控制造成了困难。

设计阶段除了开展工程设计之外，还有其他许多工作，如设计竞赛或设计招标，委托工程勘察，组织设计审查和审批工作，进行概预算审查，组织设备和材料采购，施工准备等。这些工作都具有一定的复杂性，不确定的影响因素多，而且受到的干扰也比较大，都给进度控制带来影响。

设计阶段的效果对今后项目的实施产生重要影响。例如，过于强调缩短设计工期，会造成设计质量低下，严重影响施工招标、施工安装阶段工作的顺利进行，不仅直接影响到项目工期目标，而且还影响工程质量和投资。因此，应当紧紧把握住设计工作的特点，认真做好计划、控制和协调，在保障项目安全可靠性、适用性的前提下，力求实现设计计划工期的要求。

6. 设计质量对工程建设总体质量有决定性影响

在设计阶段，通过设计工作将工程建设的总体质量目标进行具体落实，工程实体的质量要求、功能和使用价值质量要求等都已确定下来，工程内容和建设方案也都十分明确。从这个角度讲，设计质量在相当程度上决定了整个工程建设的总体质量。一个设计质量不佳的工程，无论其施工质量如何出色，都不可能成为总体质量优秀的工程；而一个总体质量优秀的工程，必然是设计质量上佳的工程。

目前，已建成的工程项目中质量问题最多的当属功能不齐全、使用价值不高，满足不了业主和使用者的要求。其中，有的项目，生产能力长期达不到设计水平；有的项目严重污染周围环境，影响公众的正常生产和生活；有的项目，设计与建设条件脱节，造成费用大幅度增加，工期延长；有的项目，空间布置不合理，既不便于生产又不便于生活。

工程项目实体质量的安全可靠性在很大程度上取决于设计质量。在那些严重的工程质量事故中，由于设计错误引起的倒塌事故占有不小的比例。

符合要求的设计成果是保障项目总体质量的基础。工程设计应符合业主的投资意图，满足业主对项目的功能和使用要求。只有满足了这些适用性要求，同时又符合有关法律、法规、规范、标准要求的设计才能称得上实现了预期的设计质量目标。在实现这些设计质量目标的过程中都要受到资金、资源、技术和环境条件的限制和约束。因此，要使设计最大限度地满足设计质量的要求，必然要在如何有效地利用这些限制条件上下工夫。

二、工程建设项目设计阶段目标控制的任务

设计阶段工程建设监理控制的基本任务是通过目标规划和计划、动态控制、组织协调、合理管理、信息管理，力求使工程设计能够达到保障工程项目的安全可靠性，满足适应性和经济性，保证设计工期要求，使设计阶段的各项工作能够在预定的投资、进度、质量目标下予以完成。

1. 投资控制的任务

工程建设投资控制是我国工程建设监理的一项主要任务，投资控制贯穿于工程建设的各个阶段，也贯穿于监理工作的各个环节，起着对项目投资进行系统管理控制的作用。

在设计阶段，监理单位投资控制的主要任务是通过收集类似项目投资和资料，协助业主制定项目投资目标规划；开展技术经济分析等活动，协调和配合设计单位力求使设计投资合理化；审核概（预）算，提出改进意见，优化设计，最终满足业主对项目投资的经济性要求。

监理工程师在工程建设设计阶段投资控制的主要工作如下。

① 在建设前期阶段进行工程项目的机会研究、初步可行性研究，编制项目建议书，进行可行性研究，对拟建项目进行市场调查和预测，编制投资估算，进行环境影响评价、财务评价、国民经济评价和社会评价。

② 协助业主提出设计要求，组织设计方案竞赛或设计招标，用技术经济方法组织评选设计方案。

③ 协助设计单位开展限额设计工作，编制本阶段资金使用计划，并进行付款控制。

④ 进行设计挖潜，用价值工程等方法对设计进行技术经济分析、比较、论证，在保证功能的前提下，进一步寻找节约投资的可能性。

⑤ 审查设计概预算，尽量使概算不超估算，预算不超概算。

2. 进度控制的任务

在设计阶段，监理单位进度控制的主要任务是根据项目总工期要求，协助业主确定合理的

设计工期要求；根据设计的阶段性输出，由"粗"而"细"地制订项目进度计划，为项目进度控制提供前提和依据；协调各设计单位一体化开展设计工作，力求使设计工作能按进度计划要求进行；按合同要求及时、准确、完整地提供设计所需的基础资料和数据；与外部有关部门协调相关事宜，保障设计工作顺利进行。

设计阶段监理工程师进度控制的主要工作包括对项目进度目标进行论证，确认其可行性；根据方案设计、初步设计和施工设计图设计制订项目进度计划、项目总控制性进度计划和本阶段实施性进度计划，为本阶段和后续阶段进度控制提供依据；审查设计单位设计进度计划，并监督执行；编制业主方材料和设备供应进度计划，并实施控制；编制本阶段进度计划，并实施控制；开展各种组织协调活动等。

> **小 提 示**
>
> 设计进度控制绝非单一的工作，务必与设计质量、各个方案的技术经济评价、优化设计等结合。对一般工程只含方案设计、初步设计与施工图设计三部分，具体实施进度可根据实际情况，更为详尽、细致地进行安排。

3. 质量控制的任务

在设计阶段，监理单位质量控制的主要任务是了解业主建设要求，协助业主制定项目质量目标规划（如设计要求文件）；根据合同要求及时、准确、完整地提供设计工作所需的基础数据和资料；协调和配合设计单位优化设计，并最终确认设计符合有关法规要求，符合技术、经济、财务、环境条件要求，满足业主对项目的功能和使用要求。

设计阶段监理工程师质量控制的主要工作，包括项目总体目标质量论证；提出设计要求文件，确定设计质量标准；利用竞争机制选择并确定优化设计方案，协助业主选择符合目标控制要求的设计单位；进行设计过程跟踪，及时发现质量问题，并及时与设计单位协调解决；审查阶段性设计成果，并根据需要提出修改意见；对设计提出的主要材料和设备进行比较，在价格合理的基础上确认其质量符合要求；做好设计文件验收工作等。

为了有效进行目标控制，在直接开展控制活动之外，还应当做好与之配套的合同管理、信息管理、组织协调工作。

其中，设计阶段的合同管理工作包括协助业主选择并确定项目承发包模式、合同结构、合同方式；编制设计招标文件，起草勘查、设计合同条件，并参加合同谈判；协助业主签订材料和设备采购合同；处理本阶段合同争议；采取预防索赔措施，处理索赔事宜等。

设计阶段的信息管理工作包括建立设计阶段信息目录和编码体系；确定本阶段信息流程；做好设计阶段信息收集、整理、处理、存储、传递、应用等事宜；建立设计会议制度，并组织好各项会议等。

设计阶段的组织协调工作包括协调各设计单位的关系；与业主协调本阶段的设计监理有关事宜；与政府建设管理部门和其他有关部门协调，办理设计审批等事宜；协调并处理业主与勘察、设计单位之间的有关事项等。

三、工程建设项目设计阶段的投资控制

以往的工程造价仅仅是核定最终的工程价款，通常被认为是静态的、事后的、被动的造价

控制，而相比之下全过程造价控制的特点是动态的、事先的、主动的造价控制。设计阶段的造价控制与施工阶段的造价控制相比则更能体现事先性和主动性。工程造价的监控由滞后性向超前性的发展，更能适应市场经济的变化和需求。工程造价控制重心的前移，使设计阶段的重要性更加明显。任何工程建设都有相应的投资计划，投资计划的多少主要是依据可行性研究或初步设计来编制的，在保证工艺要求、设计条件和相关标准的前提下，投入资金越少，建设工期越短，投资效益就越显著。

我们之所以把设计阶段的工程造价控制作为一个重要环节，是因为项目决策后设计阶段的造价控制是全过程造价的第一关，只有在设计工作没有完成之前、设计图纸未交付实施之前把好了这一关，才能为全过程工程造价控制打好基础。如果在设计阶段加强了工程造价控制，设计人员在满足设计任务书和相关标准的前提下，采用合理的工艺技术、材料设备和合理的结构型式，尽可能减少设计缺陷，工程造价就可降低，性能价格比就可提高，其工程造价控制效益就明显表现出来了，这样才能真正做到花小钱办大事，少花钱办好事，少花钱多办事。

实践证明，设计费虽然只占工程全寿命费用不到1%，但在决策正确的条件下，它对工程造价的影响程度达75%以上，施工图设计对投资的影响程度为35%左右，所以无论从造价控制系统环节看，还是从投资利用、投资控制方面看，设计阶段的工程造价控制工作不但必要而且很重要，只能加强不能削弱。

1. 工程建设设计阶段投资控制的主要措施

工程建设设计阶段控制投资的主要方法包括推行工程设计招标或方案竞赛；落实勘察设计合同中双方的权利、义务，认真履行合同，积极推行限额设计、标准设计的应用。

（1）建立必要的规章制度，使工程造价控制由单一控制变为多方控制

① 明确领导责任制，集中管理，统一指挥，有了专人负责才能动员各方人员齐心协力做好此项工作。

② 建立责、权、利明晰的奖罚制度，只有工程技术人员和工程造价人员的责、权、利与工程造价控制挂上钩，才能调动他们的积极性，才能把设计阶段的造价控制工作做细致准确。

③ 加强工作协调。为了改变以往设计人员与工程造价人员各管各，各不干涉对方的不协调局面，必须加强设计阶段工程造价控制的协调工作，把两方面人员的协调工作从制度上规定好，促使工程造价人员主动介入设计，为设计人员提供造价控制方面的意见，共同把好设计造价关。

④ 制定优选制度。任何工程设计人员对同一工程的设计在满足相关条件下，可以采用不同的工艺技术、材料设备和结构型式，进行多方案设计，从中筛选出技术先进、安全可靠、工程造价又低的最佳方案。但要特别指出，在进行多方案设计时，工程造价人员也必须参与，以保证工程造价的准确性。

（2）加强技术培训，不断提高各方面人员的综合素质

由于设计阶段工程造价控制是一项综合性工作，设计人员和工程造价人员要具备比较好的综合素质才行，针对目前设计人员不甚懂工程造价，工程造价人员不懂工程技术的情况，要经常不断地开办有关培训班，由工程造价人员为工程技术人员进行工程造价知识的培训，工程技术人员对工程造价人员进行工程技术方面的培训，互补互利，使各方面的人员素质都得以提高，加快推行设计阶段的工程造价控制才能有序有效地进行。

（3）推行限额设计，突出工程造价全过程控制中的重点

把限额设计作为设计阶段工程造价控制的重要手段。这是在方案比较、设计优化、设备选型、提高工艺技术等实践工作中切实可行的，也是国内外许多建设项目运行较多的管理控制手段。很长一段时期以来，我们在工程造价控制中，较多强调的是施工阶段的造价控制，而对工程决策阶段和设计阶段的造价确定和控制缺乏足够的认识；在强调造价动态控制时，片面地理解为根据市场变化调整有关价格，其实这样达到的目的，只是对原定造价的追加，未从根本上解决造价的事前控制，存在着明显的被动性和滞后性。我们要有效地把控制重点转到对项目投资影响最大的前期投资决策阶段和设计阶段。而在项目作出投资决策后，控制工程造价的关键就在于设计。设计是在技术上、经济上对拟建项目从规划到实施进行全面安排，也是对建设项目进行全面的规划和构思。设计阶段工程造价控制是建设工程在设计阶段按照经济规律的要求，根据市场经济发展，利用科学控制方法和先进的控制手段合理地确定工程造价和有效的控制投资，保证有限的建设资金和物质资源得到合理的充分利用。限额设计就是按照批准的总概算（投资规模）控制总体工程设计，各专业在保证达到设计任务书各项要求的前提下，按分配的投资额控制各自的设计，没有特别的理由不得突破其限额。当然限额设计决不是简单地一味为了节约投资，而是包含了尊重科学、注重实际、精心设计的内容，只有做到了更科学更实际才能有效地控制工程造价。限额设计对各方面的人员提出了更高的要求，要求技术人员要不断拓展自己的技术知识，不断提高自己各方面的工作能力，限额设计也为工程造价人员发挥自己的聪明才智提供了更为实际的用武之地。因此，抓住设计这个关键阶段，也就是抓住了造价全过程控制中的重点。

限额设计的内容包括以下几个方面。

① 配合业主合理确定投资目标值。为使投资效益通过投资控制达到事半功倍的效果，监理工程师应发挥专业优势，在前期工作中提供科学的咨询服务，配合业主合理确定项目投资目标值。投资目标值的确定应综合考虑以下因素。

- 国家和地方有关法律、法规、政策等。
- 现行有关动态的市场价格、信息等。
- 按投资估（概）算要求确定投资目标值。
- 根据项目特点设置投资目标值控制图。
- 业主应准备齐全的相关资料。
- 发挥监理工程师的专业特长。

总之，在业主的主持和监理工程师的积极配合下，经过多方全面细致的反复研究、论证、分解、测算、确定等，最终可以形成比较科学、合理的项目投资目标值。

② 依据投资目标值进行限额设计。为了实现项目投资目标值，监理工程师应配合业主，依据投资目标值为业主提供限额设计的科学分解方式等有关服务。

小提示

在限额设计中，要将上一设计阶段审定的投资总指标和工程总量指标，预先合理地分解到本阶段各专业设计、各单位工程和分部分项工程，根据各单位工程和分部分项工程的投资细分指标，进行限额设计。

可行性研究阶段编制的投资估算，经批准是初步设计的投资最高限额；初步设计阶段编制的设计概算，经批准是施工图设计的投资最高限额；施工图设计则按照概算投资细分指标进行限额设计，形成施工图预算。估算、概算、预算等不同阶段的投资指标有前后制约、相互补充的作用。只有预防与监控、预先措施与事后综合平衡相结合，才不会突破投资目标值，这就是限额设计的目标管理。只要这个目标管理到位，限额设计工作就会成功，项目的投资目标值就能实现。

③ 限额设计的分级控制。即按照批准的设计任务书及投资估算额控制初步设计；按照批准的初步设计总概算控制施工图设计；各专业设计按照分配的限额进行设计。

④ 投资限额的分配。设计开始前要对各工程项目、单位工程、分部工程进行合理的投资分配，以控制设计，体现控制投资的主动性。

⑤ 明确设计单位内部各专业投资分配及考核制度。限额设计的推行要明确设计单位内部各专业科室对限额设计应负的责任，为此，要建立设计部门内各专业投资分配考核制度。

⑥ 设计单位的职责。设计单位造成的投资增加应承担责任的情况，包括设计单位未经建设项目审批单位同意擅自提高建设标准、设备标准、范围以外的工程项目等造成投资增加；由于设计深度不够或设计标准选用不当，导致设计或下一步设计仍有较大变动造成投资增加。设计单位造成的投资增加不承担责任的情况，包括国家政策变动导致设计调整；工资、物价浮动后的价差；土地征用费标准、水库淹没损失补偿标准的改变；由原审批部门同意，重大设计变动和项目增加引起投资增加；其他单位强行干预改变设计或不合理标准等造成投资增加等。

⑦ 对设计单位导致的投资超支的处罚。原国家计委规定，自1991年起，因设计错误、漏项或扩大规模和提高标准而导致工程静态投资超支，要扣减设计费。

累计超原批准概算2%～3%的，扣全部设计费的3%。

累计超原批准概算3%～5%的，扣全部设计费的5%。

累计超原批准概算5%～10%的，扣全部设计费的10%。

累计超原批准概算10%以上的，扣全部设计费的20%。

（4）标准设计的应用

标准设计也称定型设计、通用设计等，是工程设计标准化的组成部分，各类工程设计中的构件、配件、零部件及通用的建筑物、构筑物、公用设施等，有条件时都应编制标准设计，推广使用。

标准设计一般较为成熟，经过了实践考验。推广标准设计有助于降低工程造价，节约设计费用，加快设计速度。

2. 设计概算的编制与审查

设计概算是初步设计概算的简称，是指在初步设计或扩大初步设计阶段，由设计单位根据初步设计图纸、定额、指标、其他工程费用定额等，对工程投资进行的概略计算。这是初步设计文件的重要组成部分，是确定工程设计阶段投资的依据，经过批准的设计概算是控制工程建设投资的最高限额。

设计概算分为三级概算，即单位工程概算、单项工程综合概算、工程建设总概算。其内容及相互关系如图3-10所示。

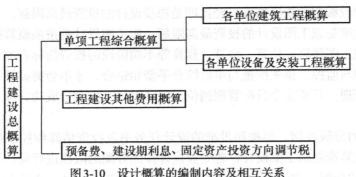

图3-10 设计概算的编制内容及相互关系

（1）设计概算的编制

设计概算编制主要依据以下内容。

① 经批准的建设项目计划任务书。计划任务书由国家或地方基建主管部门批准，其内容随建设项目的性质而异。一般包括建设目的、建设规模、建设理由、建设布局、建设内容、建设进度、建设投资、产品方案和原材料来源等。

② 初步设计或扩大初步设计的图纸和说明书。有了初步设计图纸和说明书，才能了解其设计内容和要求，并计算主要工程量，这些是编制设计概算的基础资料。

③ 概算指标、概算定额或综合预算定额。这三项指标是由国家或地方基建主管部门颁发的，是计算价格的依据，不足部分可参照预算定额或其他有关资料。

④ 设备价格资料。各种定型设备如各种用途的泵、空压机、蒸汽锅炉等，均按国家有关部门规定的现行产品出厂价格计算；非标准设备按非标准设备制造厂的报价计算。此外，还应增加供销部门的手续费、包装费、运输费等费用。

⑤ 地区工资标准和材料预算价格。

⑥ 有关取费标准和费用定额。

（2）设计概算的审查

设计概算审查是一项复杂而细致的技术经济工作，审查人员既应懂得有关专业技术知识，又应具有熟练编制概算的能力。

对设计概算进行审查前应做好充分的准备工作，包括了解设计概算的内容组成、编制依据和方法；了解建设规模、设计能力和工艺流程；熟悉设计图纸和说明书；掌握概算费用的构成和有关技术经济指标；明确概算各种表格的内涵；收集概算定额、概算指标、取费标准等有关规定的文件资料等。

准备工作做好后，应根据审查的主要内容，分别对设计概算的编制依据、单位工程设计概算、综合概算、总概算进行逐级审查。

小 提 示

审查设计概算时应进行技术经济对比分析。利用规定的概算定额或指标以及有关技术经济指标与设计概算进行分析对比，根据设计和概算列明的工程性质、结构类型、建设条件、费用构成、投资比例、占地面积、生产规模、设备数量、造价指标、劳动定员等与国内外同类型工程规模进行对比分析，从大的方面找出和同类型工程的距离，为审查提供线索。

对概算审查中出现的问题要在对比分析、找出差距的基础上深入现场，进行实际调查研究。了解设计是否经济合理，概算编制依据是否符合现行规定和施工现场实际情况，有无扩大规模、多估投资或预留缺口等情况，并及时核实概算投资。对于当地没有同类型的项目而不能进行对比分析时，可对国内同类型企业进行调查，收集资料，作为审查的参考。经过会审决定的定案问题应及时调整概算，并经原批准单位下发文件。

设计概算审查的内容主要包括以下几个方面。

① 审查设计概算的编制依据。编制依据包括国家综合部门的文件，国务院主管部门和各省、市、自治区根据国家规定或授权制定的各种规定及办法，以及建设项目的设计文件等。

● 审查编制依据的合法性。采用的各种编制依据必须经过国家或授权机关的批准，符合国家的编制规定。未经批准的不能采用；也不能强调情况特殊，擅自提高概算定额、指标或费用标准。

● 审查编制依据的时效性。各种依据如定额、指标、价格、取费标准等都应根据国家有关部门的现行规定采用，注意有无调整和新的规定。有的因颁发时间较长，已不能全部适用；有的应按有关部门给出的调整系数执行。

● 审查编制依据的适用范围。各种编制依据都有规定的适用范围，如各主管部门规定的各种专业定额及其取费标准，只适用于该部门的专业工程；各地区规定的各种定额及其取费标准，只适用于该地区的范围以内。其中，地区的材料预算价格区域性更强，如某市有该市区的材料预算价格，又编制了郊区内一个矿区的材料预算价格，则在该市的矿区建设时，其概算采用的材料预算价格，应用矿区的价格，而不能采用该市的价格。

② 审查概算编制深度。

● 审查编制说明。审查编制说明可以检查概算的编制方法、深度和编制依据等重大原则问题。

● 审查概算编制深度。一般大中型项目的设计概算，应有完整的编制说明和"三级概算"（即总概算表、单项工程综合概算表、单位工程概算表），并按有关规定的深度进行编制。审查是否有符合规定的"三级概算"，各级概算的编制、校对、审核是否按规定签字。

● 审查概算的编制范围。审查概算的编制范围及具体内容是否与主管部门批准的建设项目范围及具体工程内容一致；审查分期建设项目的建筑范围及具体工程内容有无重复交叉，是否重复计算或漏算；审查其他费用所列的项目是否都符合规定，静态投资、动态投资和经营性项目铺底流动资金是否分部列出等。

③ 审查建设规模、标准。审查概算的投资规模、生产能力、设计标准、建设用地、建筑面积、主要设备、配套工程、设计定员等是否符合原批准可行性研究报告或立项批文的标准。如概算总投资超过原批准投资估算的10%以上，应进一步审查超估算的原因。

④ 审查设备规格、数量和配置。工业建设项目设备投资比重大，一般占总投资的30%～50%，要认真审查。审查内容包括所选用的设备规格、台数是否与生产规模一致；材质、自动化程度有无提高标准；引进设备是否配套、合理，备用设备台数是否适当；消防、环保设备是否计算等。还要重点审查价格是否合理、是否符合有关规定，如国产设备应按当时询价资料或有关部门发布的出厂价、信息价，引进设备应依据询价或合同价编制概算。

⑤ 审查工程费。建筑安装工程投资是随工程量增加而增加的，要认真审查。要根据初步设计图纸、概算定额及工程量计算规则、专业设备材料表、建构筑物和总图运输一览表进行审查（有无多算、重算和漏算）。

⑥ 审查计价指标。审查建筑工程采用工程所在地区的计价定额、费用定额、价格指数和有关人工、材料、机械台班单价是否符合现行规定；审查安装工程所采用的专业部门或地区定额是否符合工程所在地区的市场价格水平；审查概算指标调整系数、主材价格、人工、机械台班和辅材调整系数是否按当地最新规定执行；审查引进设备安装费率或计取标准、部分行业的专业设备安装费率是否按有关规定计算等。

3. 施工图预算的编制与审查

施工图预算是在设计的施工图完成以后，以施工图为依据，根据预算定额、费用标准以及工程所在地区的人工、材料、施工机械设备台班的预算价格编制的，是确定建筑工程、安装工程预算造价的文件。

（1）施工图预算的编制

施工图预算的编制依据主要包括各专业设计施工图和文字说明、工程地质勘察资料；当地和主管部门颁布的现行建筑工程和专业安装工程预算定额（基础定额）、单位估价表、地区资料、构配件预算价格（或市场价格）、间接费用定额和有关费用规定等文件；现行的有关设备原价（出厂价或市场价）及运杂费率；现行的有关其他费用定额、指标和价格；建设场地中的自然条件和施工条件，并据以确定的施工方案或施工组织设计。

（2）施工图预算的审查

施工图审查前应做好充分的准备工作，包括以下几项。

① 熟悉施工图纸。施工图纸是编制预算分项工程数量的重要依据，必须全面熟悉了解。具体做法：一是核对所有的图纸，清点无误后，依次识读；二是参加技术交底，解决图纸中的疑难问题，直至完全掌握图纸。

② 了解预算包括的范围。根据预算的编制说明，了解预算包括的工程内容。例如配套设施、室外管线、道路以及会审图纸后的设计变更等。

③ 弄清编制预算采用的单位工程估价表。任何单位估价表或预算定额都有一定的适用范围。根据工程性质，搜集并熟悉相应的单价、定额资料，特别是市场材料单价和取费标准等。

小 提 示

施工图审查应选择合适的审查方法，按相应内容审查。由于工程规模、繁简程度不同，施工企业情况不同，所编制工程预算的繁简程度和质量也不同，因此需针对具体情况选择相应的审查方法进行审核。

施工图审查的方法主要如下。

① 逐项审查法。逐项审查法又称全面审查法，即按定额顺序或施工顺序，对各分项工程中的工程细目逐项全面、详细审查的一种方法。其优点是全面、细致，审查质量高、效果好；缺点是工作量大，时间较长。这种方法适用于一些工程量较小、工艺较简单的工程。

② 标准预算审查法。标准预算审查法就是对利用标准设计图纸或通用图纸施工的工程，先集中力量编制标准预算，以此为准来审查工程预算的一种方法。按标准设计图纸或通用图纸施工的工程，一般上部结构和做法相同，只是根据现场施工条件或地质情况的差异，对基础部分作局部调整。凡是这样的工程，以标准预算为准，对局部修改部分单独审查即可，不需逐一

详细审查。该方法的优点是时间短、效果好、易定案；缺点是适用范围小，仅适用于采用标准设计图纸的工程。

③ 分组计算审查法。分组计算审查法就是把预算中有关项目按类别划分若干组，利用同组中的一组数据审查分项工程量的一种方法。这种方法首先将若干分部分项工程按相邻且有一定内在联系的标准对项目进行编组，利用同组分项工程间具有相同或相近计算基数的关系，审查一个分项工程的数量，由此判断同组中其他几个分项工程的准确程度。该方法的特点是审查速度快、工作量小。

④ 对比审查法。对比审查法是指当工程条件相同时，用已完工程的预算或未完但已经过审查修正的工程预算对比审查拟建工程的同类工程预算的一种方法。

⑤ 筛选审查法。筛选审查法是能较快发现问题的一种方法。建筑工程虽面积和高度不同，但其各分部分项工程的单位建筑面积指标变化却不大。将这样的分部分项工程加以汇集、优选，找出其单位建筑面积工程量、单价、用工的基本数值，归纳为工程量、价格、用工三个基本指标，并注明各基本指标的适用范围。这些基本指标用来筛分各分部分项工程，对不符合条件的应进行详细审查，若审查对象的预算标准与基本指标的标准不符，就应对其进行调整。筛选审查法的优点是简单易懂，便于掌握，审查速度快，便于发现问题。但问题出现的原因尚需继续审查。此法适用于审查住宅工程或不具备全面审查条件的工程。

⑥ 重点审查法。重点审查法就是抓住工程预算中的重点进行审核的方法。审查的重点一般是工程量大或者造价较高的各种工程、补充定额、计取的各项费用（计取基础、取费标准）等。重点审查法的优点是突出重点、审查时间短、效果好。

> **小 提 示**
>
> 　　施工图预算审查后，应综合整理审查资料，编制调整预算。经过审查，如发现有差错，需要进行增加或核减的，经与编制单位逐项核实，统一意见后，修正原施工图预算，汇总核减量。

四、工程建设项目设计阶段的进度控制

1. 工程建设项目设计阶段进度控制的意义

① 设计进度控制是建设工程进度控制的重要内容。建设工程进度控制的目标是建设工期，而工程设计作为工程项目实施阶段的一个重要环节，其设计周期又是建设工期的组成部分。因此，为了实现建设工程进度总目标，就必须对设计进度进行控制。

② 设计进度控制是施工进度控制的前提。在建设工程实施过程中，必须是先有设计图纸，然后才能按图施工。只有及时供应图纸，才可能有正常的施工进度，否则，设计就会拖施工的后腿。

③ 设计进度控制是设备和材料供应进度控制的前提。实施建设工程所需要的设备和材料是根据设计而来的。设计单位必须提出设备清单，以便进行加工订货或购买。由于设备制造需要一定的时间，因此，必须控制设计工作的进度，才能保证设备加工的进度。材料的加工和购买也是如此。

2. 影响建设工程设计工作进度的因素

建设工程设计工作属于多专业协作配合的智力劳动，在工程设计过程中，影响其进度的因素有很多，归纳起来，主要有以下几个方面。

① 建设意图及要求改变的影响。建设工程设计是本着业主的建设意图和要求而进行的，所有的工程设计必然是业主意图的体现。因此，在设计过程中，如果业主改变其建设意图和要求，就会引起设计单位的设计变更，必然会对设计进度造成影响。

② 设计审批时间的影响。建设工程设计是分阶段进行的，如果前一阶段（如初步设计）的设计文件不能顺利得到批准，必然会影响到下一阶段（如施工图设计）的设计进度。因此，设计审批时间的长短，在一定条件下将影响到设计进度。

③ 设计各专业之间协调配合的影响。建设工程设计是一个多专业、多方面协调合作的复杂过程，如果业主、设计单位、监理单位等各单位之间，以及土建、电气、通信等各专业之间没有良好的协作关系，必然会影响建设工程设计工作的顺利实施。

④ 工程变更的影响。当建设工程采用CM法实行分段设计、分段施工时，如果在已施工的部分发现一些问题而必须进行工程变更的情况下，也会影响设计工作进度。

⑤ 材料代用、设备选用失误的影响。材料代用、设备选用的失误将会导致原有工程设计失效而重新进行设计，这也会影响设计工作进度。

3. 设计阶段进度控制的措施

为了履行设计合同，按期提交施工图设计文件，设计单位应采取有效措施，控制建设工程设计进度。

① 建立计划部门，负责设计单位年度计划的编制和工程项目设计进度计划的编制。

② 建立健全设计技术经济定额，并按定额要求进行计划的编制与考核。

③ 实行设计工作技术经济责任制，将职工的经济利益与其完成任务的数量和质量挂钩。

④ 编制切实可行的设计总进度计划、阶段性设计进度计划和设计进度作业计划。在编制计划时，加强与业主、监理单位、科研单位及承包商的协作与配合，使设计进度计划积极可靠。

⑤ 认真实施设计进度计划，力争设计工作有节奏、有秩序、合理搭接地进行。在执行计划时，要定期检查计划的执行情况，并及时对设计进度进行调整，使设计工作始终处于可控状态。

⑥ 坚持按基本建设程序办事，尽量避免进行"边设计、边准备、边施工"的"三边"设计。

⑦ 不断分析总结设计进度控制工作经验，逐步提高设计进度控制工作水平。

五、工程建设项目设计阶段的质量控制

工程项目设计质量就是在严格遵守技术标准、法规的基础上，正确处理和协调资金、资源、技术和环境的制约关系，使设计项目能更好地满足建设单位所需要的功能和使用价值，充分发挥项目投资的经济效益。

设计的质量有两层含义，首先，设计应满足业主所需的功能和使用价值，符合业主投资的意图，而业主所需的功能和使用价值，又必然要受到经济、资源、技术、环境等因素的制约，从而使项目的质量目标与水平受到限制；其次，设计必须遵守有关城市规划、环保、防灾、安

全等一系列的技术标准、规范、规程，这是保证设计质量的基础。

> **小提示**
>
> 工程建设设计的质量控制工作绝不单纯是对其报告及成果的质量进行控制，而是要从整个社会发展和环境建设的需要出发，对设计的整个过程进行控制，包括其工作程序、工作进度、费用及成果文件所包含的功能和使用价值，其中也涉及法律、法规、合同等必须遵守的规定。

1. 设计质量控制的依据

工程建设设计质量控制的依据主要包括有关工程建设及质量管理方面的法律、法规；有关工程建设的技术标准，如各种设计规范、规程、标准，设计参数的定额、指标等；项目可行性研究报告、项目评估报告及选址报告；体现建设单位建设意图的设计规划大纲、设计纲要和设计合同等；反映项目建设过程中和建成后有关技术、资源、经济、社会协作等方面的协议、数据和资料等。

2. 设计准备阶段质量控制

设计准备阶段质量控制的工作内容包括组建项目监理机构，明确监理任务、内容和职责；编制监理规划和设计准备阶段投资进度计划并进行控制；组织设计招标或设计方案竞赛；协助建设单位编制设计招标文件，会同建设单位对投标单位进行资质审查；组织评标或设计竞赛方案评选；编制设计大纲（设计纲要或设计任务书），确定设计质量要求和标准；优选设计单位，协助建设单位签订设计合同。

3. 初步设计阶段质量控制

初步设计阶段质量控制的工作内容包括设计方案的优化，将设计准备阶段的优选方案加以充实和完善；组织初步设计审查；初步审定后，提交各有关部门审查、征集意见，根据要求进行修改、补充、加深，经批准作为施工图设计的依据。

4. 施工图设计阶段质量控制

（1）施工图设计的内容

施工图设计是在初步设计、技术设计或方案设计的基础上进行详细、具体的设计，把工程和设备各构成部分的尺寸、布置和主要施工做法等绘制成正确、完整和详细的建筑与安装详图，并配以必要的文字说明。其主要内容包括以下几项。

① 全项目性文件：指设计总说明，总平面布置及其说明，各专业全项目的说明及其室外管线图，工程总概算。

② 各建筑物、构筑物的设计文件：指建筑、结构、水暖、电气、卫生、热机等专业图纸及说明，公用设施、工艺设计和设备安装，非标准设备制造详图以及单项工程预算等。

③ 各专业工程计算书、计算机辅助设计软件及资料等：各专业的工程计算书，计算机辅助设计软件及资料等应经校审、签字后，整理归档，一般不向建设单位提供。

（2）施工图设计阶段质量控制的工作内容

施工图是设计工作的最后成果，是设计质量的重要形成阶段，监理工程师要分专业不断地进行中间检查和监督，逐张审查图纸并签字认可。施工图设计阶段质量控制的主要内容有：所有设计资料、规范、标准的准确性；总说明及分项说明是否具体、明确；计算书是否交代清楚；套用图纸时是否已按具体情况作了必要的核算，并加以说明；图纸与计算书结果是否一致；图形符号是否符合统一规定；图纸中各部尺寸、节点详图，各图之间有无矛盾、漏注；图纸设计深度是否符合要求；套用的标准图集是否陈旧或有无必要的说明；图纸目录与图纸本身是否一致；有无与施工相矛盾的内容等。另外，监理工程师应对设计合同的转包分包进行控制。承担设计的单位应完成设计的主要部分；分包出去的部分，应得到建设单位和监理工程师的批准。监理工程师在批准分包前，应对分包单位的资质进行审查，并进行评价，决定是否胜任设计的任务。

（3）施工图设计监理质量控制的程序

施工图设计监理质量控制的程序如图3-11所示。

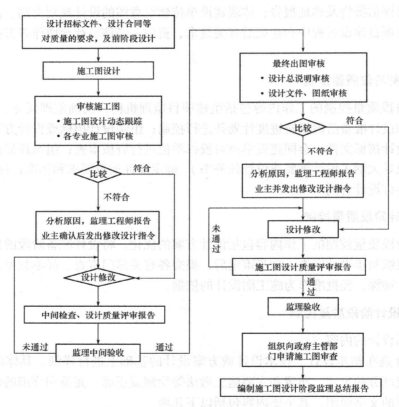

图3-11　施工图设计监理质量控制的程序

5. 设计质量的审核

设计图纸是设计工作的最终成果，体现了设计质量的形成。因此，对设计质量的审核也就是对设计成果的验收阶段，是对设计图纸的审核。监理工程师代表建设单位对设计图纸的审核是分阶段进行的。在初步设计阶段，应审核工程所采用的技术方案是否符合总体方案的要求以及是否达到项目决策阶段确定的质量标准；在技术设计阶段，应审核专业设计是否符合预定的质量标准和要求；在施工图设计阶段，应注重其使用功能及质量要求是否得到满足。

学习单元五　工程建设项目招标投标阶段的目标控制

知识目标

1. 了解工程建设项目招标标底的编制依据。
2. 熟悉工程建设项目招标标底编制的必要性。

基础知识

工程建设项目招标投标阶段的目标控制主要指投资控制，这是工程建设全过程投资控制不可缺少的重要一环。这一阶段，监理工程师的主要工作包括协助业主制订招标计划；协助编写或审查招标文件；协助业主对潜在的投标人进行审查；参与评标及协助业主洽谈和签订合同等。

一、工程建设项目招标标底的编制

工程建设项目招标标底文件，是对一系列反映招标人对招标工程交易预期控制要求的文字说明、数据、指标、图表的统称，是有关标底的定性要求和定量要求的各种书面表达形式。其核心内容是一系列数据指标。由于工程交易最终主要是用价格或酬金来体现的，所以在实践中，工程项目招标标底文件主要是指有关标底价格的文件。

招标的工程项目是否需编制标底，我国现行法规没有统一的规定。有的地方要求招标工程必须编制标底，且需经建设行政主管部门或其授权单位审查批准。标底的作用：一是使建设单位（业主）预先明确自己在招标工程上应承担的财务义务；二是作为衡量投标报价的准绳，也就是评标的主要尺度之一；三是作为上级主管部门核实投资规模的依据。标底可由招标单位自行编制，也可委托招标代理机构或造价咨询机构编制。标底价格的组成除现行概预算应包括的内容外，还应考虑现场的实际情况和工程的具体要求而发生的措施费、不可预见费以及价格变动等因素。经主管部门审核批准的标底由主管部门封存，在开标前要严格保密，待开标后才能公开。

工程项目招标标底受多方面因素影响，如项目划分、设计标准、材料价差、施工方案定额、取费标准、工程量计算准确程度等。

小提示

综合考虑可能影响标底的各种因素，编制标底时应遵循的依据主要有以下几点。

① 国家公布的统一工程项目划分、统一计量单位、统一计算规则。

② 招标文件，包括招标交底纪要。

③ 招标人提供的由有相应资质的单位设计的施工图及相关说明。

④ 有关技术资料。

⑤ 工程基础定额和国家、行业、地方规定的技术标准规范。

⑥ 要素市场价格和地区预算材料价格。

⑦ 经政府批准的取费标准和其他特殊要求。

应当指出的是，上述各种标底的编制依据，在实践中要求遵循的程度并不一样。有的不允许有出入，如对招标文件、设计图纸等有关资料，各地一般都规定编制标底时必须将其作为依据。

二、工程建设项目招标标底的审定

工程建设项目招标标底的审定，是指政府有关主管部门对招标人已编制完成的标底进行的审查认定。招标人编制完标底后，应按有关规定将标底报送有关主管部门审定。标底审定是一项政府职能，是政府对招标投标活动进行监管的重要体现。能以自己名义行使标底审定职能的组织，即为标底的审定主体。

小 提 示

标底的审定原则和标底的编制原则是一致的，标底的编制原则也就是标底的审定原则。这里需要特别强调的是编审分离原则。实践中，编制标底和审定标底必须严格分开，不准以编代审、编审合一。

1. 标底审定程序

工程建设招标标底的审定，一般按以下程序进行。

（1）标底送审

① 送审时间。关于标底的送审时间，在实践中有两种做法：一种是在开始正式招标前，招标人应当将编制完成的标底和招标文件等一起报送招标投标管理机构审查认定，经招标投标管理机构审查认定后方可组织招标；另一种是在投标截止日期之后、开标之前，招标人应将标底报送招标投标管理机构审查认定，未经审定的标底一律无效。

② 送审时应提交的文件材料。招标人申报标底时应提交的有关文件资料，主要包括工程施工图纸、施工方案或施工组织设计、填有单价与合价的工程量清单、标底价格计算书、标底价格汇总表、标底价格审定书（报审表）、采用固定价格的工程风险系数测算明细，以及现场因素，各种施工措施测算明细、材料设备清单等。

（2）进行标底审定交底

招标投标管理机构在收到招标标底后应及时进行审查认定工作。一般来说，对结构不太复杂的中小型工程招标标底应在7d内审定完毕，对结构复杂的大型工程招标标底应在14d内审定完毕，并在上述时限内进行必要的标底审定交底。当然，在实际工作中，各种招标工程的情况是十分复杂的，在标底审定的实践中，应该根据工程规模大小和难易程度，确定合理的标底审定时限。一般的做法是划定几个时限档次，如3～5d,5～7d,7～10d,10～15d,20～25d等，最长不宜超过一个月（30d）。

（3）对经审定的标底进行封存

标底自编制之日起至公布之日止应严格保密。标底编制单位、审定机构必须严格按规定密封、保存，开标前不得泄露。经审定的标底即为工程招标的最终标底。未经招标投标管理机构同意，任何单位和个人无权变更标底。开标后，对标底有异议的，可以书面提出异议，由招标投标管理机构复审，并以复审的标底为准。标底允许调整的范围，一般只限于重大设计变更（指结构、规模、标准的变更）、地基处理（指基础垫层以下需要处理的部分），这时均按实际发生进行结算。

2. 标底审定内容

审定标底是政府主管部门一项重要的行政职能。招标投标管理机构审定标底时，主要审查的内容包括工程范围是否符合招标文件规定的发包承包范围；工程量计算是否符合计算规则，有无错算、漏算和重复计算；使用定额、选用单价是否准确，有无错选、错算和换算错误；各项费用、费率使用及计算基础是否准确，有无使用错误，多算、漏算和计算错误；标底总价计算程序是否准确，有无计算错误；标底总价是否突破了概算或批准的投资计划数；主要设备、材料和特种材料数量是否准确，有无多算或少算。

关于标底价格的审定，在采用不同的计价方法时，审定的内容也有所不同，如表3-1所示。

表3-1　　　　　　　　　　采用不同的计价方法时标底的审定内容

序　号	计价方法	标底审定内容
1	工料单价法	① 标底价格计价内容。发包承包范围、招标文件规定的计价方法及招标文件的其他有关条款 ② 预算内容。工程量清单单价、"生项"补充定额单价、直接费、措施费、有关文件规定的调价、间接费、取费标准、利润、设备费、税金以及主要材料、设备数量等 ③ 预算外费用。材料、设备的市场供应价格、措施费（赶工措施费、施工技术措施费）、现场因素费用、不可预见费（特殊情况）、材料设备差价，对于采用固定价格的工程所测算的在施工周期内人工、材料、设备、机械台班价格波动风险系数等
2	综合单价法	① 标底价格计价内容。发包承包范围、招标文件规定的计价方法及招标文件的其他有关条款 ② 工程量清单单价组成分析。人工、材料、机械台班计取的价格，直接费、措施费、有关文件规定的调价、间接费、取费标准、利润、税金，采用固定价格的工程所测算的在施工周期内人工、材料、设备、机械台班价格波动风险系数，不可预见费（特殊情况）以及主要材料数量等

95

学习单元六　工程建设项目施工阶段的目标控制

知识目标

1. 了解工程建设项目施工阶段监理进行投资控制、进度控制、质量控制的程序。
2. 熟悉工程建设项目施工阶段监理进行投资控制、进度控制、质量控制的具体工作内容。

基础知识

一、工程建设项目施工阶段的投资控制

施工阶段是工程投资具体使用到建筑物实体上的阶段，这是建设资金大量使用的阶段，因此是投资控制的关键时期。这一阶段主要是做好投资控制目标、资金使用计划的编制、工程计量与支付、工程变更控制、工程竣工结算、施工索赔处理等项工作。

施工阶段投资控制的工作程序如图3-12所示。

图3-12 施工阶段投资控制的工作程序

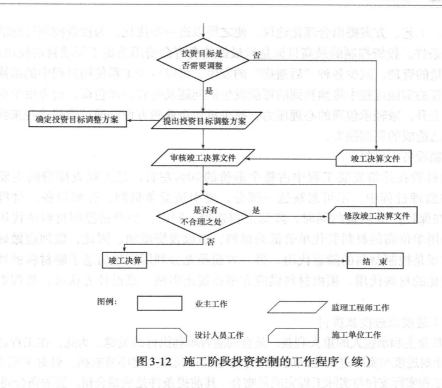

图例：　　□　业主工作　　　　▱　监理工程师工作

　　　　　　▱　设计人员工作　　　▱　施工单位工作

图3-12　施工阶段投资控制的工作程序（续）

1．施工阶段中监理投资控制的具体措施

（1）确定合理的工程合同价款

首先，招（投）标确定的合理的合同价款，对施工阶段的进度控制和结算工作起到了一定的积极作用。其次，监理应协助业主尽可能完善施工合同。业主和承包商在签约时，应对现有条件、注意事项和工程范围准确定义，尤其是价格、工期、增加项目，优惠条件等也应明确清淅地进入合同有关条款，对合同中有关材料、质量、工期、进度款支付等尽可能详述，避免疏漏。再次，监理工作必须符合合同要求，必须在国家法规政策的范围内，保证每一笔工程款的支付都符合合同的要求。最后，合同管理是控制和协调的依据，也是有效的法律手段，因此，增强合同管理意识，完善合同条款十分重要。合同签订须交有关管理部门审查，并进行公证，以保证合同合理合法，且保护双方权益。合同条款的完备和内容的严谨有利于减少合同纠纷，避免日后违约。作为工程监理，有责任督促合同条款的履行。

（2）正确编制资金使用计划，合理确定投资控制目标

投资控制的目的是为了确保投资目标的实现，因此，监理工程师必须编制资金使用计划，合理地确定建设项目投资控制目标值，包括建设项目的总目标值、分目标值、各细部目标值。同时，由于对客观事实的认识有个过程，也由于在一定时间内所拥有的经验和知识有限，因此，对工程项目的投资控制目标应辩证地对待，既要维护投资控制目标的严肃性，也要允许对脱离实际的既定投资控制目标进行必要的调整。但调整并不意味着可以随意改变项目投资控制的目标值，其必须按照有关的规定和程序进行。

（3）审核施工组织设计，严把工程质量关

先进、合理的施工组织设计是确保工程项目按既定的质量、进度完成投资目标的首要条件。通过审核施工单位编制的施工组织设计，对其中的主要施工方案进行技术经济分析，对不

97

合理的施工进度、工艺、方案提出合理化建议，使之得以进一步优化，为投资控制目标的实现创造必要的前提条件。投资控制的最高目标是以最低的全寿命费用满足工程项目的使用要求。通过加强工程质量的管理，减少各种"后遗症"的发生，可以减少工程使用过程中的维修、保养费用。要在工程的实施过程中将预料到的可能发生的问题及时告诉承包商，避免由于返工所造成施工成本的上升，减轻承包商的心理压力，减少承包企业想方设法通过索赔途径来弥补工程成本上升给自己造成的利润损失。

（4）严格控制设备、材料

设备费、材料费在建筑安装工程中占整个造价的70%左右，是工程直接费的主要组成部分。因此，在监理过程中，不可忽视这一部分，要引进竞争机制，开展设备、材料的招（投）标工作，在保证产品质量的同时，降低工程造价。同时，要严格控制材料的代用，施工阶段中往往是用单价高的材料替代单价低的材料，造成投资增加。因此，监理应做好两方面的工作，一方面是控制材料的随意代用，另一方面是充分利用网络信息了解材料的替代情况，对于不可避免的材料代用，须由材料供应方书面提出申请，报设计方认可、监理审批后方可替代。

（5）控制施工进度及进度款拨付

工程进度涉及业主和承包人的重大利益，是合同能否顺利执行的关键。为此，在工程进度监理中，一定要把计划进度与实际进度之间的差距作为进度控制的关键环节来抓。做好工程支付进度款的原则是使工程实际支付与实际工程完成量吻合，其前提条件是质量合格。要加强合同管理，严格计量支付，坚持做到合同内支付有手续，合同外支付有依据，严禁超前支付和不合理支付。

（6）严格控制工程变更

在工程项目的实施进程中，由于不可预见的多方面因素影响，经常会出现工程量变化、施工进度变化，而不得不调整施工进度计划或增减工程量。设计变更一般要影响工程造价、增加费用。工程设计变更发生的费用是工程造价的重要组成部分，有可能使项目投资超出原来的预算。因此，应该严格控制工程变更，对必要的变更应首先进行技术经济比较，对可能影响投资的各个方面因素详加分析，选择经济合理的技术措施，力求减少变更费用。严禁通过变更扩大建设规模、增加建设内容、提高建设标准。

（7）严格控制现场签证

由于建筑产品的特殊性，签证部分所产生的费用必然会在整个工程造价中占有一定的比例。造成现场签证的原因很多，如设计变更、施工条件的变化、临时停水停电、一些零星变更等。为了合理确定和有效控制工程造价，必须严格控制现场签证。它包括以下方面的内容：现场签证应规范、详细；对签证事项，其发生的费用由何方承担，应详细标明；对施工方提出的签证事项，应严格审查、仔细分析，防止对同一事项以不同方式重复签证。

（8）正确处理索赔

由于施工阶段的合同数量多，存在着频繁、大量的支付，因而可能会由于对合同条款理解上的差异以及合同中不可避免地存在着模糊和矛盾，再加上外部环境变化因素等引起若干分歧，使得合同纠纷经常出现，于是各种索赔事件接踵而至。如果不能妥善处理这些问题，工程项目的质量就难以保证、进度就会拖延、投资就会失控。正确处理索赔，对于控制投资至关重要。索赔一旦被提出，就要认真分析其提出的要求是否合理、合法，计算是否正确，依据是否齐全。对于认定后的索赔要以书面形式答复索赔方，使索赔尽快被解决，任何把问题搁置下来，留待以后处理的想法，都会导致矛盾复杂化、补偿费用增加、处理困难等不良后果。

（9）做好施工记录，注意资料积累

由于工程建设的特殊性，决定了工程施工阶段的矛盾不可避免。矛盾的解决途径是协商、调解、仲裁或起诉，这些途径都要依靠证据，哪一方掌握的第一手资料多、详细，哪一方就能处于有利的地位。因此，在平时就要做到不依赖于施工方所作的施工记录，而要自己尽可能详细地做好施工中各种情况的记录，包括天气、水电供应、材料供应和试验、施工进度、施工中出现的问题及其解决办法和结果等，并注意各种原始资料的收集整理，为正确处理可能发生的索赔及各种纠纷提供原始依据。

2. 投资控制目标

从业主的角度考虑，投资额越少越好，但绝不能盲目压价，监理工程师应按照经济规律，公正地维护业主和承包商的合法权益。因此，应当以投资额为控制目标，在可能的情况下，努力节约投资。

3. 资金使用计划的编制

施工阶段编制资金使用计划的目的是为了控制施工阶段投资，合理地确定工程项目投资控制目标值，也就是根据工程概算或预算确定计划投资的总目标值、分目标值、细目标值。

（1）按项目分解编制资金使用计划

根据建设项目的组成，首先将总投资分解到各单项工程，再分解到单位工程，最后分解到分部分项工程。分部分项工程的支出预算既包括材料费、人工费、机械费，也包括承包企业的间接费、利润等，是分部分项工程的综合单价与工程量的乘积。按单价合同签订的招标项目，可根据签订合同时提供的工程量清单所定的单价确定。其他形式的承包合同，可利用招标编制标底时所计算的材料费、人工费、机械费及考虑分摊的间接费、利润等确定综合单价，同时核实工程量。

> **小提示**
>
> 编制资金使用计划时，既要在项目总的方面考虑总预备费，也要在主要的工程分项中安排适当的不可预见费。所核实的工程量与招标时的工程量估算值有较大出入时，应予以调整并作"预计超出子项"注明。

（2）按时间进度编制资金使用计划

建设项目的投资总是分阶段、分期支出的，资金应用是否合理与资金的时间安排有密切关系。为了合理地制订资金筹措计划，尽可能减少资金占用和利息支付，编制按时间进度分解的资金使用计划是很有必要的。

通过对施工对象的分析和对施工现场的考察，结合当代施工技术特点，制订出科学合理的施工进度计划，在此基础上编制按时间进度划分的投资支出预算。其步骤如下。

① 编制施工进度计划。

② 根据单位时间内完成的工程量计算出这一时间内的预算支出，在时标网络图上按时间编制投资支出计划。

③ 计算工期内各时点的预算支出累计额，绘制时间—投资累计曲线（S形曲线），如图3-13所示。

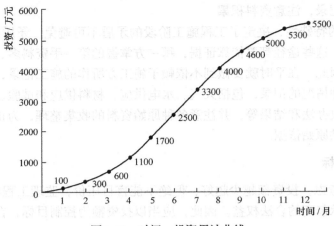

图 3-13 时间—投资累计曲线

绘制时间—投资累计曲线时，根据施工进度计划的最早可能开始时间和最迟必须开始时间来绘制，则可得两条时间—投资累计曲线，俗称"香蕉"形曲线，如图 3-14 所示。一般而言，按最迟必须开始时间安排施工，对建设资金贷款利息节约有利，但同时也降低了项目按期竣工的保证率，故监理工程师必须合理地确定投资支出预算，达到既节约投资支出，又能控制项目工期的目的。

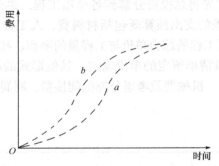

a—所有工作按最迟开始时间开始的曲线；b—所有工作按最早开始时间开始的曲线

图 3-14 投资计划值的"香蕉"图

4. 工程计量与支付

（1）工程计量的依据

① 质量合格证书。工程计量必须与质量监理紧密配合，经过专业工程师检验，工程质量达到合同规定的标准后，由专业工程师签署报验申请表（质量合格证书），只有质量合格的工程才予以计量。

② 工程量清单前言和技术规范。工程量清单前言和技术规范的"计量支付"条款规定了清单中每一项工程的计量方法，同时还规定了按规定的计量方法确定的单价所包括的工作内容和范围。

③ 设计图纸。计量的几何尺寸要以设计图纸为依据，工程师对承包商超出设计图纸要求增加的工程量和自身原因造成返工的工程量，不予计量。

（2）工程计量

采用单价合同的承包工程，工程量清单中的工程量只是在图纸和规范基础上的估算值，不能作为工程款结算的依据。监理工程师必须对已完工的工程进行计量，只有经过监理工程师计量确定的数量才是向承包商支付工程款的凭证。

监理工程师一般只对如下三方面的工程项目进行计量：工程量清单中的全部项目，合同文件中规定的项目，工程变更项目。根据 FIDIC 合同条件的规定，一般可按照以下方法进行计量。

① 均摊法。所谓均摊法，就是对清单中某些项目（这些项目都有一个共同的特点，即每月均有发生）的合同价款，按合同工期平均计量，即均摊进行计量支付。

② 凭据法。所谓凭据法，就是按照承包商提供的凭据进行计量支付。如提供建筑工程险保险费、提供第三方责任险保险费、提供履约保证金等项目，一般按凭据法进行计量支付。

③ 估价法。所谓估价法，就是按合同文件的规定，根据监理工程师估算的已完成的工程价值支付。如为监理工程师提供办公设施和生活设施，为监理工程师提供用车，为监理工程师提供测量设备、天气记录设备、通信设备等项目。这类清单项目往往要购买几种仪器设备。当承包商对于某一项清单项目中规定购买的仪器设备不能一次购进时，需要采用估价法进行计量支付。

④ 断面法。断面法主要用于取土坑或填筑路堤土方的计量。对于填筑土方工程，一般规定计量的体积为原地面线与设计断面所构成的体积。采用这种方法计量，在开工前承包商需要测绘出原地形的断面，并须经监理工程师检查，作为计量的依据。

⑤ 图纸法。按图纸进行计量的方法称为图纸法。在工程量清单中，许多项目都采取按照设计图纸所示的尺寸进行计量。如混凝土构筑物的体积、钻孔桩的桩长等。

⑥ 分解计量法。所谓分解计量法，就是将一个项目根据工序或部位分解为若干子项，对完成的各子项进行计量支付。这种计量方法主要是为了解决一些包干项目或较大的工程项目支付时间过长，影响承包商资金流动的问题。

（3）工程价款的结算

根据不同情况，我国现行工程价款的结算方式有下列几种。

① 按月结算。实行旬末或月中预支，月终结算，竣工后清算的方法。跨年度竣工的工程，在年终进行工程盘点，办理年度结算。我国现行建筑安装工程价款结算中，相当一部分工程是实行这种按月结算的方法。

② 竣工后一次结算。建设项目或单项工程全部建筑安装工程建设期在 12 个月以内，或者工程承包合同价值在 100 万元以下的，可以实行工程价款每月月中预支，竣工后一次结算。

③ 分段结算。当年开工，但当年不能竣工的单项工程或单位工程按照工程形象进度，划分不同阶段进行结算。分段结算可以按月预支工程款。分段的划分标准，由各部门、省、自治区、直辖市或计划单列市规定。

④ 目标结款方式。在工程合同中，将承包工程的内容分解成不同的控制界面，以业主验收控制界面作为支付工程价款的前提条件。也就是说，将合同中的工程内容分解成不同的验收单元，当承包商完成单元工程内容并经业主（或其委托人）验收后，业主支付构成单元工程内容的工程价款。

⑤ 结算双方约定的其他结算方式。施工企业在采用按月结算工程价款的方式时，要先取得各月实际完成的工程数量，并按照工程预算定额中的工程直接费预算单价、间接费用定额和合同中采用的利税率，计算出已完工程造价。实际完成的工程数量，由施工单位根据有关资料计算，并编制《已完工程月报表》，然后按照发包单位编制《已完工程月报表》，将各个发包单

位的本月已完工程造价汇总反映。再根据《已完工程月报表》编制《工程价款结算账单》，与《已完工程月报表》一起，分送发包单位和经办银行，据以办理结算。

常用的动态结算办法有以下几种。

① 按实际价格结算法。在我国，由于建筑材料需市场采购的范围越来越大，有些地区规定对钢材、木材、水泥等三大材的价格采取按实际价格结算的办法，工程承包商可凭发票按实报销。

② 按主材计算价差。发包人在招标文件中列出需要调整价差的主要材料表及其基期价格（一般采用当时当地工程价格管理机构公布的信息价或结算价），工程竣工结算时按竣工当时当地工程价格管理机构公布的材料信息价或结算价，与招标文件中列出的基期价比较计算材料差价。

③ 主料按抽料计算差价，其他材料按系数计算差价。主要材料按施工图预算计算的用量和竣工当月当地工程价格管理机构公布的材料结算价或信息价与基价对比计算差价。其他材料按当地工程价格管理机构公布的竣工调价系数计算方法计算差价。

④ 竣工调价系数法。按工程价格管理机构公布的竣工调价系数及调价计算方法计算差价。

⑤ 调值公式法（又称动态结算公式法）。绝大多数情况是发包方和承包方在签订的合同中就明确规定了调值公式。

（4）工程价款的约定

发、承包人在签订合同时对于工程价款的约定，可选用下列一种约定方式。

① 固定总价。合同工期较短且工程合同总价较低的工程，可以采用固定总价合同方式。

② 固定单价。双方在合同中约定综合单价包含的风险范围和风险费用的计算方法，在约定的风险范围内综合单价不再调整。风险范围以外的综合单价调整方法，应当在合同中约定。

③ 可调价格。可调价格包括可调综合单价和措施费等，双方应在合同中约定综合单价和措施费的调整方法。

小提示

根据原国家工商行政管理局、原建设部文件规定，合同价款在协议条款约定后，任何一方不得擅自改变，协议条件另有约定或发生下列情况之一的可作调整。

① 法律、行政法规和国家有关政策变化影响合同价款。

② 监理工程师确认可调价的工程量增减、设计变更或工程洽商。

③ 工程造价管理部门公布的价格调整。

④ 一周内非承包方原因的停水、停电、停气造成停工累计超过 8 h。

⑤ 合同约定的其他因素。

（5）工程进度款的支付

在双方确认计量结果后14d内，发包方应向承包方支付工程进度款。按约定时间发包方应扣回的预付款，与工程进度款同期结算。

对于符合规定范围的合同价款的调整，工程变更调整的合同价款及其他条款中约定的追加合同价款，应与工程进度款同期调整支付。

如果发包方超过约定的支付时间不支付工程进度款，承包方可向发包方发出要求付款的通知，发包方收到承包方通知后仍不能按要求付款，可与承包方协商签订延期付款协议，经承包方同意后可延期付款。协议须明确延期支付时间和从发包方计量结果确认后第15d起计算应付款的贷款利息。

如果发包方不按合同约定支付工程进度款，双方又未达成延期付款协议，导致施工无法进行，承包方可停止施工，由发包方承担违约责任。

（6）工程质保金的预留

质保金也称为尾留款，按照有关规定，工程项目总造价中应预留出一定比例的质保金作为质量保修费用，待工程项目保修期结束后最后支付。

小　提　示

有关质保金的扣除方法一般有两种，即：

① 当工程进度款支付累计额达到该建筑安装工程造价的一定比例时，停止支付，预留造价部分作为质保金。

② 国家颁布的相关规范中规定，质保金的扣除，可以从发包方向承包方第一次支付的工程进度款开始，在每次承包方应得到的工程进度款中扣留投标书附录中规定的金额作为质保金，直至预留的质保金总额达到投标书附录中规定的限额为止。

5. 工程变更控制

工程变更是在工程项目实施过程中，按照合同约定的程序对部分或全部工程在材料、工艺、功能、构造、尺寸、技术指标、工程数量及施工方法等方面作出的改变。

工程建设施工合同签订以后，对合同文件中任何一部分的变更都属于工程变更的范畴。建设单位、设计单位、施工单位和监理单位等都可以提出工程变更的要求。在工程建设的过程中，如果对工程变更处理不当，会对工程的投资、进度计划、工程质量造成影响，甚至引发合同有关方面的纠纷。因此，对工程变更应予以重视，严加控制，并依照法定程序予以解决。

（1）工程变更价款的确定

工程变更价款的确定应在双方协商的时间内，由承包商提出变更价格，报监理工程师批准后方可调整合同价或顺延工期。监理工程师对承包商所提出的变更价款，应按照有关规定进行审核、处理，主要有以下要求。

① 承包方在工程变更确定后14d内，提出变更工程价款的报告，经监理工程师确认后调整合同价款。合同价款的变更应符合下列规定。

* 合同中已有适用于变更工程的价格，按合同已有的价格计算变更合同价款。
* 合同中只有类似于变更工程的价格，可以参照类似价格变更合同价款。
* 合同中没有适用或类似于变更工程的价格，由承包方提出适当的变更价格，经监理工程师确认后执行。

② 承包方在双方确定变更后14d内不向监理工程师提出变更工程价款报告的，视为该项变更不涉及合同价款的变更。

③ 监理工程师应在收到变更工程价款报告之日起14d内予以确认。监理工程师无正当理由不确认时，自变更价款报告送达之日起14d后视为变更工程价款报告已被确认。

④ 监理工程师不同意承包方提出的变更价款，可以和解或者要求合同管理及其他有关主管部门调解。和解或调解不成的，双方可以采用仲裁或向人民法院提起诉讼的方式解决。

⑤ 监理工程师确认增加的工程变更价款作为追加合同价款，与工程款同期支付。

⑥ 因承包方自身原因导致的工程变更，承包方无权要求追加合同价款。

（2）监理工程师对工程变更的处理

对于工程项目施工中发生的工程变更，无论是由设计单位、建设单位还是施工单位提出的，均应经过建设单位、设计单位、施工单位和监理单位的代表签认，并通过项目总监下达变更指令后，施工单位方可进行施工。

> **小 提 示**
>
> 任何工程变更都必然会影响工程的造价、质量、工期及项目的功能要求，监理工程师应注意综合审核，加强工程变更程序管理，并应协助建设单位与施工单位签订工程变更的补充协议。

监理工程师应按下列程序处理工程变更。

① 设计单位对原设计存在的缺陷提出的工程变更，应编制设计变更文件；建设单位或施工单位提出的工程变更，应提交总监理工程师，由总监理工程师组织专业监理工程师审查。审查同意后，应由建设单位转交原设计单位编制设计变更文件。当工程变更涉及安全、环保等内容时，应按规定经有关部门审定。

② 项目监理机构应了解实际情况和收集与工程变更有关的资料。

③ 总监理工程师必须根据实际情况、设计变更文件和其他有关资料，按照施工合同的相关条款，在指定专业监理工程师完成下列工作后，对工程变更的费用和工期作出评估。

- 确定工程变更项目与原工程项目之间的类似程度和难易程度。
- 确定工程变更项目的工程量。
- 确定工程变更的单价或总价。

④ 总监理工程师应就工程变更费用及工期的评估情况与施工单位和建设单位进行协调。

⑤ 总监理工程师签发工程变更单。工程变更单应包括工程变更要求、工程变更说明、工程变更费用和工期、必要的附件等内容，有设计变更文件的工程变更应附设计变更文件。

⑥ 项目监理机构应根据工程变更单监督施工单位实施。

6. 工程竣工结算

工程竣工结算意味着承、发包双方经济关系的结束，以施工图预算为基础，根据实际施工情况由施工单位编制。

> **小 提 示**
>
> 结算应根据《工程竣工结算书》和《工程价款结算账单》进行。前者是施工单位根据合同造价、设计变更增（减）项和其他经济签证费用编制的确定工程量最终造价的经济文件，表示向建设单位应收的全部工程价款。后者表示承包单位已向建设单位收进的工程款，其中包括建设单位供应的器材（填写时必须将未付给建设单位的材料价款减除）。二者必须由施工单位在工程竣工验收后编制，送建设单位审查无误并由建设银行审查同意后，由承、发包单位共同办理竣工结算手续，才能进行工程结算。

（1）工程竣工结算的办理

竣工报告批准后，乙方应按国家有关规定和协议条款约定的时间、方式向甲方代表提出结算报告，办理竣工结算。甲方代表收到结算报告后应及时给予批准或提出修改意见，在协议条款约定时间内将拨款通知送经办银行，并将副本送至乙方；银行审核后向乙方支付工程款。乙方收到工程款后15d内将竣工工程交付甲方。

由于甲方违反有关规定和约定，经办银行不能支付工程款，乙方可留置部分或全部工程予以妥善保护，其保护费用由甲方承担。

甲方无正常理由收到竣工报告后30d内不办理结算，从第31d起按施工企业向银行计划处贷款的利率支付拖欠工程款利息，并承担违约责任。

（2）工程竣工结算书的编制

工程竣工结算书是进行工程结算的主要依据。

编制工程竣工结算书是一项细致工作，既要正确地贯彻执行国家及地方的有关规定，又要实事求是地反映项目施工人员所创造的价值。其编制依据如下。

① 工程竣工报告及工程竣工验收单。这是编制工程竣工结算书的首要条件，未经竣工验收合格的工程不准结算。

② 工程承包合同或施工协议书。

③ 经建设单位及有关部门审核批准的原工程概预算及增减预算。

④ 施工图纸、设计变更通知单、技术洽商及现场施工变更记录。

⑤ 在工程施工过程中实际发生的参考概预算价差价凭据，暂估价差价凭据，以及合同中规定的需要持凭据进行结算的原始凭证。

⑥ 地区现行的概预算定额、基本建筑材料预算价格、费用定额及有关规定。

⑦ 其他有关资料。

工程竣工结算书的编制内容和方法因承包方式的不同而有所差异。

① 采用施工图概预算承包方式的工程结算。采用施工图概预算承包方式的工程，由于在施工过程中不可避免地要发生一些设计变更、材料代用、施工条件的变化、某些经济政策的变化以及其他不可抗因素等，都要增加或减少一些费用，从而影响到施工图概预算价格的变化。因此，这类工程的竣工结算书是在原工程概预算的基础上，加上设计变更增减项和其他经济签证费用编制而成的，所以又称预算结算制。

② 采用施工图概预算加包干系数或平方米造价包干形成承包的工程的结算。采用这类承包方式一般在承包合同中已分清了承、发包之间的义务和经济责任，不再办理施工过程中所承包内容内的经济洽商，在工程竣工结算时不再办理增减调整。工程竣工后，仍以原概预算加包干系数或平方米造价的价值进行竣工结算。

③ 采用招标投标方式承包工程的结算。采用招标投标方式的工程，其结算原则上应按中标价格（即成交价格）进行。但是一些工期较长、内容比较复杂的工程，在施工过程中，难免发生一些较大的设计变更和材料价格的调整，如果在合同中规定有允许调价的条文，施工单位可在工程竣工结算时，在中标价格的基础上进行调整。合同条文规定允许调价范围以外的费用，建筑企业可以向招标单位提出洽商或补充合同，作为结算调整价格的依据。

④ 采用平方米造价包干方式结算。民用住宅装饰装修工程一般采用这种结算方式，它同其他工程结算方式相比，手续简便。它是双方根据一定的工程资料，事先协商好每平方米的造价指标，然后按建筑面积汇总造价，确定应付工程价款。

7. 施工索赔处理

工程建设索赔通常是指在工程合同履行过程中，合同当事人一方因非自身因素或对方不履行或未能正确履行合同而受到经济损失或权利损害时，通过一定的合法程序向对方提出经济或时间补偿的要求。索赔是一种正当的权利要求，它是发包方、监理工程师和承包方之间一项正常的、大量发生而且普遍存在的合同管理业务，是一种以法律和合同为依据的、合情合理的行为。

（1）索赔的特点

索赔是双向的，不仅承包人可以向发包人索赔，发包人同样也可以向承包人索赔；并且只有实际发生了经济损失或权利损害，一方才能向对方索赔。归纳起来，索赔的特点如下。

① 索赔是要求给予补偿（赔偿）的一种权利、主张。

② 索赔的依据是法律法规、合同文件及工程建设惯例，但主要是合同文件。

③ 索赔是因非自身原因导致的，要求索赔一方没有过错。

④ 与合同相比较，已经发生了额外的经济损失或工期损害。

⑤ 索赔必须有切实有效的证据。

⑥ 索赔是单方行为，双方没有达成协议。

（2）索赔的原因

在现代承包工程中，特别是在国际承包工程中，索赔经常发生，而且索赔额很大。索赔的发生，不仅是一个索赔意识或合同观念的问题，从本质上讲，索赔也是一种客观存在。引起索赔的原因主要包括施工延期；恶劣的现场自然条件；合同变更；合同矛盾和缺陷；参与工程建设主体的多元性等。

（3）索赔费用

① 索赔费用的构成。

● 人工费。索赔费用中的人工费部分是指完成合同之外的额外工作所花费的人工费用；由于非承包商责任的工效降低所增加的人工费用；超过法定工作时间加班劳动所增加的人工费用；法定人工费增长以及非承包商责任工程延误导致的人员窝工费和工资上涨费等。

● 材料费。材料费的索赔包括由于索赔事项材料实际用量超过计划用量而增加的材料费；由于客观原因材料价格大幅度上涨；由于非承包商责任工程延误导致的材料价格上涨和超期储存费用。

● 施工机械使用费。施工机械使用费的索赔包括由于完成额外工作增加的机械使用费；非承包商责任工效降低增加的机械使用费；由于业主或监理工程师原因导致机械停工的窝工费。

● 分包费用。分包费用索赔指的是分包商的索赔费，一般也包括人工、材料、机械使用费的索赔。分包商的索赔应如数列入总承包商的索赔款总额以内。

● 工地管理费。索赔款中的工地管理费是指承包商完成额外工程、索赔事项工作以及工期延长期间的工地管理费，包括管理人员工资、办公、通信，交通费用等。

● 利息。利息的索赔通常发生于下列情况：拖期付款的利息；由于工程变更和工程延期增加投资的利息；索赔款的利息；错误扣款的利息。

● 总部管理费。索赔款中的总部管理费主要指的是工程延误期间所增加的管理费。

● 利润。一般来说，由于工程范围的变更、文件有缺陷或技术性错误、业主未能提供现场等引起的索赔，承包商可以列入利润。但对于工程暂停的索赔，一般监理工程师很难同意在此项索赔中加进利润损失。

② 索赔费用的计算方法。

● 实际费用法。这种方法的计算原则是，以承包商为某项索赔工作所支付的实际开支为根据，向业主要求费用补偿。用实际费用法计算时，在直接费的额外费用部分的基础上，再加上应得的间接费和利润，即是承包商应得的索赔金额。实际费用法所依据的是实际发生的成本记录或单据。

● 总费用法。即总成本法，就是当发生多次索赔事件以后，重新计算该工程的实际总费用，实际总费用减去投标报价时的估算总费用，即为索赔金额。由于实际发生的总费用中可能包括了承包商的原因，如施工组织不善而增加的费用，同时投标报价估算的总费用却因为想中标而过低。所以这种方法只有在难以采用实际费用法时才应用。

● 修正的总费用法。修正的总费用法是对总费用法的改进，修正的内容如下：将计算索赔款的时段局限于受到外界影响的时间，而不是整个施工期；只计算受影响时段内的某项工作所受影响的损失；与该项工作无关的费用不列入总费用中；按受影响时段内该项工作的实际单价进行核算，乘以实际完成的该项工作的工程量，得出调整后的报价费用。

（4）索赔的处理

发包方未能按照合同约定履行自己的各项义务或发生错误以及应由发包方承担责任的其他情况，造成工期延误和（或）延期支付合同价款及造成承包方的其他经济损失，承包方可按图3-15所示的程序以书面形式向发包方索赔，索赔的时限规定如下。

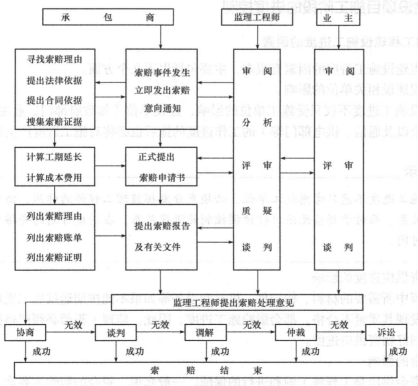

图3-15　施工索赔程序示意图

① 索赔事件发生后28d内，向监工程师发出索赔意向通知。

② 发出索赔意向通知后28d内，向监理工程师提出补偿经济损失和（或）延长工期的索赔报告及有关资料。

③ 监理工程师在收到承包方送交的索赔报告和有关资料后，于28d内给予答复，或要求承包方进一步补充索赔理由和证据。

④ 监理工程师在收到承包方送交的索赔报告和有关资料后28d内未予答复或未对承包方提出进一步要求的，则视为该项索赔已经认可。

⑤ 当该索赔事件持续进行时，承包方应当阶段性地向监理工程师发出索赔意向，在索赔事件终了后28d内，向监理工程师送交索赔的有关资料和最终索赔报告。索赔答复程序与③、④ 规定相同。

小 提 示

与索赔相对应的是"反索赔"。有人认为"反索赔＝业主向承包商提出的索赔"，事实上，这种提法是不科学的。因为，索赔是双向的，反索赔也是双向的，索赔与反索赔是事物相互矛盾的两个方面，具有同等重要的地位。我们要重视承包商向业主提出的索赔，也要重视业主向承包商提出的索赔，更要重视对索赔的反击（驳）——反索赔。

索赔与反索赔是进攻和防守的关系，是相互依存、矛盾的事物对立统一的两个方面，二者同时存在，同时发展，同时消亡。反索赔随索赔的产生而产生，随索赔的结束而结束。

二、工程建设项目施工阶段的进度控制

1. 影响工程建设施工进度的因素

影响工程建设施工进度的因素有很多，主要包括以下几个方面。

（1）工程建设相关单位的影响

工程建设施工进度不仅只受施工单位的影响，建设单位（如政府部门、业主、设计单位、物资供应单位以及通信、供电部门等）的工作进度的拖后也必将对施工进度产生影响。

小 提 示

控制施工进度不能只考虑施工单位，必须充分发挥监理工程师的作用，协调各相关单位的进度关系。而对于那些无法进行协调控制的进度关系，在进度计划的安排中应留有足够的机动时间。

（2）物资供应进度的影响

施工过程中所需要的材料、构配件、机具和设备等如果不能按期运抵施工现场或者是运抵施工现场后发现其质量不合格，都会影响施工进度。因此，监理工程师必须严格把关，采取有效的措施控制好物资供应进度。

（3）资金的影响

足够的资金供应是工程施工顺利进行的保障。一般来说，资金的影响主要来自业主，或者是由于没有及时给足工程预付款，或者是由于拖欠了工程进度款。因此，监理工程师应根据业主的资金供应能力，安排好施工进度计划，并督促业主及时拨付工程预付款和工程进度款，以免因资金供应不足拖延进度，导致工期索赔。

（4）设计变更的影响

施工过程中难免出现设计变更，或者是由于原设计有问题需要修改，或者是由于业主提出了新的要求。监理工程师应加强图纸的审查，严格控制随意变更，特别是应对业主的变更要求进行制约。

（5）施工条件的影响

施工过程中的气候、水文、地质及周围环境等都会对施工进度造成影响。此时，施工单位应利用自身的技术组织能力予以克服。监理工程师应积极疏通关系，协助施工单位解决那些自身不能解决的问题。

（6）各种风险因素的影响

风险因素包括政治、经济、技术及自然等方面的各种可预见或不可预见的因素。政治方面有战争、内乱、罢工、制裁等；经济方面有拒付债务、延迟付款、汇率浮动、通货膨胀、分包单位违约等；技术方面有工程事故、试验失败、标准变化等；自然方面有地震、洪水等。监理工程师必须对各种风险因素进行分析，提出控制风险、减少风险损失及减少对施工进度影响的措施，并对发生的风险事件给予恰当的处理。

（7）施工单位自身管理水平的影响

施工现场的情况千变万化，如果施工单位的施工方案不当、计划不周、管理不善、解决问题不及时等，都会影响工程建设的施工进度。施工单位应通过分析、总结经验教训，及时改进。而监理工程师应提供服务，协助施工单位解决问题，以确保施工进度目标的实现。

2. 施工阶段进度控制原理

施工阶段进度控制是以现代科学管理原理作为其理论基础的，主要有系统控制原理、动态控制原理、信息反馈原理、弹性原理、封闭循环原理和网络计划技术原理等。

（1）系统控制原理

该原理认为，项目施工进度控制本身是一个系统工程，它包括施工进度计划系统、施工进度实施组织系统和施工进度控制的组织系统。项目经理必须按照系统控制原理，强化对全过程的控制。

① 施工进度计划系统。为做好项目施工进度控制工作，必须根据项目施工进度控制目标要求，制订出项目施工进度计划系统。根据需要，计划系统一般包括施工项目总进度计划，单位工程进度计划，分部分项工程进度计划和季、月、旬等作业计划。这些计划的编制对象由大到小，内容由粗到细，将进度控制目标逐层分解，保证了计划控制目标的落实。在执行项目施工进度计划时，应以局部计划保证整体计划，最终达到施工进度控制目标。

② 施工进度实施组织系统。工程项目实施全过程的各专业队伍都是遵照计划规定的目标去努力完成各个任务的。施工项目经理和有关劳动调配、材料设备、采购运输等各职能部门都按照施工进度规定的要求进行严格管理，落实和完成各自的任务。施工组织各级负责人，从项目经理、施工队长、班组长及其所属全体成员组成了施工项目实施的完整组织系统。

③ 施工进度控制的组织系统。为了保证施工进度计划的实施，还应有一个项目进度的检查控制系统。从公司经理、项目经理，一直到作业班组都设有专门职能部门或人员负责检查汇报，统计整理实际施工进度的资料，与计划进度比较分析并进行进度调整。当然不同层次人员负有不同进度控制职责，分工协作，形成一个纵横连接的项目控制组织系统。事实上有的领导可能既是计划的实施者又是计划的控制者。实施是计划控制的落实，控制是计划按期实施的保证。

（2）动态控制原理

施工进度控制随着施工活动向前推进，根据各方面的变化情况，进行适时的动态控制，以保证计划符合变化的情况。同时，这种动态控制又是按照计划、实施、检查和调整这四个不断循环的过程进行控制的。在项目实施过程中，可分别以整个施工项目、单位工程、分部分项工程为对象，建立不同层次的循环控制系统，并使其循环下去。这样每循环一次，其项目管理水平就会提高一步。

（3）信息反馈原理

反馈是控制系统把信息输送出去，又把其作用结果返送回来，并对信息的再输出施加影响，起到控制作用，以达到预期目的。施工进度控制的过程实质上就是对有关施工活动和进度的信息不断搜集、加工、汇总和反馈的过程。项目信息管理中心要对搜集的施工进度和相关影响因素的资料进行加工分析，由领导作出决策后，向下发出指令，指导施工或对原计划作出新的调整、部署；基层作业组织根据计划和指令安排施工活动，并将实际进度和遇到的问题随时上报。每天都有大量的内外部信息、纵横向信息流进流出，因而必须建立健全一个施工进度控制的信息网络，使信息传达准确、及时、畅通，反馈灵敏、有力，并且能正确运用信息对施工活动进行有效控制，以确保施工项目的顺利实施和如期完成。

（4）弹性原理

施工进度计划工期长，影响进度的原因多，其中有的已被人们掌握，根据统计经验估计出影响的程度和出现的可能性，并在确定进度目标时，进行实现目标的风险分析。在计划编制者具备了这些知识和实践经验之后，编制施工进度计划时就会留有余地，使施工进度计划具有弹性。在进行施工项目进度控制时，便可以利用这些弹性，缩短有关工作的时间，或者改变它们之间的搭接关系，使检查之前拖延的工期，通过缩短剩余计划工期的方法，仍然可达到预期的计划目标。这就是施工进度控制中对弹性原理的应用。

（5）封闭循环原理

施工进度控制是从编制项目施工进度计划开始的，由于影响因素的复杂和不确定性，在计划实施的全过程中，需要连续跟踪检查，不断地将实际进度与计划进度进行比较，如果运行正常，可继续执行原计划；如果发生偏差，应在分析其产生的原因后，采取相应的解决措施和办法，对原进度计划进行调整和修订，然后再进入一个新的计划执行过程。这个由计划、实施、检查、比较、分析、纠偏等环节组成的过程就形成了一个封闭循环回路，如图3-16所示。而施工进度控制的全过程就是在许多这样的封闭循环中不断地进行调整、修正与纠偏，最终实现总目标的。

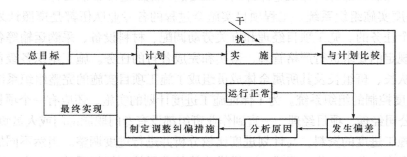

图3-16 施工进度控制的封闭循环

（6）网络计划技术原理

在施工进度的控制中利用网络计划技术原理编制进度计划，根据收集的实际进度信息，比较和分析进度计划，又利用网络计划的工期优化、工期与成本优化和资源优化的理论调整计划。网络计划技术原理是施工进度控制的完整的计划管理和分析计算理论基础。

3. 建筑工程施工中进度的控制措施

（1）建筑施工组织管理措施

① 选拔一名优秀的项目经理。由于项目具有唯一性、复杂性，项目在实施过程中始终面临各种各样的冲突、各种各样的问题，这就给项目经理带来了巨大的挑战。因此，挑选的项目经理应该具备多方面的能力，包括领导能力、技术能力、组建项目团队的能力、解决冲突的能力以及创业能力、获得及分配资源的能力。优秀的项目经理必须有组织协调的能力，作为系统工程的建设过程，工序繁杂，资源量大，牵涉面广，如果没有很强的组织能力，往往会头绪冗杂，现场混乱，相互干涉，不能充分发挥各自的施工效率，从而影响到整个施工进度。

② 选择优秀的监理。控制施工进度仅仅考虑施工承包或分包单位是远远不够的，必须充分发挥工程监理以及承包或分包企业中对外协调人员的作用，协调各相关单位之间的合作关系。而对于那些无法进行协调控制的关系或环节，在建筑工程进度计划的安排中应留有充分的机动时间。作为工程的业主和由业主聘请的监理工程师，也应该尽到自己的义务，争取项目的按期完工。作为监理在工程中有很强的话语权，又是项目的全程参与者，更应该从整体上把握。比如设计阶段要抓严，免得以后过多的设计更正造成工期的拖延。资金准备要充足，同时为加快进度设立奖励等。监理作为业主聘请的管理者，要多协调各方的关系，避免纠纷现象；要对施工单位的进度管理不断督促和检查，及时发现和纠正问题。

③ 做好施工前后各项施工准备。迅速组织、筹建现场临时设施，及时按照监理工程师的施工组织设计，组织开展各项工作。

④ 建立形象进度考核制度，把形象完成情况与工资、奖金挂钩，实行奖罚制度。

⑤ 采取切实可行的技术组织措施，克服各种不利施工条件和自然灾害的影响，对各种不利气候条件预防为先，尽量节约工期。

⑥ 加强项目的调度工作。为了及时地发现和处理项目计划执行中发生的问题，必须加强项目的调度工作。调度工作是组织计划实现的重要环节，它要为项目计划顺利执行创造各种必要的条件，以适应项目实施情况的变化。调度工作的主要任务是落实材料和加工，组织物质资源进场；落实劳动力，组织劳动力平衡工作；检查计划执行情况，掌握项目动态；预测计划执行中可能出现的情况；及时采取措施，扫除实施过程中的一切障碍，保证计划实现；召开调度会议，必要时使用调度手段，下达调度命令。

⑦ 把施工进度纳入信息管理中，对工程进度动态进行信息化管理。

（2）技术措施

正确、科学合理的施工组织设计方案是保证项目顺利实施的基础。施工技术方案和施工进度计划以及新工艺、新结构、新材料、新设备的采用或合理的技术革新有利于项目在安全的状态下进行，确保项目的施工质量。

① 按照工期要求，编制实施性施工组织设计，理顺各工序内在的关系及其之间的联系。在施工组织安排上突出做好重点、难点工程的详细施工技术方案。

② 积极改进施工工艺和施工技术，采用先进的施工方法。

③ 发挥施工技术工作的龙头作用，提前做好各阶段的施工安排，认真细致地完成工程施工测量和施工监测，实现信息化施工，确保工程顺利进行。

（3）施工材料设备措施

① 按照总体施工进度计划提前做好材料采购计划，做到早计划、早落实。

② 合理配置机械设备，提高机械使用率和机械化作业程度。

③ 加强设备的维修、保养工作，备足动力设备和主要机械易损件。

④ 采用新设备及检测仪器，以科学手段加快施工进度。

（4）施工计划措施

① 精心编制施工计划，明确关键线路实行动态网络管理，及时调整各分项工程的计划进度、劳力和机械设备安排，保证分项工程按期完成。

② 根据工程总体计划，严密组织施工。

③ 加强计划管理，均衡组织施工，根据工程实际情况以网络图和横道图的形式编制详细的月、旬计划，施工过程按计划组织施工。

④ 建立施工进度管理制度，适时地局部或整体调整进度计划。

⑤ 坚持每日生产调度会制度，研究解决施工中存在的问题，布置落实明日的施工任务，做到当日任务当日完成。

总之，在建筑工程施工过程中，由于施工程序复杂、环节众多，影响工程施工进度的因素方方面面。作为建设工程的参与者必须高度重视进度管理的重要性，充分考虑问题。只要有了科学合理的规划、精确的设计计算、完善的管理机制，就可以保证工程施工的顺利进行，减少施工进度的影响。

4. 健全项目进度管理的主要途径——建立三级计划进度管理体系

（1）三级计划进度管理体系的人员架构

所有相关单位，包括业主、设计、监理、施工各级承包单位，必须设立明确的进度管理架构，设置专职计划员，计划员需具备一定生产安排经验，了解图纸、施工组织设计、方案等技术文件，能对施工进度动向提前做出预测。

（2）三级计划进度管理体系的贯彻途径

① 完善例会制度。

• 由监理方组织，每周召开至少一次均有各单位负责人参加的生产调度例会。

• 各施工单位每周召开至少一次本单位的生产调度例会。

• 有关进度问题的专题会议。

② 建立沟通渠道。

• 各单位生产负责人工作时间必须在岗，如临时外出须通知其他相关成员，并做出相应安排；除睡觉时间外必须能随时取得联系。

• 各单位相互通告进度管理体系架构，建立本工程进度管理体系成员的联系总表。

• 各相关单位之间，需建立纵向、横向联系。各级生产负责人、计划员之间，应及时进行指导、反馈、预警、建议等工作交流。

（3）三级计划进度管理体系的工作流程

① 一级计划——总控制进度计划。

- 此计划为项目指出最终进度目标，为各主要分部、分项工程均指出明确的开工、完工时间，并能反映各分部、分项工程相互间的逻辑制约关系，以及各分部、分项工程中的关键路线。
- 总控制进度计划中各分部、分项工程的工期制订，原则上一是要满足现场施工的实际需要，二是要符合各项已签合同的工期规定。
- 甲方牵头制订总控制进度计划，各专业负责人和总包、分包方共同提出意见，经认真研究后确定。
- 总控制进度计划一经确定，便成为项目施工的纲领性文件，各方均要严格遵照执行，不做轻易调改；现场由于各种原因，容易引起工期延误，可及时调整关键线路，确保总控制进度计划的实施。
- 合同中应规定建设各方必须遵守总控制进度计划，任何一方符合或违反工期规定，在合同中均应规定有对应、明确的奖惩措施。

②二级计划——阶段性工期计划或分部工程计划。

- 二级计划的制订是为了保证一级计划的有效落实，故而有针对性地对具体某一阶段、某一专业承包公司的生产任务做出安排。
- 二级计划的制订，原则上必须符合总控制进度计划的工期要求，如果出现不一致情况，需经甲方认可，或修改后再报。
- 各专业承包公司在正式施工前必须上报该公司的生产计划，并上报监理、甲方审核。
- 甲方在必要时将下发阶段性工期计划或分部工程计划，相关施工单位务必严格遵照执行。
- 二级计划的贯彻力度，主要取决于专业公司自身的管理水平，各分包单位应对二级计划的执行情况引起足够重视，加强落实、检查的管理力度，出现异常进度动向时，必须拿出有效的解决措施，务必保证阶段工期或分部工程的进度目标圆满实现，为总进度目标在全局的实现奠定基础。
- 甲方、监理应及时或随时检查、监督各专业公司对二级计划的落实情况，做到心中有数，并对各专业公司的工作给予及时的激励、鞭策。

③三级计划——周计划。

- 周计划的制订是将二级计划进一步细化到日常的施工安排中，是最基本的操作性计划，应具备很强的针对性、操作性、及时性和可控性。
- 周计划的制订最主要是切合现场实际需要，可具有相当的灵活性，可在灵活性、全面性和可操作性等方面给一、二级计划以极大弥补。
- 各分包单位须制订周计划上报总包；总包须制订周计划（可附上分包计划）上报甲方、监理；甲方、监理须对总包周计划进行批复，审批后的由总包制订的周计划作为最终依据，下发各分包统一执行。
- 周计划的上报时间是每周生产调度例会之前。

5. 监理工程师施工进度控制目标的确定

监理工程师对工程施工进度控制的目标是力求使工程项目按照合同规定的计划时间投入使用，确定这一目标的依据主要包括工程建设总进度目标对施工工期的要求，工期定额、类似工程项目的实际进度，工程难易程度和工程条件的落实情况等。

6. 监理工程师施工进度控制的主要工作

监理工程师对工程建设施工进度控制的工作，从审核施工单位提交的施工进度计划开始，直至工程建设保修期满为止。其工作内容主要包括编制施工进度控制工作细则；编制或审核施工进度计划；按年、季、月编制工程综合计划；下达工程开工令；协助施工单位实施进度计划；监督施工进度计划的实施；组织现场协调会；签发工程进度款支付凭证；审批工程延期；向业主提供进度报告；督促施工单位整理技术资料；签署工程竣工报验单、提交质量评估报告；整理工程进度资料；工程移交等。

（1）施工进度控制工作细则

施工进度控制工作细则的内容包括工程概况；进度控制工作流程；施工进度控制监理工作控制要点；施工进度控制监理工作方法和主要措施。

（2）单位工程施工进度计划的编制

单位工程施工进度计划是在既定施工方案的基础上，根据规定的工期和各种资源供应条件，对单位工程中的各分部分项工程的施工顺序、施工起止时间及衔接关系进行合理安排的计划。其编制程序和方法如下。

① 划分工作项目。工作项目是包括一定工作内容的施工过程，它是施工进度计划的基本组成单元。工作项目内容的多少、划分的粗细程度，应该根据计划的需要而定。

② 确定施工顺序。确定施工顺序是为了按照施工的技术规律和合理的组织关系，解决各工作项目之间在时间上的先后和搭接问题，以达到保证质量、安全施工、充分利用空间、争取时间、实现合理安排工期的目的。

一般来说，施工顺序受施工工艺和施工组织两方面的制约。

当施工方案确定之后，工作项目之间的工艺关系也随之确定。违背这种关系将导致工程质量事故和安全事故的发生，或者造成返工浪费，甚至是不能施工。

小 提 示

工作项目之间的组织关系是根据劳动力、施工机械、材料和构配件等资源的组织和安排需要而形成的，它是一种人为的关系，不由工程本身决定。不同的组织关系会产生不同的经济效果，应通过调整组织关系，并将工艺关系和组织关系有机地结合起来，形成工作项目之间的合理顺序关系。

---

③ 计算工程量。工程量是根据施工图和工程量计算规则，针对所划分的每一个工作项目进行计算的。当编制施工进度计划时已有预算文件，且工作项目的划分与施工进度计划一致时，可以直接套用施工预算的工程量，不必重新计算。若某些项目有出入但出入不大，应结合工程的实际情况进行某些必要的调整。

④ 计算劳动力和机械台班数。

⑤ 确定工作项目的持续时间。

⑥ 绘制施工进度计划图。

⑦ 施工进度计划的检查与调整。当施工进度计划初始方案编制好后，需要对其进行检查和调整，以便使进度计划更加合理。施工进度计划的检查内容主要包括各工作项目的施工顺

序、平行搭接和技术间歇是否合理；总工期是否满足合同规定；主要工种的工人是否能满足连续、均衡施工的要求；主要机具、材料等的利用是否均衡和充分。

（3）对单位报送的施工进度计划的审批

监理工程师对单位报送的施工进度计划的审批内容包括进度计划是否符合施工合同中开竣工日期的规定；进度计划中的主要工程项目是否有遗漏，分期施工是否满足分批动用的需要和配套动用的要求，总承包、分包施工单位分别编制的各单项工程进度计划之间是否相协调；施工顺序的安排是否符合施工工艺的要求；工期是否进行了优化，进度安排是否合理；劳动力、材料、构配件、设备及施工机具、设备、水、电等生产要素供应计划是否能保证施工进度计划的需要，供应是否均衡；对由建设单位提供的施工条件（资金、施工图纸、施工场地、采购供应的物资等），施工单位在施工进度中所提出的供应时间和数量是否明确、合理，是否有造成因建设单位违约而导致工程延期和费用索赔的可能。

（4）总监理工程师对专业监理工程师编制的进度控制方案的审定

监理工程师对施工单位编制的施工进度计划进行审查批准后，总监理工程师还应组织或责成有关专业监理工程师依据施工合同有关条款、施工图对进度目标进行风险分析，编制监理对工程进度控制的方案，主要内容应包括施工进度控制目标分解图；实施施工进度控制目标的风险分析；施工进度控制的主要工作内容和深度（编制施工进度控制工作细则、协助施工单位实施进度计划、组织现场协调会）；监理人员对进度控制的职责分工；进度控制工作流程；进度控制的方法（包括进度检查周期、数据采集方式、进度报表格式、统计分析方法等）；进度控制的具体措施（包括组织措施、技术措施、经济措施及合同措施等）；尚待解决的有关问题。

（5）下达工程开工令

监理工程师应根据业主和承包单位双方关于工程开工的准备情况，选择合适的时机下达工程开工令。工程开工应具备的条件包括施工许可证已获政府主管部门批准；征地拆迁工作满足工程进度需要；施工组织设计已获监理工程师批准；现场管理人员已到位，施工机具、材料已落实；现场水、电、通信等已满足施工需要；质量、技术管理机构和制度已建立；专职和特种作业人员已获得相应资格；现场临时设施已满足开工要求；地下障碍物已清除或已查明；测量控制桩、实验室已得到监理机构的审查确认。

（6）组织现场协调会

监理工程师应每周定期召开不同层级的现场协调会，以解决工程施工过程中的相互协调配合问题。每周末的例会为高级协调会，通报工程项目建设的重大变更事项，协调其后果处理，解决各承包单位之间及业主与承包单位之间的重大协调配合问题；在每周召开的管理层协调会上，通报各自进度状况、存在的问题及下周安排，解决施工中的相互协调配合问题。

小提示

在平行、交叉施工单位多，工序交接频繁且工期紧迫的情况下，现场协调会甚至需要每日召开，对某些未曾预料的突发变故、问题，监理工程师还可以通过发布紧急协调指令，督促有关单位采取应急措施维护施工的正常秩序。

（7）监理工程师对工程进度情况的处置

监理工程师对工程进度控制方案的实施及检查，主要应做好如下进度控制工作。

① 检查和记录实际进度完成情况，当实际进度符合计划进度时，应要求施工单位编制下一期进度计划；当进度滞后于计划进度时，应签发监理工程师通知单指令施工单位采取调整措施。

② 定期召开工地例会，适时召开各种层次的专题协调会议，督促施工单位按期完成进度计划。

③ 当工程实际进度严重滞后于计划进度时，专业监理工程师应及时报告总监理工程师。总监理工程师在得知工程进度严重滞后于计划时，应分析原因、考虑对策，向业主报告，并与业主商量应进一步采取的措施。

在工程实施过程中，总监理工程师应在监理月报中向业主报告工程进度和采取的进度控制措施执行情况，并提出合理预防可能由业主原因导致的工程延期及相关费用索赔的建议。

（8）监理工程师对工程延期的处理

在工程施工过程中，若发生非施工单位原因造成的持续影响工期的事件，必然导致施工单位无法按原定的竣工日期完工（延误），此时，施工单位会提出要求工程延期。对此，项目监理机构应予以受理。

① 按照《建设工程施工合同（示范文本）》第13条的规定，由下列原因造成的工期延误，经总监理工程师确认，工期相应顺延。

- 发包人未能按合同约定提供图纸及开工条件。
- 发包人未能按约定日期支付工程预付款、进度款，致使施工不能正常进行。
- 监理工程师未能按合同约定提供所需指令、批准等，致使施工不能正常进行。
- 设计变更的工程量增加。
- 一周内非承包人原因停水、停电、停气造成停工累计超过8h。
- 不可抗力。
- 专用条款中约定或工程师同意工期顺延的其他情况。

② 工程延期的批准涉及施工合同中有关工程延期的约定，及工期影响事件的事实和程度及量化核算。在确定各影响工期事件对工期或区段工期的综合影响程度时，要按下列步骤进行。

- 以批准的施工进度计划为依据，确定正常按计划施工时应完成的工作和应该达到的进度。
- 详细核实工期延误后，实际完成的工作或实际达到的进度。
- 查明受到延误的作业工种。
- 查明影响工期延误的主要事件外是否还有其他影响因素，并确定其影响程度。
- 确定该影响工期主要事件对工程竣工时间或区段竣工时间的影响值。

③ 工期的延期批准分为工程临时延期批准和工程最终延期批准两种。

施工单位提交的阶段性工程延期表经审查后，由总监理工程师签署工程临时延期审批表并报建设单位。

施工单位提交最终的工程延期申请表后，项目监理机构应复查工程延期及临时延期情况，并由总监理工程师签署工程最终延期审批表。

总监理工程师在作出临时工程延期批准或最终工程延期批准之前，均应与建设单位和施工单位进行协商。

三、工程建设项目施工阶段的质量控制

工程施工是使工程设计意图最终实现并形成工程实体的阶段，也是最终形成工程产品质量和工程项目使用价值的重要阶段。因此，施工阶段的质量控制不但是施工监理重要的工作内容，也是工程项目质量控制的重点。监理工程师对工程施工的质量控制，就是按合同赋予的职权，围绕影响工程质量的各种因素，对工程项目的施工进行有效的监督和管理。

按工程实体质量形成过程的时间阶段可将工程建设施工划分为施工准备阶段、施工过程和竣工验收阶段。

1. 施工阶段质量控制的依据

施工阶段监理工程师进行质量控制的依据，根据其适用的范围及性质，大致可以分为共同性依据和专门技术法规性依据两类。

工程建设项目施工阶段质量控制的共同性依据主要是指那些适用于工程项目施工阶段与质量控制有关的、通用的、具有普遍指导意义和必须遵守的基本文件，其内容包括以下几方面。

① 工程承包合同。工程施工承包合同中包含了参与建设的各方在质量控制方面的权利和义务的条款，监理工程师要熟悉这些条款，据此进行质量监督和控制，并在发生质量纠纷时，及时采取措施予以解决。

② 设计文件。"按图施工"是施工阶段质量控制的一项重要原则，经过批准的设计图纸和技术说明书等设计文件，是质量控制的重要依据。监理工程师要组织好设计交底和图纸会审工作，以便能充分了解设计意图和质量要求。

③ 国家及政府有关部门颁布的有关质量管理方面的法律、法规性文件。

> **小提示**
>
> 工程建设项目施工阶段质量控制的专门技术法规性依据主要指针对不同的行业、不同的质量控制对象而制定的技术法规性文件，包括各种有关的标准、规范、规程或规定，具体包括以下几类。
> ① 工程施工质量验收标准。
> ② 有关工程材料、半成品和构配件质量控制方面的专门技术法规。
> ③ 控制施工过程质量的技术法规。
> ④ 采用新工艺、新技术、新方法的工程以及事先制定的有关质量标准和施工工艺规。

2. 施工阶段质量控制的程序

在施工阶段中，监理工程师要进行全过程、全方位的监督、检查与控制，不仅涉及最终产品的检查、验收，而且涉及施工过程的各个环节及中间产品的监督、检查与验收。这种全过程、全方位的质量监理一般程序如图3-17所示。

```
                          开工准备
                         （承包单位）

                        提交工程开工报审表          附有：
                         （承包单位）           • 施工组织设计
                                              • 施工人员到场情况
    ①                                         • 施工设备到场情况
          不同意开工        审查开工条件          • 材料到场情况
                         （监理单位）           • 材料检验情况
                                              • 分包单位（如有）资
                          同意开工                  质材料

                         批准开工申请
                         （监理单位）

                        分项分部工程施工                            ⑦
                         （承包单位）

    ②       整改        检验批完成后自检
          （承包单位）      （承包单位）

                                            ④
                          否
                        自检是否合格                指
                                              示         转入下一分项
                          是                 ③  整        分部工程施工
                                                 改
                        填报《报验申请表》
                         （承包单位）

                        检查检验批质量
                       现场检查、实验室检验
                         （监理单位）

                          否
                        检查是否合格

                          是

                        签署《报验申请表》
                         （监理单位）                            ⑦

                          否
                        本分项分部工程
                        是否全部完成

                          是

                        本分项分部工程完成
```

图3-17 施工阶段工程质量控制工作流程图

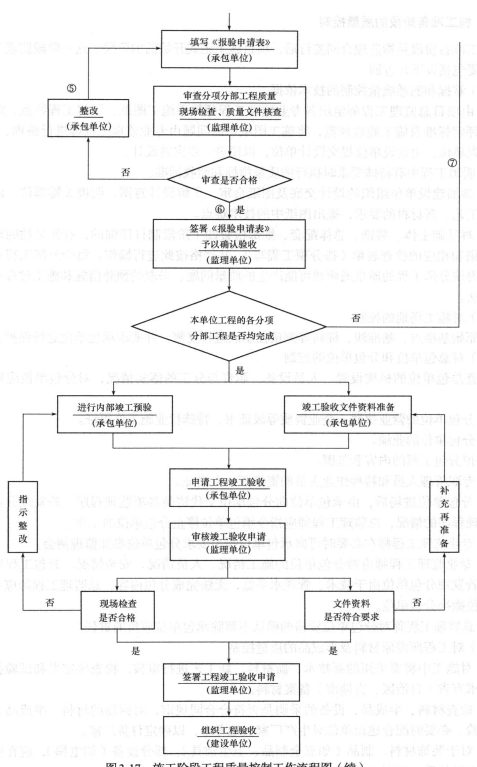

图 3-17　施工阶段工程质量控制工作流程图（续）

3. 施工准备阶段的质量控制

施工准备阶段是指监理合同签订后，项目施工正式开始前的阶段。这一阶段监理工程师的工作主要包括以下几方面。

（1）掌握和熟悉质量控制的技术依据

① 由项目总监理工程师组织各专业监理工程师熟悉施工图纸，了解工程特点、难点，明确质量评定标准及施工验收规范，将施工图纸中的问题由专业监理工程师进行整理、汇总后，上报建设单位，由建设单位提交设计单位，以便进一步完善设计。

② 明确工程中有特殊要求时执行的质量指标和验收标准。

③ 参加建设单位组织的设计交底及图纸会审，了解设计意图，明确关键部位，以及新产品、新工艺、新材料的要求，提出图纸中的技术难点。

④ 对基础主体、装饰、总体配套、细部检查四个阶段制订详细的、有针对性的现场监理实施细则和相应的检查表单（按分项工程写），并严格按此进行操作。每个分部工程开工前须提交一份该分部工程的质量通病或可能产生的质量问题、采取的预防措施和施工过程中有针对性的办法。

（2）对施工场地的控制

对原始基准点、基准线、标高等测量控制点进行复测，并要求承包单位进行保护。

（3）对总包单位和分包单位的控制

检查总包单位的机构设置、人员设备、职责与分工的落实情况，对分包单位应审核以下内容。

① 分包单位的营业执照、企业资质等级证书、特殊行业施工许可证。

② 分包单位的业绩。

③ 拟分包工程的内容和范围。

④ 专职管理人员和特种作业人员的资格证、上岗证。

⑤ 分包单位进场后，由承包单位向分包单位交代清楚各项监理程序，若发现分包单位有违反监理程序的情况，总监理工程师应指令承包单位停止分包单位的工作。

⑥ 专业监理工程师在必要时可向承包单位提出要求分包单位参加监理例会。

⑦ 专业监理工程师应对分包单位的施工情况、人员情况、安全情况、分包工程质量进行检查，若发现分包单位由于技术、管理水平低，无法完成分包内容，总监理工程师应书面通知承包单位撤换分包单位。

⑧ 总监理工程师对分包单位资格的确认不解除承包单位应负的责任。

（4）对工程所需原材料及半成品的质量控制

① 对施工中将要采用的新技术、新材料、新工艺进行审核，检查鉴定书和试验报告，新材料要求有省（自治区、直辖市）备案材料。

② 检查材料、半成品、设备的采购是否符合合同规定，对到场的材料、半成品、设备要及时检验，必要时配合建设单位对生产厂家实地考察，以确定订货厂家。

③ 对于装饰材料、制品（如五金制品、卫生洁具）、部分设备（如电梯），应在协同建设单位审查样品后，再同意进货。

④ 对于需要进口的材料，应有国家商检部门的证明，如发现质量问题不得用于工程上。

⑤ 对于进场的设备在安装前要按相应的技术说明书、设备标准的要求进行质量检查。

⑥ 专业监理工程师应要求承包单位对进场的材料、半成品、设备、器材等，根据它们的

特点、特性以及在温度、湿度、防潮、防晒等方面的不同要求进行存放，以保证其质量。

⑦ 对国家及各省、自治区、直辖市规定必须实行见证取样和送检的其他试块、试件和材料，实行见证取样送样制度。

⑧ 监理工程师应对承包单位试验室进行核查。

⑨ 对施工机械的质量控制。

● 审查承包单位进场的主要机械设备的规格、型号及性能是否符合施工需要。

● 施工中使用的水准仪、经纬仪、衡器、计量装置、量具等需要定期检定的设备是否有计量部门出具的检定证明。

● 对直接危及工程质量、人员安全的施工机械，如塔吊、施工电梯、混凝土搅拌机等，应按技术说明书、安装标准进行验收和安全检查。

⑩ 审查承包单位提交的施工组织设计和施工方案。

● 工程开工前及时审核施工单位提交的施工组织设计，包括施工技术方案、施工进度计划、安全及文明生产措施，将审查结果书面答复施工单位，并抄送议价单位。

● 审查施工组织设计或施工方案，专业监理工程师应掌握的原则；审核程序要符合要求；施工组织设计应符合当前国家基本建设的方针和政策，突出"质量第一、安全第一"的原则；施工组织设计中工期、质量目标应与施工合同相一致；施工总平面图的布置应与地貌环境、建筑平面协调一致；施工组织设计中的施工布置和程序应符合本工程的特点及施工工艺，满足设计文件要求；施工组织设计应优先选用成熟的、先进的施工技术，且对本工程的质量、安全和降低造价有利；进度计划应采用流水施工方法和网络计划技术，以保证施工的连续性和均衡性，且工、料、机进场计划应与进度计划保持协调性；质量管理和技术管理体系健全，质量保证措施切实可行且有针对性；安全、环保、消防和文明施工措施切实可行并符合有关规定。

● 结合工程实际，要求承包单位对涉及专业性强的分项、有特殊要求的装饰工程、通风和空调系统安装、消防报警控制系统、电梯安装等分部（项）工程应单独编制施工方案。施工方案可随工程进展程度度报专业监理工程师审核，总监理工程师批准。工程的重点或关键部位，应要求施工单位提出具体方案，经监理审查认定后方可施工。并着重检查其组织方式，总监理工程师批准的施工组织设计，实施过程中如出现问题，不解除承包单位的责任。由此引起的质量缺陷改正、工期延长、措施费用的增加，不应成为承包单位索赔的依据。

⑪ 对管理环境的控制。总监理工程师应审查承包单位的质量管理体系、技术管理体系和质量保证体系，确能保证工程项目质量保证体系，确能保证工程项目施工质量时予以确认。

4. 施工过程的质量控制

施工过程是指工程开工后，竣工验收前的阶段。

（1）关键节点的位置和质量控制的要求

质量控制点，也就是质量控制工作的重点，其涉及面较广，可能是结构复杂的某一工程项目，也可能是技术要求高、施工难度大的某一结构件或分项、分部工程，也可能是影响质量关键的某一环节。

① 人的行为。某些工序或操作重点应控制人的行为，避免人的失误造成安全和责任事故。

② 物的状态。在某些工序或操作中，则应以物的状态作为控制的重点，也就是说，根据不同的工程特点，有的应以控制机具设备为重点，有的应以防止失稳、倾覆、过热、腐蚀等危险源为重点，有的则应以作业场所作为控制的重点。

③ 材料的质量和性能。材料的质量和性能是直接影响工程质量的主要因素，更应将材料的质量和性能作为控制的重点。

④ 关键的操作。一些操作技术是专业性很强的，如果控制不严则达不到设计要求。

⑤ 施工顺序。有些工序或操作，必须严格控制相互之间的先后顺序，顺序不对也会造成质量事故。

⑥ 技术参数。技术参数与质量密切相关，必须严格控制，参数选错往往达不到预期效果，也可能引发安全事故，或影响建筑的耐久性。

⑦ 常见的质量通病。对常见的质量通病应事先研究对策，提出预防的措施。

⑧ 新工艺、新技术、新材料应用。当新工艺、新技术、新材料虽已通过鉴定、试验，但施工单位缺乏经验，又是初次进行施工时必须作为重点严加控制。

⑨ 质量不稳定、不合格率较高的工程产品。通过质量数据统计，表明质量波动，不合格率较高的产品或工艺，也应作为质量控制点设置。

⑩ 特殊土地基和特种结构。对于湿陷性黄土、膨胀土、红黏土等特殊土地基的处理和大跨度结构、高耸结构难度大的施工环节和重要部位更应特别控制。

⑪ 施工工法。施工工法中对质量产生重大影响的问题，如升板法施工中提升差的控制问题，失稳问题等均是质量控制的重点。

（2）工程质量的预控措施

工程质量预控是针对所设置的质量控制点或分项、分部工程，事先分析在施工中可能产生的隐患而提出相应的对策，采取质量预控措施，以避免在施工过程中发生质量问题。在施工过程中应重点进行以下几方面的质量检查。

① 施工操作质量的巡视检查。有些质量问题由于操作不当所致，也有些操作不符合规程，虽然表面上对工程质量似乎影响不大，却隐藏着潜在的危害，所以，在施工过程中，必须注意加强对施工操作质量的巡视检查，对违章操作、不符合质量要求的要及时纠正，以防患于未然。

② 工序质量交接检查。工序质量交接检查指前道工序质量经检查签证认可后，方能移交给下一道工序，这样，一环扣一环，整个施工过程的质量就能得到有力的保障。所以，应在生产班组完成工序自检、互检的基础上进行工序质量的交接检查，坚持上道工序不合格就不能转入下道工序的施工原则。

③ 隐蔽验收检查。隐蔽验收检查是指将被其他工序施工所隐蔽的分项、分部工程，在隐蔽前所进行的检查验收。如基础施工前对地基质量的检查；基坑回填土前对基础质量的检查；混凝土浇筑前对钢筋、模板工程的质量检查等。隐蔽验收检查后，要办理隐检签证手续。对质量工程师在隐检中所提出的质量问题，施工部门要认真进行处理，处理后还需经质量工程师复核，并写明处理情况。未经检查或检查不合格的隐蔽工程，不能进行下道工序施工。

④ 工程施工预检。预检是指工程在未施工前所进行的预先检查。预检是确保工程质量，防止可能发生差错造成重大质量事故的有力措施。质量工程师对下列项目要特别进行预检、复核。

• 建筑工程位置：检查标准轴线桩和水平桩。

• 基础工程：检查轴线、标高、预留孔洞、预埋件的位置。

• 砌体工程：检查墙身轴线、楼层标高、砂浆配比以及预留孔洞位置尺寸。

• 钢筋混凝土工程：检查模板尺寸、标高、支撑预埋件、预留孔等，检查钢筋型号、规格、数量、锚固长度、保护层等，检查混凝土配合比、外加剂、养护条件等。

• 主要管线：检查标高、位置、坡度和管线的综合。

- 预制构件安装：检查构件位置、型号、支承长度和标高。
- 电气工程：检查变电、配电位置，高低压进出口方向，电缆沟位置、标高、送电方向。预检后要办理预检手续，未经预检或预检不合格，不得进行下一道工序施工。

⑤ 成品保护质量检查。在施工过程中，有些分项工程已经完成，而其他分项工程尚未施工，或者分项工程某些部位已经完成，而其他部位正在施工，如果对已完成的成品，不采取妥善的措施加以保护，就会造成损伤，影响质量。所以，监理人员应对成品保护质量经常进行巡视检查，要求对成品采取保护措施。为了做好成品保护，还应合理安排施工顺序，防止后道工序损坏或污染前道工序。

（3）工程质量的检测技术

我国在工程施工现场采用的非破损检测技术主要有以下几个方面。

① 裂缝检测。裂缝的检测内容包括裂缝的位置、数量，裂缝的宽度、长度，裂缝的走向，裂缝是否稳定等。通常裂缝的位置、数量、走向可用目测观察，然后记录下来，也可用照相机、摄像机等设备记录。活动裂缝的判断需要定期观测，常用的也是最简单的方法是在裂缝处贴石膏饼，用厚10mm左右、宽50～8mm的石膏饼牢固地粘贴在裂缝外，因为石膏抗拉强度极低，裂缝的微小活动就会使石膏随之开裂。另一种方法是在裂缝两侧用接触式引伸仪、弓形引伸仪测量，对于室内也可以粘贴百分表、千分表的支座，用百分表、千分表测量，测量时注意在裂缝位置标出裂缝在不同时间的最大宽度、长度，长度变化通过在裂缝的端头按时间定期作记号观察。

② 砌体中砌块强度的检测。

- 取样法。取样法是直接从砌体中取出若干块外观质量合格的整砖，然后按我国现行国家标准《砌墙砖检验方法》进行强度试验与评定。
- 回弹法。回弹法是原位测定砌体中砖的强度。根据其回弹值和事先建立的测强曲线公式计算其抗压强度。

③ 灰缝砂浆强度检测。灰缝砂浆强度检测可用回弹法。该法主要测试的是回弹值及砂浆碳化深度，也是利用事先建立的测强曲线公式计算其抗压强度。

④ 砌体强度的检测。有了砌块与灰缝砂浆的强度，即可按砌体结构设计规范推定砌体强度。

5. 竣工验收阶段的质量控制

工程建设项目施工质量验收，是在施工单位自行质量检查评定的基础上，参与建设活动的有关单位共同对工程施工质量进行抽样复验，根据相关标准以书面形式对工程质量达到合格与否作出确认。

工程施工质量验收包括工程过程的中间验收和工程的竣工验收两个方面。中间验收是指分项工程、分部工程施工过程产品（中间产品、半成品）的验收。竣工验收是指单位工程全部完工的成品验收。

小 提 示

工程建设产品体量庞大，成品建造过程持续时间长，因此，加强对其形成过程产品的分项、分部验收是控制工程质量的关键。竣工验收则是在此基础上的最终检查验收，是工程交付使用前最后把住质量关的重要环节。

（1）建筑工程质量验收的划分

建筑工程质量验收应划分为单位（子单位）工程、分部（子分部）工程、分项工程和检验批。

具备独立施工条件并能形成独立使用功能的建筑物及构筑物为一个单位工程。建筑规模较大的单位工程，可将其能形成独立使用功能的部分作为一个子单位工程。

分部工程的划分应按专业性质、建筑部位确定，共划分为十个分部。当分部工程较大或较复杂时，可按材料种类、施工特点、施工程序、专业系统及类别等划分为若干子分部工程。

分项工程应按主要工种、材料、施工工艺、设备类别等进行划分。

检验批是按统一的生产条件或按规定的方式汇总起来供检验用的、由一定数量样本组成的检验体。检验批可根据施工及质量控制和专业验收需要按楼层、施工段、变形缝等进行划分。检验批是工程验收的最小单位，是分项工程乃至整个建筑工程质量验收的基础。分项工程可由一个或若干个检验批组成。

（2）工程建设施工质量验收的组织和程序

① 检验批及分项工程由专业监理工程师组织施工单位项目专业质量（技术）负责人等进行验收。

② 分部工程由总监理工程师组织施工单位项目负责人和技术、质量负责人等进行验收；地基与基础、主体结构分部工程的勘察、设计单位工程项目负责人和施工单位技术、质量部门负责人也应参加相关分部工程的验收。

③ 单位工程完工后，施工单位应自行组织有关人员进行检查评定，并向建设单位提交工程验收报告。

④ 建设单位收到工程验收报告后，应由建设单位负责人组织施工（含分包单位）、设计、监理等单位负责人进行单位（子单位）工程验收。

⑤ 单位工程有分包单位施工时，分包单位对所承包的工程项目按规定程序检查评定，总包单位应派人参加。分包工程完成后，应将工程资料交给总包单位。

⑥ 当参加验收的各方对工程质量验收意见不一致时，可请当地建设行政主管部门或工程质量监督机构协调处理。

⑦ 单位工程质量验收合格后，建设单位应在15d内将工程竣工验收报告和有关文件报建设行政主管部门备案。工程质量监督机构应当在工程竣工验收之日起5d内，向备案机关提交工程质量监督报告。

（3）工程建设施工质量验收的基本规定

工程建设施工质量验收应符合下列规定。

① 施工现场质量管理应有相应的施工技术标准、健全的质量管理体系、施工质量检验制度和综合施工质量水平评定考核制度。

施工现场质量管理应按要求进行检查记录，总监理工程师应进行检查，并作出检查结论。

② 建筑工程采用的主要材料、半成品、成品、建筑构配件、器具和设备应进行现场验收。凡涉及安全、功能的有关产品，应按各专业工程质量验收规范、规定进行复验，并应经监理工程师检查认可。

③ 各工序应按施工技术标准进行质量控制，每道工序完成后应进行检查。相关各专业工种之间应进行交接检验，并形成记录。未经监理工程师检查认可，不得进行下道工序施工。

（4）工程建设施工质量验收要求

建筑工程施工质量应按下列要求进行验收。

① 建筑工程施工质量应符合验收标准和相关专业验收规范的规定。

② 建筑工程施工应符合工程勘察、设计文件的要求。

③ 参加工程施工质量验收的各方人员应具备规定的资格。

④ 工程质量验收均应在施工单位自行检查评定的基础上进行。

⑤ 隐蔽工程在隐蔽前应由施工单位通知有关单位进行验收，并应形成验收文件。

⑥ 涉及结构安全的试块、试件以及有关材料，应按规定进行见证取样检测。

⑦ 检验批的质量应按主控项目和一般项目验收。

⑧ 对涉及结构安全和使用功能的重要分部工程应进行抽样检测。

⑨ 承担见证取样检测及有关结构安全检测的单位应具有相应的资质。

⑩ 工程的观感质量应由验收人员通过现场检查，并应共同确认。

（5）建筑工程施工质量验收内容

建筑工程施工质量验收按照检验批、分项工程、分部（子分部）工程、单位（子单位）工程四级划分，逐级递进，其质量验收内容如表3-2所示。

表3-2　　　　　　　　　　　　　建筑工程施工质量验收

序　号	项　　目	内　　容
1	检验批	① 验收规范。检验批的验收是每个分项工程验收的基础工作，对检验批质量是否合格的判定标准主要是国家颁布的各项专业工程验收规范 ② 验收方法。检验批的质量按主控项目和一般项目验收。主控项目是指对安全、卫生、环境保护和公众利益起决定性作用的检验项目。一般项目是指除主控项目以外的检验项目。在各专业验收规范中对不同分项工程的主控项目和一般项目都有明确规定，主控项目应全部符合有关专业工程验收规范的规定，不允许有不符合要求的检验结果；一般项目按照规范要求验收
2	分项工程	分项工程质量验收的合格标准为： ① 分项工程所含的检验批均应符合合格质量的规定 ② 分项工程所含的检验批的质量验收记录应完整
3	分部工程	分部工程质量验收的合格标准为： ① 分部（子分部）工程所含分项工程的质量均应验收合格 ② 质量控制资料应完整 ③ 地基与基础、主体结构和设备安装等分部工程有关安全及功能的检验和抽样检测结果应符合有关规定 ④ 观感质量验收应符合要求
4	单位工程	单位工程质量验收的合格标准为： ① 单位（子单位）工程所含分部（子分部）工程的质量均应验收合格 ② 质量控制资料应完整 ③ 单位（子单位）工程所含分部（子分部）工程有关安全和功能的检测资料应完整 ④ 主要功能项目的抽查结果应符合相关专业质量验收规范的规定 ⑤ 观感质量验收应符合要求

（6）隐蔽工程验收

① 隐蔽工程验收的主要项目和内容如表3-3所示。

表3-3 　　　　　　　　　　　　　　隐蔽工程验收的主要项目和内容

序 号	项 目	内 容
1	基础工程	地质、土质情况，标高尺寸、基础断面尺寸，桩的位置、数量
2	钢筋混凝土工程	钢筋品种、规格、数量、位置、焊接、接头、预埋件，材料代用
3	防水工程	屋面、地下水、水下结构的防水做法、防水措施质量
4	其他完工后无法检查的工程、主要部位和有特殊要求的隐蔽工程	

② 监理工程师对隐蔽工程验收程序。隐蔽工程施工完毕，经承包单位自检合格后，填写《报验申请表》，附相应的工程检查证（或隐蔽工程检查记录）及相关材料证明。监理工程师在收到报验申请后首先对质量证明材料进行审查，到现场检查，承包单位的专职质检员及相关施工人员应一同随同到场。经现场检查，如符合质量要求，监理单位在《报验申请表》及工程检查证（或隐蔽工程检查记录）上签字确认，准予承包单位隐蔽、覆盖，进入下一道工序施工。如检查不合格，监理工程师签发《不合格项目通知》。

小 提 示

监理工程师对钢筋隐蔽工程的检查要点如下。

① 按施工图核查绑扎成型的钢筋骨架，检查钢筋品种、直径、数量、间距、形状。

② 检查骨架外形尺寸偏差是否超过规定，检查保护层厚度、构造筋是否满足构造要求。

③ 检查锚固长度、箍筋加密区长度及间距。

④ 检查钢筋接头。如绑扎搭接，要检查搭接长度、接头位置和数量（错开长度和接头百分率）；焊接接头或机械连接，要检查外观质量、取样试件力学性能试验是否达到要求、接头位置（相互错开）及数量（接头百分率）。

（7）工程质量验收不符合要求的处理

验收中对达不到规范要求的应按下列规定处理。

① 经返工重做或更换器具、设备的检验批，应重新进行验收。

② 经有资质的检测单位检测鉴定能够达到设计要求的检验批，应予以验收。

③ 经有资质的检测单位检测鉴定达不到设计要求，但经原设计单位核算认可能够满足结构安全和使用功能的检验批，可予以验收。

④ 经返修或加固处理的分项、分部工程，虽然改变外形尺寸但仍能满足安全使用要求，可按技术处理方案和协商文件进行验收。

⑤ 通过返修或加固处理仍然不能满足安全使用的严禁验收。

6. 工程质量事故分析与处理

凡工程产品质量没有满足某个规定要求的，就称为质量不合格；而没有满足某个预期的使用要求或合理期望的，则称为质量缺陷。

工程质量不合格和质量缺陷的工程产品，必须进行返修、加固或报废处理，由此造成直接经济损失低于5 000元的称为质量问题，高于5 000元的称为工程质量事故。

（1）工程质量事故分类

工程质量事故分类如表3-4所示。

表3-4　　　　　　　　　　　　　　工程质量事故分类

序　号	分类方法	类别及内容
1	按事故产生的原因分	① 技术原因引发的质量事故：在工程项目实施中由于设计、施工在技术上失误而造成的质量事故 ② 管理原因引发的质量事故：由于管理上的不完善或失误而引发的质量事故 ③ 社会、经济原因引发的质量事故：由于社会、经济因素及社会上存在的弊端和不正之风引起建设中的错误行为，而导致的质量事故
2	按事故造成的后果分	① 未遂事故：出现的质量问题，经及时采取措施，未造成经济损失、延误工期或其他不良后果者 ② 已遂事故：凡出现不符合质量标准或设计要求，造成经济损失、工期延误或其他不良后果者
3	按事故的责任分	① 指导责任事故：由于在工程实施中指导或领导失误而造成的质量事故 ② 操作责任事故：在施工过程中，由于实施操作者不按规程或标准实施操作而造成的质量事故
4	按事故的性质及严重程度划分	① 一般事故：经济损失在5000元～10万元额度内的质量事故 ② 重大事故：由于责任过失造成的工程倒塌或报废、设备毁坏、人身伤亡或重大经济损失的事故。根据1989年原建设部颁布的第3号令《工程建设重大事故报告和调查程序规定》和1990年原建设部建工字第55号文件关于第3号令有关问题的说明，重大事故分四级 ● 一级重大事故：死亡30人以上或直接经济损失300万元以上 ● 二级重大事故：死亡10～29人或直接经济损失100万～300万元 ● 三级重大事故：死亡3～9人，或重伤20人以上，或直接经济损失30万～100万元 ● 四级重大事故：死亡2人以下，或重伤3～19人，或直接经济损失10万～30万元

（2）工程质量事故发生的原因

影响工程质量事故的原因很多，常见的有违背建设程序，如无图施工，无勘察设计资料就开工；违反法规行为，如无证设计、施工，超越资质设计、施工；地质勘察失真和设计差错；施工管理不到位，使用不合格的原材料、制品及设备；建筑设施、设备不合格或使用不当；自然环境因素。

（3）工程质量事故处理的依据

工程质量事故发生后，事故处理主要应把握好以下几点：搞清原因，落实措施，妥善处理，消除隐患，界定责任。进行工程质量事故处理的主要依据有以下四个方面。

① 质量事故的实况资料。施工单位的质量事故调查报告（包括质量事故的情况、事故的性质和原因、事故调查报告、事故涉及的人员、主要责任者的情况）、监理单位调查研究获得的一手资料。

② 具有法律效力的，得到有关当事各方认可的工程承包合同、设计委托合同、材料或设备购销合同，以及监理合同或分包合同等合同文件。

③ 有关的技术文件和档案。包括有关的设计文件、与施工有关的技术文件、档案和资料。

④ 有关的建设法规。包括单位资质管理法规、从业者资格管理法规、建筑市场方面的法规、建筑施工方面的法规、标准化管理方面的法规。

（4）工程质量事故处理程序

① 工程质量事故发生后，总监理工程师应签发《工程暂停令》，并要求保护好现场，防止事故扩大，同时要求事故发生单位迅速按类别和等级逐级上报主管部门，并在24h内写出书面报告。

② 监理工程师在事故调查组展开工作后，应积极协助并参与调查，但与监理方责任有关的应回避。

③ 当监理工程师接到事故处理调查组提出的技术处理意见后，可组织相关单位研究，并予以审核签认。技术处理方案一般应由原设计单位提出或审核并签认，必要时可对技术方案进行专家论证。

④ 技术方案核签后，监理工程师应要求施工单位编制施工方案，同时对其技术处理的质量监理，其关键部位或工序应进行旁站，最后应组织设计、建设单位共同检查认可。

⑤ 对施工单位完工自检后报验结果，组织有关方验收，必要时对处理结果进行鉴定。事故单位应编写质量事故处理报告，并审核签认，其资料按规定归档。

7. 工程质量控制的统计分析方法

（1）统计分析相关概念

统计分析方法中，常用的概念包括总体、样本、统计推断工作过程及质量数据。

① 总体。总体即全体研究对象，也称作母体，由 N 个个体组成。N 是有限的数值时，称之为有限总体。N 是无限的数值时，称之为无限总体。实践中一般把从每件产品检测得到的某一质量数据（强度、几何尺寸、重量等）即质量特性值视为个体，产品的全部质量数据的集合即为总体。

② 样本。样本也称子样，是从总体中随机抽取出来，并根据对其研究结果推断总体质量特征的那部分个体。被抽中的个体称为样品，样品的数目称为样本容量，用 n 表示。

③ 统计推断工作过程。质量统计推断工作是运用质量统计方法在生产过程中或一批产品中随机抽取样本，通过对样品进行检测和整理加工，从中获得样本质量数据信息，并以此为依据，以概率数理统计为理论基础，对总体的质量状况作出分析和判断。

④ 质量数据。质量数据指由个体产品质量特性值组成的样本（总体）的质量数据集，在统计上称为变量；个体产品质量特性值称变量值。

（2）质量数据的收集

质量数据的收集方法包括全数检验和抽样检验两种。

全数检验是对总体中的全部个体逐一观察、测量、计数、登记，从而获得对总体质量水平评价结论的方法。

抽样检验是按照随机抽样的原则，从总体中抽取部分个体组成样本，根据对样品进行检测的结果，推断总体质量水平的方法。

抽样检验抽取样品不受检验人员主观意愿的支配，每一个体被抽中的概率都相同，从而保证了样本在总体中的分布比较均匀，有充分的代表性；同时它还具有节省人力、物力、财力、时间和准确性高的优点；它又可用于破坏性检验和生产过程的质量监控，完成全数检测无法进行的检测项目，具有广泛的应用空间。

抽样的具体方法如表3-5所示。

表3-5　　　　　　　　　　　　　　　　抽样方法

序　号	方　法	内　容
1	简单随机抽样（纯随机抽样、完全随机抽样）	对总体不进行任何加工，直接进行随机抽样，获取样本
2	分层抽样（分类抽样、分组抽样）	将总体按与研究目的有关的某一特性分为若干组，然后在每组内随机抽取样品组成样本
3	等距抽样（机械抽样、系统抽样）	将个体按某一特性排队编号后均分为n组，这时每组有K（$K=N/n$，即抽样距离）个个体，然后在第一组内随机抽取第一件样品，以后每隔一定距离抽选出其余样品组成样本的方法
4	整群抽样	将总体按自然存在的状态分为若干群，并从中抽取样品群组成样本，然后在中选群内进行全数检验
5	多阶段抽样（多级抽样）	当总体很大时，很难一次抽样完成预定的目标。多阶段抽样是将各种单阶段抽样方法结合使用，通过多次随机抽样来实现的抽样方法

（3）质量数据的分析

① 质量数据分类。根据质量数据的特点，可以将其分为计量值数据和计数值数据。

（a）计量值数据是可以连续取值的数据，通常由测量得到，如质量、强度、几何尺寸、标高、位移等，属于连续型变量。其特点是在任意两个数值之间都可以取精度较高一级的数值。此外，一些属于定性的质量特性，可由专家主观评分、划分等级而使之数量化，得到的数据也属于计量值数据。

（b）计数值数据是只能按0，1，2，…数列取值计数的数据，属于离散型变量。它一般由计数得到。计数值数据又可分为计件值数据和计点值数据。

● 计件值数据表示具有某一质量标准的产品个数。如总体中合格品数、一级品数。

● 计点值数据表示个体（单件产品、单位长度、单位面积、单位体积等）上的缺陷数、质量问题点数等。如检验钢结构构件涂料涂装质量时，构件表面的焊渣、焊疤、油污、毛刺数量等。

② 质量数据的特征值。样本数据的特征值是由样本数据计算的描述样本质量数据波动规律的指标。统计推断就是根据这些样本数据特征值来分析、判断总体的质量状况。常用的有描述数据分布集中趋势的算术平均数、中位数和描述数据分布离中趋势的极差、标准偏差、变异系数等。

（a）描述数据集中趋势的特征值。

● 算术平均数。算术平均数又称均值，是消除了个体之间个别偶然的差异，显示出所有个体共性和数据一般水平的统计指标，它由所有数据计算得到，是数据的分布中心，对数据的代表性好。

● 样本中位数。样本中位数是将样本数据按数值大小有序排列后，位置居中的数值。当样本数n为奇数时，数列居中的一位数即为中位数；当样本数n为偶数时，取居中两个数的平均值作为中位数。

（b）描述数据离中趋势的特征值。

● 极差。极差是数据中最大值与最小值之差，是用数据变动的幅度来反映其分散状况的特征值。极差计算简单、使用方便，但粗略，数值仅受两个极端值的影响，损失的质量信息多，不能反映中间数据的分布和波动规律，仅适用于小样本。

● 标准偏差。标准偏差简称标准差或均方差，是个体数据与均值离差平方和的算术平均数的算术根，是大于0的正数。总体的标准差用σ表示，样本的标准差用S表示。标准差值小说明分布集中程度高，离散程度小，均值对总体（样本）的代表性好；标准差的平方是方差，有鲜明的数理统计特征，能确切说明数据分布的离散程度和波动规律，是最常用的反映数据变异程度的特征值。

③ 质量数据的分布特征。质量数据具有个体数值的波动性和总体（样本）分布的规律性。

由于人、材料、机械设备、方法、环境等因素的影响，即使在生产过程稳定、正常的情况下，同一总体的个体产品，其质量特性也互不相同，反映在质量数据上便呈现出波动性。质量特性值的变化在质量标准允许范围内波动称之为正常波动，它是由偶然性原因引起的；若是超越了质量标准允许范围的波动则称之为异常波动，它是由系统性原因引起的。

对于每件产品来说，在产品质量形成的过程中，单个影响因素对其影响的程度和方向是不同的，也是在不断改变的。众多因素交织在一起，共同起作用的结果，往往是使各因素引起的差异大多互相抵消，最终表现出来的误差具有随机性。对于在正常生产条件下的大量产品，误差接近零的产品数目要多些，具有较大正负误差的产品要相对少，偏离很大的产品就更少了，同时正负误差绝对值相等的产品数目非常接近。于是就形成了一个能反映质量数据规律性的分布，即以质量标准为中心的质量数据分布，它可用一个"中间高、两端低、左右对称"的几何图形表示，即一般服从正态分布，如图3-18所示。

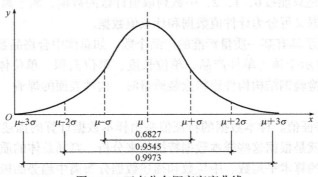

图3-18　正态分布概率密度曲线

（4）质量状况的判断方法

质量状况的判断方法包括统计调查表法、分层法、排列图法、因果分析图法、直方图法、控制图法和相关图法。

① 统计调查表法。统计调查表法又称统计调查分析法，它是利用专门设计的统计表对质量数据进行收集、整理和粗略分析质量状态的一种方法。在质量控制活动中，利用统计调查表收集数据，简便灵活，便于整理，实用有效。此法没有固定格式，可以根据需要和具体情况设计出不同的格式。

统计调查表法与分层法结合起来应用效果更好。

② 分层法。分层法又叫分类法，是将调查收集的原始数据，根据不同的目的和要求，按某一性质进行分组、整理的分析方法。分层的结果使数据各层间的差异凸显出来，层内的数据差异减少了。在此基础上再进行层间、层内的比较分析，可以更深入地发现和认识质量问题的原因。由于产品质量是多方面因素共同作用的结果，因而对同一批数据，可以按不同性质分层，使我们能从不同角度来考虑、分析产品存在的质量问题和影响因素。

分层法是质量控制统计分析中最基本的方法，与排列图法、直方图法、控制图法、相关图法等配合应用更方便快捷。

③ 排列图法。排列图法是利用排列图寻找影响质量主次因素的一种有效方法，它由两个纵坐标、一个横坐标、几个连起来的直方形和一条曲线组成，可以形象、直观地反映主次因素。

④ 因果分析图法。因果分析图法是利用因果分析图来系统整理分析某个质量问题（结果）与其产生原因之间关系的有效工具。因果分析图也称特性要因图，又因其形状常被称为树枝图或鱼刺图。因果分析图由质量特性（即质量结果指某个质量问题）、要因（产生质量问题的主要原因）、枝干（指一系列箭线表示不同层次的原因）、主干（指较粗的直接指向质量结果的水平箭线）等所组成。

⑤ 直方图法。直方图法即频数分布直方图法，它是将收集到的质量数据进行分组整理，绘制成频数分布直方图，用以描述质量分布状态的一种分析方法，所以又称质量分布图法。

小　提　示

通过直方图的观察与分析，可了解产品质量的波动情况，掌握质量特性的分布规律，以便对质量状况进行分析判断。同时可通过质量数据特征值的计算，估算施工生产过程中总体的不合格品率，评价过程能力等。

⑥ 控制图法。控制图又称为管理图，目前已经成为质量控制常用的统计分析工具。控制图法的用途如下。

● 动态地反映质量特征值的变化。频数分布直方图法是质量控制的静态分析法，反映的是质量在某一段时间内的静止状态。但是，每一项工程都是在动态的生产施工过程中形成的，因此，在质量控制中单用静态分析法是不够的，还必须有动态分析法。控制图法就是典型的动态分析法，便于对生产施工进行动态控制。

● 作为施工调控的依据。采用这种方法，可以随时了解生产过程中各个时间点的质量的变化情况，一旦发生影响质量的情况，就便于操作者及时采取措施，消除其中不利因素的影响，使生产施工始终处于稳定状态。

● 防止两类错误的发生。在生产施工中，在对产品质量进行判定时，操作者常容易出现两类错误，第一类是将合格品判为不合格品，第二类是将不合格品判为合格品。这两类错误在工程中都是不允许的，都要尽量避免发生。而控制图法可以动态地、宏观地对质量进行控制，从而起到防止两类错误发生的作用。

⑦ 相关图法。相关图又称散布图，可以用来分析研究两种数据之间是否存在相关关系，借助相关图进行相关分析，可以进一步弄清影响质量特性的主要因素，尽量避免不利因素的影响，从而达到质量控制的目的。

课堂案例

某工程项目为现浇钢筋混凝土结构的办公楼，建筑面积5678 ㎡。在施工过程中，施工人员在一层现浇钢筋混凝土；柱的钢筋绑扎完毕后，未通知监理工程师进行验收，就开始浇筑混凝土，后经检测，发现该混凝土柱的强度未达到设计要求。承包商委托法定检测单位采用钻芯取样法进行检测，监理单位派人现场见证，检测结果证明芯样强度能够达到设计要求。

问题：

1. 承包商在施工过程中应采取哪些质量控制的对策来保证工程质量？

2. 承包商现场质量检查的内容有哪些？

3. 隐蔽工程质量检验的程序有哪些？

4. 针对该钢筋工程隐蔽验收的要点有哪些？

5. 监理工程师是否有权对隐蔽工程进行剥离检查？剥离检查的责任如何划分？

6. 监理工程师对该钢筋混凝土柱是否予以验收？为什么？

分析：

1. 承包商采取的质量控制对策有以下一些。

① 以人的工作质量确保工程质量。

② 严格控制投入品的质量。

③ 全面控制施工过程，重点控制工序质量。

④ 严把分项工程质量检验评定关。

⑤ 贯彻"预防为主"的方针。

⑥ 严防系统性因素的质量变异。

2. 承包商现场质量检查的内容有以下几项。

① 开工前检查。

② 工序交接检查。

③ 隐蔽工程检查。

④ 停工后复工前的检查。

⑤ 分项、分部工程完工后，应经检查认可，签署验收记录后，才允许进行下一工程项目施工。

⑥ 成品保护检查。

3. 隐蔽工程质量检验的程序如下。

① 工程具备隐蔽条件，承包人进行自检并在隐蔽工程验收前48h以书面形式通知监理工程师验收。通知包括隐蔽工程验收的内容、验收时间和地点。承包人准备验收记录，验收合格，监理工程师在验收记录上签字后，承包人可进行隐蔽和继续施工。验收不合格，承包人在监理工程师限定的时间内修改重新验收。

② 监理工程师不能按时进行验收，应在验收前24h以书面形式向承包人提出延期要求，延期不能超过48h。监理工程师未能按以上时间提出延期要求，不进行验收，承包人可自行组织验收，监理工程师应承认验收记录。

③ 经监理工程师验收，工程质量符合标准、规范和设计图纸等要求，验收24h后，监理工程师不在验收记录上签字，视为监理工程师已经认可验收记录，承包人可进行隐蔽或继续施工。

4. 钢筋工程隐蔽验收要点如下。

① 按施工图核查纵向受力钢筋，检查钢筋品种、直径、数量、位置、间距、形状。

② 检查混凝土保护层厚度，构造钢筋是否符合构造要求。

③ 检查钢筋锚固长度，箍筋加密区及加密间距。

④ 检查钢筋接头。如绑扎搭接，要检查搭接长度，接头位置和数量（错开长度、接头百分率）；焊接接头或机械连接，要检查外观质量，取样试件力学性能试验是否达到要求，接头位置（相互错开）数量（接头百分率）。

5. 监理工程师有权对隐蔽工程进行剥离检查。

剥离检验合格，发包人承担由此发生的全部追加合同价款，赔偿承包人损失，并相应顺延工期；剥离检验不合格，承包人承担发生的全部费用，工期不予顺延。

6. 监理工程师对该钢筋混凝土柱的质量应该予以验收，因为根据《建筑工程施工质量验收统一标准》，经有资质的法定检测单位鉴定达到设计质量要求的应予以验收。

学习单元七　工程项目竣工后的目标控制

📝 知识目标

1. 了解竣工决算内容。
2. 熟悉竣工决算的编制。

📖 基础知识

工程项目竣工后的目标控制主要指投资控制——竣工决算。

竣工决算是由建设单位编制的反映建设项目实际造价和投资效果的文件，是竣工验收报告的重要组成部分。竣工验收的项目应在办理手续之前，对所有建设项目的财产和物资进行认真清理，及时而正确地编报竣工决算。它对于总结分析建设过程的经验教训，提高工程投资控制管理水平和积累技术经济资料，为有关部门制订类似工程的建设计划与修订概预算定额指标提供资料和经验，都具有重要的意义。

一、竣工决算的作用

1. 为加强建设工程的投资管理提供依据

建设单位项目竣工决算全面反映出建设项目从筹建到竣工交付使用的全过程中各项费用实际发生数额和投资计划执行情况，通过把竣工决算的各项费用与设计概算中的相应费用指标对比，得出节约或超支情况，分析原因，总结经验和教训，加强管理，提高投资效益。

通过竣工验收和竣工决算，检查落实是否已达到设计要求，有没有提高技术标准或扩大建设规模的情况；通过各项实际完成货币工作量的分析来检查有无不合理的开支或违背财经纪律和投资计划的情况；竣工决算还应分析其他费用的开支有没有超出标准规定，对于临时设施、占地、拆迁以及新增工程都应认真地进行核对。

2. 为设计概算、施工图预算和竣工决算提供依据

设计概算和施工图预算是在施工前，在不同的建设阶段根据有关资料进行计算，确定拟建工程所需的费用。而建设单位所确定的建设费用，是建设工程实际支出的费用。通过对比，能够直接反映出固定资产投资计划完成情况和投资效果。

3. 为竣工验收提供依据

在竣工验收之前，建设单位向主管部门提出验收报告，其中主要组成部分是建设单位编制的竣工决算文件。审查竣工决算文件中的有关内容和指标，为建设项目验收提供依据。

4. 为确定建设单位新增固定资产价值提供依据

在竣工决算中，详细地计算了建设项目所有的建筑安装工程费、设备购置费、其他工程建设费等新增固定资产总额及流动资金，可作为建设主管部门向企业使用单位移交财产的依据。

5. 为国家基本建设项目提供参考

竣工决算要反映主要工程全部数量和实际成本、工程总造价，以及从开始筹建至竣工为止全部资金的运用情况和工程建成后新增固定资产和流动资产价值。大、中型交通工程建设项目竣工决算要报交通部。它是国家基本建设技术经济档案，也可为以后的国家基本建设项目投资提供参考。

二、竣工决算的内容

建设项目竣工决算应包括从筹划到竣工投产全过程的全部实际费用，即工程建设费用、安装工程费用、设备器具购置费用和工程建设其他费用以及预备费和投资方向调节税支出费用等。按照国家有关规定，竣工决算的内容包括竣工财务决算说明书、竣工财务决算报表、工程建设竣工图和工程造价对比分析四个部分。

1. 竣工财务决算说明书

竣工财务决算说明书主要包括建设项目概况；会计财务的处理、财产物资情况及债权债务的清偿情况；资金节余、基建结余资金等的上交、分配情况；主要技术经济指标的分析、计算情况；基本建设项目管理及决算中存在的问题、建议；需说明的其他事项。

2. 竣工财务决算报表

建设项目竣工财务决算报表按大、中型建设项目和小型建设项目分别制定，应包含的内容如表3-6所示。

表3-6　　　　　　　　　　　　　建设项目竣工财务决算报表的内容

序　号	项　　目	内　　容
1	大、中型建设项目竣工财务决算报表	① 建设项目竣工财务决算审批表 ② 大、中型建设项目概况表 ③ 大、中型建设项目竣工财务决算表 ④ 大、中型建设项目交付使用资产总表 ⑤ 建设项目交付使用资产明细表
2	小型建设项目竣工财务决算报表	① 建设项目竣工财务决算审批表 ② 小型建设项目竣工财务决算总表 ③ 建设项目交付使用资产明细表

3. 工程建设竣工图

工程建设竣工图是真实地记录各种地上、地下建筑物、构筑物等情况的技术文件，是工程进行交工验收、维护改建和扩建的依据，是国家的重要技术档案。按照规定，各项新建、扩建、改建的基本工程建设，特别是基础、地下建筑、管线、结构、井巷、硐室、桥梁、隧道、港口、水坝以及设备安装等隐蔽部位，都要编制竣工图。为确保竣工图质量，必须在施工过程中（不能在竣工后）及时做好隐蔽工程检查记录，整理好设计变更文件。

4. 工程造价对比分析

经批准的概、预算是考核实际工程建设造价的依据，在分析时，可将决算报表中所提供的实际数据和相关资料与批准的概、预算指标进行对比，以反映出竣工项目总造价和单方造价是节约还是超支，在比较的基础上，总结经验教训，找出原因，以利改进。

要考核概、预算执行情况，正确核实工程建设造价，首先，应积累概、预算动态变化资料；其次，考查竣工工程实际造价节约或超支的数额。

小 提 示

为了便于进行比较分析，可先对比整个项目的总概算，然后对比单项工程的综合概算和其他工程费用概算，最后对比分析单位工程概算，并分别将建筑安装工程费、设备工器具购置费和其他工程费用逐一与竣工决算的实际工程造价对比分析，找出节约和超支的具体内容和原因。

三、竣工决算的编制

竣工决算是由建设单位在整个建设项目竣工后，以建设单位自身开支和自营工程决算及承包工程单位在每项单位工程完工后向建设单位办理工程结算的资料为依据进行编制的。通过编制竣工决算，可以全面清理基本建设财务，做到工完账清，便于及时总结基本建设经验，积累各项技术经济资料，提高基建管理水平和投资效果。竣工决算的资料来源有两个方面：一是建设单位自身开支和自营工程决算；二是发包工程单位（即建筑装饰施工单位）在每项单位工程完工后向建设单位办理的工程结算。

1. 竣工决算的编制依据

① 经批准的可行性研究报告及其投资估算书。

② 经批准的初步设计或扩大初步设计及其概算或修正概算书。

③ 经批准的施工图设计及其施工图预算书。

④ 设计交底或图纸会审会议纪要。

⑤ 招标投标的标底、承包合同、工程结算资料。

⑥ 施工记录或施工签证单及其他施工发生的费用记录，如索赔报告与记录、停（复）工报告等。

⑦ 竣工图及各种竣工验收资料。

⑧ 历年基建资料、历年财务决算及批复文件。

⑨ 设备、材料调价文件和调价记录。

⑩ 有关财务核算制度、办法和其他有关资料、文件等。

2. 竣工决算的编制步骤

① 收集、整理、分析原始资料。

② 工程对照、核实工程变动情况，重新核实各单位工程、单项工程造价。

③ 经审定的待摊投资、其他投资、待核销基建支出和非经营项目的转出投资，按照国家的有关规定，严格划分核定后，分别计入相应的基建支出（占用）栏目内。

④ 编制竣工财务决算说明书。

⑤ 认真填报竣工财务决算报表。

⑥ 认真做好工程造价对比分析。

⑦ 清理、装订好竣工图。

⑧ 按国家规定上报审批、存档。

四、保修和保修费用的处理

1. 保修和保修期

（1）保修

保修是指施工单位按照国家或行业现行的有关技术标准、设计文件以及合同中对质量的要求，对已竣工验收的工程建设在规定的保修期限内，进行维修、返工等工作。

小 提 示

为了使建设项目达到最佳状态，确保工程质量，降低生产或使用费用，发挥最大的投资效益，监理工程师应督促设计单位、施工单位、设备材料供应单位认真做好保修工作，并加强保修期间的投资控制。

（2）保修期

《建设工程质量管理条例》规定工程建设实行质量保修制度。工程建设承包单位在向建设单位提交工程竣工验收报告时，应当向建设单位出具质量保修书。质量保修书应当明确工程建设的保修范围、保修期限和责任等。该条例还明确规定，在正常使用条件下，工程建设的最低保修期如下。

① 基础设施工程、房屋建筑的地基基础工程和主体结构工程，为设计文件规定的该工程的合理使用年限。

② 屋面防水工程、有防水要求的卫生间、房屋和外墙面的防渗漏，为5年。

③ 供热与供冷系统，为2个采暖期、供冷期。

④ 电气管线、给排水管道、设备安装和装修工程，为2年。

⑤ 其他项目的保修期限由发包方与承包方约定。

工程建设的保修期，自竣工验收合格之日起计算。

2. 保修费用的处理

保修费用是指对工程建设在保修期限和保修范围内所发生的维修、返工等各项费用支出。保修费用应按合同和有关规定合理确定和控制。保修费用一般可参照建筑安装工程造价的确定程序和方法计算，也可以按照建筑安装工程造价或承包合同价的一定比例计算，一般为5%。

保修费用的处理应按照国家有关规定和合同要求与有关单位共同商定进行。

① 勘察、设计原因造成的保修费用处理。勘察、设计方面的原因造成的质量缺陷，由勘察、设计单位负责并承担经济责任，由施工单位负责维修或处理。按照合同法的规定，勘察、设计单位应当继续完成勘察、设计，减收或免收勘察、设计费并赔偿损失。

② 施工原因造成的保修费用处理。施工单位未按国家有关规范、标准和设计要求施工，造成质量缺陷的，由施工单位负责无偿返修并承担经济责任。

③ 设备、材料、构配件不合格造成的保修费用处理。因设备、建筑材料、构配件质量不合格引起的质量缺陷，属于施工单位采购的或经其验收同意的，由施工单位承担经济责任；属于建设单位采购的，由建设单位承担经济责任。施工单位、建设单位与设备、材料、构配件供应单位或部门之间的经济责任，应按其设备、材料、构配件的采购供应合同处理。

④ 用户使用原因造成的保修费用处理。因用户使用不当造成的质量缺陷，由用户自行负责。

⑤ 不可抗力原因造成的保修费用处理。因地震、洪水、台风等不可抗力造成的质量问题，施工单位和设计单位都不承担经济责任，由建设单位负责处理。

学习案例

在管理学中，控制通常是指管理人员按计划标准来衡量所取得的成果，纠正所发生的偏差，使目标和计划得以实现的管理活动。实际上，牢固确立主动控制的思想，认真研究并制定多种主动控制措施，对于提高建设工程目标控制的结果，具有十分重要而现实的意义。

问题：

1. 控制流程的基本环节有哪些？

2. 说出有关控制分类的方法。

3. 简述主动控制与被动控制的关系。

分析：

1. 控制流程的基本环节是投入、转换、反馈、对比、纠正。

2. 控制的分类方法如下。

按照控制措施作用于控制对象的时间，可分为事前控制、事中控制和事后控制。

按照控制信息的来源，可分为前馈控制和反馈控制。

按照控制过程是否形成闭合回路，可分为开环控制和闭环控制。

按照控制措施制定的出发点，可分为主动控制和被动控制。

3. 所谓主动控制，是在预先分析各种风险因素及其导致目标偏离的可能性和程度的基础上，拟订和采取有针对性的预防措施，从而减少乃至避免目标偏离。

主动控制是一种事前控制、前馈控制、开环控制。

综上所述，主动控制是一种面对未来的控制，它可以解决传统控制过程中存在的时滞影响，尽最大可能避免偏差已经成为现实的被动局面，降低偏差发生的概率及其严重程度，从而使目标得到有效控制。

所谓被动控制，是从计划的实际输出中发现偏差，通过对产生偏差原因的分析，研究制定纠偏措施，以使偏差得以纠正，工程实施恢复到原来的计划状态，或虽然不能恢复到计划状态但可以减少偏差的严重程度。

被动控制是一种事后控制、反馈控制、闭环控制。

综上所述，被动控制是一种面对现实的控制。虽然目标偏离已成为客观事实，但是，通过被动控制措施，仍然可能使工程实施恢复到计划状态，至少可以减少偏差的严重程度。不可否认，被动控制仍然是一种有效的控制，也是十分重要而且经常运用的控制方式。因此，对被动控制应当予以足够的重视，并努力提高其控制效果。

由以上分析可知，在建设工程实施过程中，如果仅仅采取被动控制措施，出现偏差是不可避免的，而且偏差可能有累积效应，即虽然采取了纠偏措施，但偏差可能越来越大，从而难以实现预定的目标。另一方面，主动控制的效果虽然比被动控制好，但是，仅仅采取主动控制措施却是不现实的，或者说是不可能的。因为建设工程实施过程中有相当多的风险因素是不可预见甚至是无法防范的，如政治、社会、自然等因素。而且，采取主动控制措施往往要付出一定的代价，即耗费一定的资金和时间，对于那些发生概率小且发生后损失亦较小的风险因素，采取主动控制措施有时可能是不经济的。这表明，是否采取主动控制措施以及究竟采取什么主动控制措施，应在对风险因素进行定量分析的基础上，通过技术经济分析和比较来决定。在某些情况下，被动控制倒可能是较佳的选择。因此，对于建设工程目标控制来说，主动控制和被动控制两者缺一不可，都是实现建设工程目标所必须采取的控制方式，应将主动控制与被动控制紧密结合起来。

知识拓展

工程投标报价

投标报价是指承包商计算、确定和报送招标工程投标总价格的活动。报价是业主选择中标者的主要标准，同时也是业主和承包商就工程标价进行承包合同谈判的基础，直接关系到承包商投标的成败。报价是进行工程投标的核心。报价过高会失去承包机会，而报价过低则会给工程带来亏本的风险。因此，报价过高或过低都不可取，如何作出合适的投标报价，是投标者能否中标的最关键的问题。

我国住房与城乡建设部规定，以工程量清单计价方式进行投标报价，报价范围为投标人在投标文件中提出要求支付的各项金额的总和。这个总金额应包括按投标须知列在规定工期内完成的全部，招标工程不得以任何理由重复计算。除非招标人通过修改招标文件予以更正，投标人应按工程量清单中列出的工程项目和数量填报单价和合价。每个项目只允许有一个报价，招标人不接受有选择的报价。未填报单价或合价的工程项目，实施后，招标人将不予支付，并视为该项费用已包括在其他有价款的单价或合价之内。工程实施地点为投标须知前附表所列的建设地点。投标人应踏勘现场，充分了解工地位置、道路条件、储存空间、运输装卸限制以及可能影响报价的其他任何情况，而在报价中予以适当考虑。任何因忽视或误解工地情况而导致的索赔或延长工期的申请都将得不到批准。据此，投标人的报价，包括划价的工程量清单所列的单价和合价以及投标报价汇总表中的价格，均包括完成该工程项目的直接成本、间接成本、利润、税金、政策性文件规定的费用、技术措施费、大型机械进出场费和风险费等所有费用，但合同另有规定者除外。

学习情境小结

　　本学习情境内容包括工程建设目标控制理论基础，工程建设目标控制系统，工程建设项目决策阶段、设计阶段、招标投标阶段、施工阶段及项目竣工后的目标控制。其中，工程建设项目各阶段的目标控制是本学习情境的重点。

　　工程建设决策阶段的目标控制的关键是项目投资控制，这一阶段，监理工程师的主要工作包括可行性研究、投资估算和项目评价分析。

　　项目设计阶段的投资控制是项目投资的关键。监理工程师应注意对设计方案进行审核和费用估算，并提出对设计方案是否进行修改的建议；工程建设设计阶段的进度控制主要是制订工程项目前期工作计划；工程建设设计阶段的质量控制是要对设计的整个过程进行控制，包括其工作程序、工作进度、费用及成果文件所包含的功能和使用价值。

　　工程项目招标投标阶段的目标控制主要指投资控制，这一阶段，监理工程师的主要工作包括协助业主制订招标计划；协助编写或审查招标文件；协助业主对潜在的投标人进行审查；参与评标及协助业主洽谈和签订合同等。

　　施工阶段是建设资金大量使用的阶段，这一阶段的投资控制主要是做好投资控制目标、资金使用计划的编制、工程进度款支付控制、工程变更控制、工程价款的动态结算、施工索赔处理等项工作；监理工程师对工程建设施工阶段工程进度控制的目标是力求使工程项目按照合同规定的计划时间投入使用；监理工程师对工程建设施工阶段的质量控制，就是对工程项目的施工进行有效的监督和管理。

　　工程项目竣工后的目标控制主要指投资控制——竣工决算。

学习检测

一、填空题

1．工程建设的每一个控制过程都包括＿＿＿＿、＿＿＿＿、＿＿＿＿、＿＿＿＿、＿＿＿＿五个环节。

2．工程建设目标控制的前提工作主要包括两项：一是＿＿＿＿，二是＿＿＿＿。

3．建设项目经济评价分为＿＿＿＿和＿＿＿＿。

4．设计概算分为三级概算，即＿＿＿＿、＿＿＿＿、＿＿＿＿。

5. 按照国家有关规定，竣工决算的内容包括_____、_____、_____和_____四个部分。

二、选择题

1. 工程建设项目的三大目标控制不包括（　　　）。

A. 投资控制　　　　B. 进度控制　　　　C. 安全控制　　　　D. 质量控制

2. 工程建设进度控制的方法不包括（　　）。

A. 规划　　　　　　B. 控制　　　　　　C. 管理　　　　　　D. 协调

3. 标底审定时，对结构不太复杂的中小型工程招标标底应在（　　　）d内审定完毕，对结构复杂的大型工程招标标底应在（　　　）d内审定完毕。

A. 7，14　　　　　B. 7，15　　　　　C. 5，14　　　　　D. 5，15

4. 在双方确认计量结果后（　　）d内，发包方应向承包方支付工程进度款。

A. 14　　　　　　　B. 15　　　　　　　C. 10　　　　　　　D. 5

5. 由于工程质量不合格和质量缺陷，必须进行返修、加固或报废处理，由此造成直接经济损失低于（　　　）元的称为质量问题，（　　　）元以上的称为工程质量事故。

A. 15 000　　　　　B. 2 500　　　　　C. 5 000　　　　　D. 10 000

三、简答题

1. 工程建设目标控制的类型有哪些？
2. 工程建设目标控制过程的基本环节及其主要内容是什么？
3. 设计概算如何审定？
4. 我国现行工程价款的结算方式有哪些？
5. 什么是索赔？索赔内容包括哪些？
6. 竣工决算的内容有哪些？
7. 简述工程建设项目施工阶段质量控制的程序。
8. 工程建设质量验收有什么要求？

学习情境四

工程建设风险管理

案例引入

我国某国际工程公司A，在国际公开竞争性招标中，中标获得非洲S国的一项首都垃圾电站土建工程的施工任务，其设备供应及安装工程由澳大利亚某公司承包，该项工程合同金额为5 000万美元，是世界银行贷款项目。该工程地点处于热带，常年高温、少雨，年平均温度达30℃，最高气温达48℃。该国政治气候令人深感不安，政局不稳定，经济危机给该国带来许多问题，上年度对外债务过重，达36亿美元，债务与生产总值之比达100%，远远超过国际公认的50%的警戒线，近年通货膨胀率达65%以上，超过国际公认50%的警戒线，工程地区的地质情况复杂多变，会给施工带来一定困难。该国市场物资匮乏，主要建筑材料及设备大部分由业主通过国际招标，向国外采购。劳务方面，该国规定凡是外国公司承包该国工程项目，必须雇用至少50%的该国劳务人员，但该国缺乏技术人员和技术工人，人员素质较差，效率较低。工程款支付按40%国际流通货币（美元或欧元）及60%当地货币的比例支付，该国虽未设立外汇管制，但由于银行制度的恶化及税收过高，导致外国人转移资金困难；该国虽然财政状况恶化，但因在非洲战略地位重要，仍可获较大的国际援助。

案例导航

本案例涉及风险的识别与风险对策。

本案例中该国上年度对外债务过重，达36亿美元，债务与生产总值之比达100%，远远超过国际公认的50%的警戒线，近年通货膨胀率达65%以上，超过国际公认50%的警戒线。这种高通货膨胀率属于经济风险。

本案例中，由于该国劳务政策要求至少雇用该国劳务50%的规定，使得承包工程不得不使用大量当地劳力，因其素质差、工作效率低，将可能使工程施工无保障。

要了解风险的识别与风险对策，需要掌握以下相关知识。

1. 工程建设风险识别的原则、过程及方法。
2. 工程建设风险评估及风险规避、转移。
3. 工程建设风险预警与监控。

学习单元一　认识风险管理

知识目标

1. 了解工程建设风险的类型。
2. 了解工程建设风险管理的重要性。
3. 熟悉工程建设风险管理的目标。

基础知识

风险是指一种客观存在的、损失的发生具有不确定性的状态。工程项目中的风险则是指在工程项目的筹划、设计、施工建造以及竣工后投入使用各个阶段可能遭受的风险。

> **小 提 示**
>
> 风险在任何项目中都存在。风险会造成项目实施的失控现象，如工期延长、成本增加、计划修改等，最终导致工程经济效益降低，甚至项目失败。
>
> 工程建设风险具有形式多样、存在范围广、影响面大等特点。

一、工程建设风险的类型

工程建设项目投资巨大、工期漫长、参与者众多，整个过程都存在着各种各样的风险。风险按不同的标准可划分为不同的类型，如表4-1所示。

表4-1　　风险的类型

序　号	划分标准	类别及其释义
1	按风险造成的后果分	① 纯风险：指只会造成损失而不会带来收益的风险。其后果只有两种，即损失或无损失，不会带来收益 ② 投机风险：指那些既存在造成损失的可能性，也存在获得收益的可能性的风险。其后果有造成损失、无损失和收益三种结果，即存在三种不确定状态
2	按风险产生的根源分	① 经济风险：指在经济领域中各种导致企业的经营遭受厄运的风险。即在经济实力、经济形势及解决经济问题的能力等方面潜在的不确定因素构成的经营方面的可能后果 ② 政治风险：指政治方面的各种事件和原因带来的风险，包括战争和动乱、国际关系紧张、政策多变、政府管理部门的腐败和专制等 ③ 技术风险：指工程所处的自然条件（包括地质、水文、气象等）和工程项目的复杂程度给承包商带来的不确定性 ④ 管理风险：指人们在经营过程中，因不能适应客观形势的变化或因主观判断失误或对已经发生的事件处理不当而造成的威胁。包括施工企业对承包项目的控制和服务不力；项目管理人员水平低，不能胜任自己的工作；投标报价时具体工作的失误；投标决策失误等

续表

序　　号	划分标准	类别及其释义
3	从风险控制的角度分	① 不可避免又无法弥补损失的风险：如天灾人祸（地震、水灾、泥石流、战争、暴动等） ② 可避免或可转移的风险：如技术难度大且自身综合实力不足时，可放弃投标达到避免风险的目的，可组成联合体承包以弥补自身不足，也可采用保险对风险进行转移 ③ 有利可图的投机风险

二、工程建设风险管理的重要性

风险管理是指人们对潜在的意外损失进行辨识、评估，并根据具体情况采取相应的措施进行处理的管理过程，即在主观上尽可能做到有备无患，或在客观上无法避免时亦能寻求切实可行的补救措施，从而减少意外损失或化解风险为我所用。

工程建设风险管理是指参与工程项目的各方，包括发包方、承包方和勘察、设计、监理单位等在工程项目的筹划、设计、施工建造以及竣工后投入使用等各阶段，对项目风险进行辨识、评估，并采取相应措施和方法对风险进行处理的管理过程。

> **小 提 示**
>
> 工程建设风险管理的重要性主要体现在：风险管理事关工程项目各方的生死存亡；风险管理直接影响企业的经济效益；风险管理有助于项目建设顺利进行，化解各方可能发生的纠纷；风险管理是业主、承包商和设计、监理单位等在日常经营、重大决策过程中必须认真对待的工作。

三、工程建设风险管理的目标

风险管理是一项有目的的管理活动，只有目标明确，才能起到有效的作用。否则，风险管理就会流于形式，没有实际意义，也无法评价其效果。

工程建设风险管理的目标如下。

① 实际投资不超过计划投资。
② 实际工期不超过计划工期。
③ 实际质量满足预期的质量要求。
④ 建设过程安全。

四、工程建设风险管理的过程

风险管理就是一个识别、确定和度量风险，并制定、选择和实施风险处理方案的过程。建设工程风险管理在这点上并无特殊性。风险管理应是一个系统的、完整的过程，一般也是一个循环过程。风险管理过程包括风险识别、风险评价、风险响应、风险控制四方面的内容。

① 风险识别。风险识别是风险管理中的首要步骤，是指通过一定的方式，系统而全面地识别出影响建设工程目标实现的风险事件并加以适当归类的过程，必要时，还需对风险事件的后果作出定性的估计。

② 风险评价。风险评价是将建设工程风险事件的发生可能性和损失后果进行定量化的过程。这个过程在系统地识别建设工程风险与合理地作出风险对策决策之间起着重要的桥梁作用。风险评价的结果主要在于确定各种风险事件发生的概率及其对建设工程目标影响的严重程度，如投资增加的数额、工期延误的天数等。

③ 风险响应，即制定风险应对措施。

④ 风险控制，即采取各种措施和方法，对风险进行控制。

学习单元二 工程建设风险的识别

知识目标

1. 了解风险识别的原则。
2. 熟悉风险识别的过程。

基础知识

风险识别是进行风险管理的第一步，也是一项重要的工作。风险识别具有个别性、主观性、复杂性及不确定性。

一、风险识别的特点和原则

1. 风险识别的特点

风险识别有以下几个特点。

① 个别性。任何风险都有与其他风险不同之处，没有两个风险是完全一致的。不同类型建设工程的风险不同自不必说，而同一建设工程如果建造地点不同，其风险也不同；即使是建造地点确定的建设工程，如果由不同的承包商承建，其风险也不同。因此，虽然不同建设工程风险有不少共同之处，但一定存在不同之处，在风险识别时尤其要注意这些不同之处，突出风险识别的个别性。

② 主观性。风险识别都由人来完成的，由于个人的专业知识水平、实践经验等方面的差异，同一风险由不同的人识别的结果就会有较大的差异。风险本身是客观存在，但风险识别是主观行为。在风险识别时，要尽可能减少主观性对风险识别结果的影响。要做到这一点，关键在于提高风险识别的水平。

③ 复杂性。建设工程所涉及的风险因素和风险事件均很多，而且关系复杂、相互影响，这给风险识别带来很强的复杂性。因此，建设工程风险识别对风险管理人员要求很高，并且需要准确、详细的依据，尤其是定量的资料和数据。

④ 不确定性。这一特点可以说是主观性和复杂性的结果。在实践中，可能因为风险识别的结果与实际不符而造成损失，这往往是由于风险识别结论错误导致风险对策决策错误而造成的。由风险的定义可知，风险识别本身也是风险，因而避免和减少风险识别的风险也是风险管理的内容。

2. 风险识别的原则

（1）由粗及细，由细及粗

由粗及细是指对风险因素进行全面分析，并通过多种途径对工程风险进行分解，逐渐细化，以获得对工程风险的广泛认识，从而得到工程初始风险清单。

由细及粗是指从工程初始风险清单的众多风险中，根据同类工程建设的经验以及对拟建工程建设具体情况的分析和风险调查，确定那些对建设工程目标实现有较大影响的工程风险，将其作为主要风险，即作为风险评价以及风险对策决策的主要对象。

（2）严格界定风险内涵并考虑风险因素之间的相关性

对各种风险的内涵要严加界定，不能出现重复和交叉现象。另外，还要尽可能考虑各种风险因素之间的主次关系、因果关系、互斥关系、正相关关系、负相关关系等相关性。但在风险识别阶段考虑风险因素之间的相关性有一定的难度，因此，至少应做到严格界定风险内涵。

（3）先怀疑，后排除

对于所遇到的问题都要考虑其是否存在不确定性，不要轻易否定或排除某些风险，要通过认真的分析进行确认或排除。

（4）排除与确认并重

对于肯定可以排除和确认的风险应尽早予以排除和确认。对于一时既不能排除又不能确认的风险再作进一步的分析，予以排除或确认。最后，对于肯定不能排除但又不能肯定予以确认的风险按确认考虑。

（5）必要时可进行实验论证

对于某些按常规方式难以判定其是否存在，也难以确定其对工程建设目标影响程度的风险，尤其是技术方面的风险，必要时可进行实验论证，如抗震实验、风洞实验等。这样做的结论可靠，但要以付出费用为代价。

二、风险识别的过程

工程建设自身及其外部环境的复杂性，给工程风险的识别带来了许多具体的困难，同时也要求明确工程建设风险识别的过程。

小 提 示

工程建设风险的识别往往是通过对经验数据的分析、风险调查、专家咨询以及实验论证等方式，在对工程建设风险进行多维分解的过程中，认识工程风险，建立工程风险清单。

工程建设风险识别的过程如图4-1所示。

由图4-1可知，风险识别的结果是建立工程建设风险清单。在工程建设风险识别过程中，核心工作是"工程建设风险分解"和"识别工程建设风险因素、风险事件及后果"。

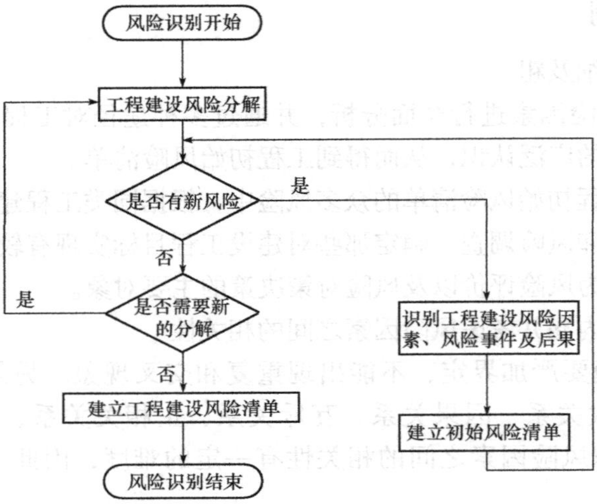

图 4-1　工程建设风险识别过程

三、风险识别的方法

工程建设风险的识别可以根据其自身特点，采用相应的方法，即专家调查法、财务报表法、流程图法、初始风险清单法、经验数据法和风险调查法。

1. 专家调查法

专家调查法分为两种方式：一种是召集有关专家开会，让专家各抒己见，充分发表意见，起到集思广益的作用；另一种是采用问卷式调查，各专家不知道其他专家的意见。

采用专家调查法时，所提出的问题应具体，并具有指导性和代表性，具有一定的深度。对专家发表的意见要由风险管理人员加以归纳分类、整理分析，有时可能要排除个别专家的个别意见。

2. 财务报表法

财务报表法有助于确定一个特定企业或特定的工程建设可能遭受到的损失以及在何种情况下遭受这些损失。

> **小 提 示**
>
> 财务报表法，通过分析资产负债表、现金流量表、营业报表及有关补充资料，可以识别企业当前的所有资产、责任及人身损失风险。将这些报表与财务预测、预算结合起来，可以发现企业或工程建设未来的风险。

用财务报表法进行风险识别，要对财务报表中所列的各项会计科目作深入的分析研究，并提出分析研究报告，以确定可能产生的损失，还应通过一些实地调查以及其他信息资料来补充财务记录。由于工程财务报表与企业财务报表不尽相同，因而对工程建设进行风险识别时需要结合工程财务报表的特点。

3．流程图法

流程图法是指将一项特定的生产或经营活动按步骤或阶段顺序以若干个模块形式组成一个流程图，在每个模块中都标出各种潜在的风险因素或风险事件，从而给决策者一个清晰的总体印象。一般来说，对流程图中各步骤或各阶段的划分比较容易，关键在于找出各步骤或各阶段不同的风险因素或风险事件。

由于流程图的篇幅限制，采用这种方法所得到的风险识别结果较粗。

4．初始风险清单法

如果对每一个工程建设风险的识别都从头做起，至少有三方面缺陷：第一，耗费时间和精力多，风险识别工作的效率低；第二，由于风险识别的主观性，可能导致风险识别的随意性，其结果缺乏规范性；第三，风险识别成果资料不便积累，对今后的风险识别工作缺乏指导作用。因此，为了避免以上三方面的缺陷，有必要建立初始风险清单。

> **小 提 示**
>
> 初始风险清单只是为了便于人们较全面地认识风险的存在，而不至于遗漏重要的工程风险，但并不是风险识别的最终结论。在初始风险清单建立后，还需要结合特定工程建设的具体情况进一步识别风险，从而对初始风险清单作一些必要的补充和修正。为此，需要参照同类工程建设风险的经验数据或针对具体工程建设的特点进行风险调查。

5．经验数据法

经验数据法也称为统计资料法，即根据已建各类工程建设与风险有关的统计资料来识别拟建工程建设的风险。不同的风险管理主体都应有自己关于工程建设风险的经验数据或统计资料。在工程建设领域，可能有工程风险经验数据或统计资料的风险管理主体包括咨询公司（含设计单位）、承包商以及长期有工程项目的业主（如房地产开发商）。由于这些不同的风险管理主体所处的角度不同、数据或资料来源不同，其各自的初始风险清单一般多少有些差异。但是，工程建设风险本身是客观事实，有客观的规律性，当经验数据或统计资料足够多时，这种差异性就会大大减小。何况，风险识别只是对工程建设风险的初步认识，还是一种定性分析，因此，这种基于经验数据或统计资料的初始风险清单可以满足对工程建设风险识别的需要。

6．风险调查法

风险调查法是工程建设风险识别的重要方法。风险调查应当从分析具体工程建设的特点入手，一方面对通过其他方法已识别出的风险（如初始风险清单所列出的风险）进行鉴别和确认，另一方面，通过风险调查有可能发现此前尚未识别出的重要的工程风险。

通常，风险调查可以从组织、技术、自然及环境、经济、合同等方面分析拟建工程的特点以及相应的潜在风险。

由于风险管理是一个系统的、完整的循环过程，因而风险调查并不是一次性的，应该在工程建设实施全过程中不断地进行，这样才能了解不断变化的条件对工程风险状态的影响。

147

学习单元三　工程建设风险的评估

知识目标

1. 了解风险评估的内容。
2. 熟悉风险评估分析的步骤。

基础知识

风险评估是对风险的规律性进行研究和量化分析。工程建设中存在的每一个风险都有自身的规律和特点、影响范围和影响量，通过分析可以将它们的影响统一成成本目标的形式，按货币单位来度量，并对每一个风险进行评估。

一、风险评估的作用

通过定量方法进行风险评价的作用主要表现在以下几方面。

① 更准确地认识风险。风险识别的作用仅仅在于找出建设工程所可能面临的风险因素和风险事件，其对风险的认识还是相当肤浅的。通过定量方法进行风险评价，可以定量地确定建设工程各种风险因素和风险事件发生的概率大小或概率分布，及其发生后对建设工程目标影响的严重程度或损失的严重程度。其中，损失严重程度又可以从两个不同的方面来反映：一方面是不同风险的相对严重程度，据此可以区分主要风险和次要风险；另一方面是各种风险的绝对严重程度，据此可以了解各种风险所造成的损失后果。

② 保证目标规划的合理性和计划的可行性。建设工程数据库中的数据都是历史数据，是包含了各种风险作用于建设工程实施全过程的实际结果。但是，建设工程数据库中通常没有具体反映工程风险的信息，充其量只有关于重大工程风险的简单说明。也就是说，建设工程数据库只能反映各种风险综合作用的后果，而不能反映各种风险各自作用的后果。由于建设工程风险的个别性，只有对特定建设工程的风险进行定量评价，才能正确反映各种风险对建设工程目标的不同影响，才能使目标规划的结果更合理、更可靠，使在此基础上制定的计划具有现实的可行性。

③ 合理选择风险对策，形成最佳风险对策组合。如前所述，不同风险对策的适用对象各不相同。风险对策的适用性需从效果和代价两个方面考虑。风险对策的效果表现在降低风险发生概率和降低损失严重程度的幅度，有些风险对策（如损失控制）在这一点上较难准确地量度。风险对策一般都要付出一定的代价，如采取措施控制时的措施费，投保工程险时的保险费等，这些代价一般都可准确地量度。而定量风险评价的结果是各种风险的发生概率及其损失严重程度。因此，在选择风险对策时，应将不同风险对策的适用性与不同风险的后果结合起来考虑，对不同的风险选择最适宜的风险对策，从而形成最佳的风险对策组合。

二、风险评估的内容

1. 风险因素发生的概率

衡量建设工程风险概率有两种方法：相对比较法和概率分布法。一般而言，相对比较法主要是依据主观概率，而概率分布法的结果则接近客观概率。

（1）相对比较法

相对比较法是由美国风险管理专家Richard Prouly提出的，表示如下。

①"几乎是0"：这种风险事件可认为不会发生。

②"很小的"：这种风险事件虽有可能发生，但现在没有发生并且将来发生的可能性也不大。

③"中等的"：这种风险事件偶尔会发生，并且能预期将来有时会发生。

④"一定的"：这种风险事件一直在有规律地发生，并且能预期将来也是有规律地发生。在这种情况下，可以认为风险事件发生的概率较大。

采用相对比较法时，建设工程风险导致的损失也将相应划分成重大损失、中等损失和轻度损失，从而在风险坐标上对建设工程风险定位，反映出风险量的大小。

（2）概率分布法

概率分布法可以较为全面地衡量建设工程风险。因为通过潜在损失的概率分布，有助于确定在一定情况下哪种风险对策或对策组合最佳。

概率分布法的常见表现形式是建立概率分布表。为此，需参考外界资料和本企业历史资料。外界资料主要是保险公司、行业协会、统计部门等的资料。但是，这些资料通常反映的是平均数字，且综合了众多企业或众多建设工程的损失经历，因而在许多方面不一定与本企业或本建设工程的情况相吻合，运用时需作客观分析。本企业的历史资料虽然更有针对性，更能反映建设工程风险的个别性，但往往数量不够多，有时还缺乏连续性，不能满足概率分析的基本要求。另外，即使本企业历史资料的数量、连续性均满足要求，其反映的也只是本企业的平均水平，在运用时还应充分考虑资料的背景和拟建建设工程的特点。由此可见，概率分布表中的数字可能是因工程而异的。

概率分布法也是风险衡量中所经常采用的一种估计方法。即根据工程风险的性质分析大量的统计数据，当损失值符合一定的概率分布或与其近似吻合时，可由特定的几个参数来确定损失值的概率分布。

2. 风险损失量的估计

小 提 示

风险损失量的估计是个非常复杂的问题，有的风险造成的损失较小，有的风险造成的损失很大，可能引起整个工程的中断或报废。风险之间通常是有联系的，某个工程活动因受到干扰而拖延，则可能影响它后面的许多活动。

工程建设风险损失包括投资风险、进度风险、质量风险和安全风险导致的损失。

（1）投资风险导致的损失

投资风险导致的损失可以直接用货币形式来表现，即法规、价格、汇率和利率等的变化或资金使用安排不当等风险事件引起的实际投资超出计划投资的数额。

（2）进度风险导致的损失

进度风险导致的损失包括以下几种。

①货币的时间价值。进度风险的发生可能会对现金流动造成影响，在利率的作用下，引

起经济损失。

② 为赶上计划进度所需的额外费用。包括加班的人工费、机械使用费和管理费等一切因追赶进度所发生的非计划费用。

③ 延期投入使用的收入损失。这方面损失的计算相当复杂，不仅仅是延误期间内的收入损失，还可能由于产品投入市场过迟而失去商机，从而大大降低市场份额，因而这方面的损失有时是相当巨大的。

（3）质量风险导致的损失

质量风险导致的损失包括事故引起的直接经济损失，修复和补救等措施发生的费用以及第三者责任损失等，可分为以下几个方面。

① 建筑物、构筑物或其他结构倒塌所造成的直接经济损失。

② 复位纠偏、加固补强等补救措施和返工的费用。

③ 造成工期延误的损失。

④ 永久性缺陷对于建设工程使用造成的损失。

⑤ 第三者责任损失。

（4）安全风险导致的损失

安全风险导致的损失包括以下几个方面。

① 受伤人员的医疗费用和补偿费。

② 财产损失，包括材料、设备等财产的损毁或被盗。

③ 引起工期延误带来的损失。

④ 为恢复工程建设正常实施所发生的费用。

⑤ 第三者责任损失，即在工程建设实施期间，对因意外事故可能导致的第三者的人身伤亡和财产损失所作的经济赔偿以及必须承担的法律责任。

由以上四方面风险的内容可知，投资增加可以直接用货币来衡量；进度的拖延则属于时间范畴，同时也会导致经济损失；而质量事故和安全事故既会产生经济影响又可能导致工期延误和第三者责任，显得更加复杂。而第三者责任除了法律责任之外，一般都是以经济赔偿的形式来实现的。因此，这四方面的风险最终都可以归纳为经济损失。

3. 风险等级评估

风险因素涉及各个方面，但人们并不是对所有的风险都十分重视，否则将大大提高管理费用，干扰正常的决策过程。所以，应根据风险因素发生的概率和损失量确定风险程度，进行等级评估。

通常对一个具体的风险，它如果发生，则损失为 R_H，发生的可能性为 E_w，则风险的期望值 R_w 为：

$$R_w = R_H \cdot E_w$$

引用物理学中位能的概念，损失期望值高的，则风险位能高。可以在二维坐标上作等位能线（即损失期望值相等）（见图4-2），则具体项目中的任何一个风险可以在图上找到一个表示它位能的点。

150

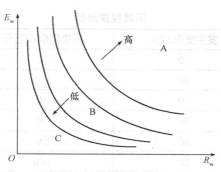

图4-2　风险等位能线

不同位能的风险可分为不同的类别，用A、B、C表示。

①A类：高位能，即损失期望值很大的风险。通常发生的可能性很大，而且一旦发生损失也很大。

②B类：中位能，即损失期望值一般的风险。通常发生的可能性不大，损失也不大，或发生的可能性很大但损失极小，或损失比较大但可能性极小。

③C类：低位能，即损失期望值极小的风险。发生的可能性极小，即使发生损失也很小。

在工程项目风险管理中，A类是重点，B类要顾及到，C类可以不考虑。

另外，也可用Ⅰ级、Ⅱ级、Ⅲ级、Ⅳ级、Ⅴ级表示风险类型，如表4-2所示。

表4-2　　　　　　　　　　　　　　　　风险等级评估表

可能性 ＼ 风险等级 ＼ 后果	轻度损失	中度损失	重大损失
极大	Ⅲ	Ⅳ	Ⅴ
中等	Ⅱ	Ⅲ	Ⅳ
极小	Ⅰ	Ⅱ	Ⅲ

注：表中Ⅰ为可忽略风险；Ⅱ为可容许风险；Ⅲ为中度风险；Ⅳ为重大风险；Ⅴ为不容许风险。

三、风险评估分析的步骤

1. 收集信息

风险评估分析时必须收集的信息包括承包商类似工程的经验和积累的数据；与工程有关的资料、文件等；对上述信息来源的主观分析结果。

2. 整理加工信息

根据收集的信息和主观分析加工，列出项目所面临的风险，并将发生的概率和损失的后果列成一个表格，风险因素、发生概率、损失后果、风险程度一一对应，如表4-3所示。

表4-3	风险程度分析		
风险因素	发生概率 P/%	损失后果 C/万元	风险程度 R/万元
物价上涨	10	50	5
地质特殊处理	30	100	30
恶劣天气	10	30	3
工期拖延罚款	20	50	10
设计错误	30	50	15
业主拖欠工程款	10	100	10
项目管理人员不胜任	20	300	60
合　　计	—	—	133

3. 评价风险程度

风险程度是风险发生的概率和风险发生后的损失后果严重性的综合结果。其表达式为

$$R = \sum_{i=1}^{n} R_i = \sum_{i=1}^{n} (P_i \times C_i)$$

式中，R——风险程度；

R_i——每一风险因素引起的风险程度；

P_i——每一风险发生的概率；

C_i——每一风险发生的损失后果。

4. 提出风险评估报告

风险评估分析结果必须用文字、图表进行表达说明，作为风险管理的文档，即以文字、表格的形式编制风险评估报告。评估分析结果不仅作为风险评估的成果，而且应作为风险管理的基本依据。

　　小 提 示

　　对于风险评估报告中所用表的内容可以按照分析的对象进行编制。对于在项目目标设计和可行性研究中分析的风险及对项目总体产生的风险（如通货膨胀影响、产品销路不畅、法律变化、合同风险等），可以按风险的结构进行分析研究。

四、风险程度分析方法

风险程度分析主要应用在项目决策和投标阶段，常用的方法包括专家评分比较法、风险相关性评价法、期望损失法和风险状态图法。

1. 专家评分比较法

专家评分比较法主要是找出各种潜在的风险并对风险后果作出定性估计。对那些风险很难在较短时间内用统计方法、实验分析方法或因果关系论证得到的情形特别适用。该方法的具体步骤如下。

① 由投标小组成员及有投标和工程施工经验的成员组成专家小组，共同就某一项目可能

遇到的风险因素进行分类、排序。

② 列出表格，见表4-4。确定每个风险因素的权重W，W表示该风险因素在众多因素中影响程度的大小，所有风险因素权重之和为1。

表4-4　　　　　　　　　　专家评分比较法分析风险表

可能发生的风险因素	权重 W	风险因素发生的概率P					风险因素得分 $W \times P$
		很大	比较大	中等	较小	很小	
		1.0	0.8	0.6	0.4	0.2	
1．物价上涨	0.15		√				0.12
2．报价漏项	0.10				√		0.04
3．竣工拖期	0.10			√			0.06
4．业主拖欠工程款	0.15	√					0.15
5．地质特殊处理	0.20				√		0.08
6．分包商违约	0.10			√			0.06
7．设计错误	0.15					√	0.03
8．违反扰民规定	0.05				√		0.02
合　　计							0.56

③ 确定每个风险因素发生的概率等级值P，按发生概率很大、比较大、中等、较小、很小五个等级，分别以1.0、0.8、0.6、0.4、0.2给P值打分。

④ 每一个专家或参与的决策人，分别按表4-4所示判断概率等级。判断结果画"√"表示，计算出每一风险因素的$W \times P$，合计得出$\sum (W \times P)$。

⑤ 根据每位专家和参与的决策人的工程承包经验、对投标项目的了解程度、投标项目的环境及特点、知识的渊博程度，确定其权威性，即权重值k。k可取0.5～1.0。再确定投标项目的最后风险度值。风险度值的确定采用加权平均值的方法，如表4-5所示。

表4-5　　　　　　　　　　风险因素得分汇总表

决策人或专家	权威性权重k	风险因素得分$W \times P$	风险$(W \times P) \times (k/\sum k)$
决策人	1.0	0.58	0.176
专家甲	0.5	0.65	0.098
专家乙	0.6	0.55	0.100
专家丙	0.7	0.55	0.117
专家丁	0.5	0.55	0.083
合计	3.3	—	0.574

⑥ 根据风险度判断是否投标。一般风险度在0.4以下可视为风险很小，可较乐观地参加投标；0.4～0.6可视为风险属中等水平，报价时不可预见费也可取中等水平；0.6～0.8可看作风险较大，不仅投标时不可预见费取上限值，还应认真研究主要风险因素的防范；超过0.8时风险很大，应采用回避此风险的策略。

2．风险相关性评价法

风险之间的关系可以分为三种，即两种风险之间没有必然联系；一种风险出现，另一种风险一定会发生；一种风险出现后，另一种风险发生的可能性增加。

后两种情况的风险是相互关联的，有交互作用。设某项目中可能会遇到 i 个风险，$i=1$，2，$\cdots$，P_i 表示各种风险发生的概率（$0 \leqslant P_i \leqslant 1$），$R_i$ 表示第 i 个风险一旦发生给项目造成的损失值。其评价步骤如下。

① 找出各种风险之间相关概率 P_{ab}。设 P_{ab} 表示一旦风险 a 发生后风险 b 发生的概率（$0 \leqslant P_{ab} \leqslant 1$）。$P_{ab}=0$，表示风险 a、b 之间无必然联系；$P_{ab}=1$，表示风险 a 出现必然会引起风险 b 发生。根据各种风险之间的关系，可以找出各风险之间的 P_{ab}（见表4-6）。

表4-6　　　　　　　　　　　　　　　　风险相关概率分析表

风险		1	2	3	...	i	...
1	P_1	1	P_{12}	P_{13}	...	P_{1i}	...
2	P_2	P_{21}	1	P_{23}	...	P_{2i}	...
...	...	...	...	...	...	...	...
i	P_i	P_{i1}	P_{i2}	P_{i3}	...	1	...
...	...	...	...	...	...	...	...

② 计算各风险发生的条件概率 $P(b/a)$。已知风险 a 发生的概率为 P_a，风险 b 的发生的概率为 P_b，则在 a 发生情况下 b 发生的条件概率 $P(b/a)=P_a \cdot P_{ab}$（表4-7）。

表4-7　　　　　　　　　　　　　　　　风险发生的条件概率分析表

风险	1	2	3	...	i	...
1	P_1	$P(2/1)$	$P(3/1)$	...	$P(i/1)$	...
2	$P(1/2)$	P_2	$P(3/2)$	...	$P(i/2)$	...
...	...	...	...	...	...	...
i	$P(1/i)$	$P(2/i)$	$P(3/i)$	...	P_i	...
...	...	...	...	...	...	...

③ 计算出各种风险损失情况 R_i。

$$R_i = 风险\,i\,发生后的工程成本 - 工程的正常成本$$

④ 计算各风险损失期望值 W_i。

$$W = \begin{bmatrix} P_1 & P(2/1) & P(3/1) & \cdots & P(i/1) & \cdots \\ P(1/2) & P_2 & P(3/2) & \cdots & P(i/2) & \cdots \\ \cdots & \cdots & \cdots & \cdots & \cdots & \cdots \\ P(1/i) & P(2/i) & P(3/i) & \cdots & P_i & \cdots \\ \cdots & \cdots & \cdots & \cdots & \cdots & \cdots \end{bmatrix} \times \begin{bmatrix} R_1 \\ R_2 \\ \vdots \\ R_i \\ \vdots \end{bmatrix} = \begin{bmatrix} W_1 \\ W_2 \\ \vdots \\ W_i \\ \vdots \end{bmatrix}$$

其中，

$$W_i = \sum_j P(j/i) \cdot R_j$$

⑤ 将损失期望值按从大到小的顺序进行排列，并计算出各期望值在总损失期望值中所占百分率。

⑥ 计算累计百分率并分类。损失期望值累计百分率在80％以下的风险为A类风险，是主要风险；累计百分率在80％～90％的风险为B类风险，是次要风险；累计百分率在90％～100％的风险为C类风险，是一般风险。

3. 期望损失法

风险的期望损失指的是风险发生的概率与风险发生造成的损失的乘积。期望损失法首先要辨识出工程面临的主要风险，其次推断每种风险发生的概率以及损失后果，求出每种风险的期望损失值，然后将期望损失值累计，求出总和并分析每种风险的期望损失占总价的百分比、占总期望损失的百分比。

4. 风险状态图法

工程建设项目风险有时会有不同的状态，根据其各种状态的概率累计，可画出风险状态曲线，从风险状态曲线上可以反映出风险的特性和规律，如风险的可能性、损失的大小及风险的波动范围等。

课 堂 案 例

　　某工程施工单位向项目监理机构提交了项目施工总进度计划（见图4-3）和各分部工程的施工进度计划。项目监理机构建立了各分部工程的持续时间延长的风险等级划分图（见图4-4）和风险分析表（见表4-8），要求施工单位对风险等级在"大"和"很大"范围内的分部工程均要制定相应的风险预防措施。

　　施工单位为了保证工期决定对B分部工程施工进度计划横道图（见图4-5）进行调整，组织加快的成倍节拍流水施工。

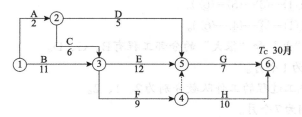

图4-3　项目施工总进度计划

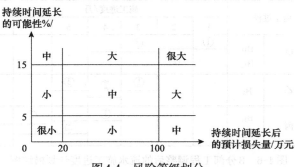

图4-4　风险等级划分

155

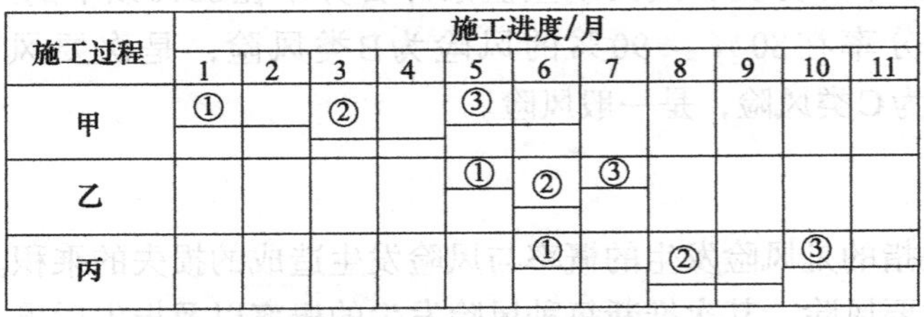

施工过程	施工进度/月										
	1	2	3	4	5	6	7	8	9	10	11
甲	①		②		③						
乙					①	②	③				
丙						①		②		③	

图4-5 B分部工程施工进度计划横道图

表4-8 风险分析表

分部工程名称	A	B	C	D	E	F	G	H
持续时间预计延长值/月	0.5	1	0.5	1	1	1	1	0.5
持续时间延长的可能性/%	10	8	3	20	2	12	18	4
持续时间延长后的损失量/万元	5	110	25	120	150	40	30	50

问题：

1. 找出项目施工总进度计划（见图4-3）的关键线路。

2. 风险等级为"大"和"很大"的分部工程有哪些？

3. B分部工程组织加快的成倍节拍流水施工后，流水步距为多少个月？各施工过程应分别安排几个工作队？B分部工程的流水施工工期为多少个月？绘制B分部工程调整后的流水施工进度计划横道图。

分析：

1. 关键线路如下。

① B—E—G（或①—③—⑤—⑥）。

② B—F—H（或①—③—④—⑥）。

2. 风险等级为"大"和"很大"的分部工程有B、G、D。

3. ① 流水步距为1个月。

② 甲、乙、丙施工过程的工作队数分别为2、1、2。

③ 流水施工工期为7个月。

④ B分部工程调整后的流水施工进度计划横道图如图4-6所示。

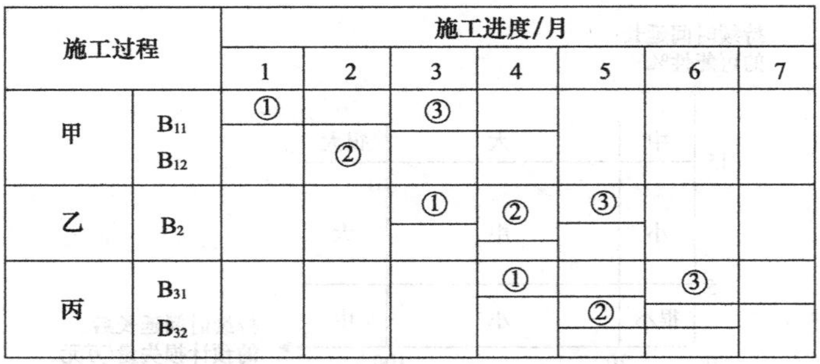

施工过程		施工进度/月						
		1	2	3	4	5	6	7
甲	B_{11}	①		③				
	B_{12}		②					
乙	B_2			①	②	③		
丙	B_{31}				①		③	
	B_{32}					②		

图4-6 B分部工程调整后的流水施工进度计划横道图

学习单元四　工程建设风险的响应

知识目标

1. 了解风险规避。
2. 掌握风险减轻与风险转移。

基础知识

对分析出来的风险应有响应，即确定针对风险的对策。风险响应是通过采用将风险转移给另一方或将风险自留等方式，对风险进行管理，包括风险规避、风险减轻、风险转移、风险自留及其组合等策略。

一、风险规避

风险规避是指承包商设法远离、躲避可能发生的风险的行为和环境，从而避免风险的发生，其具体做法有以下三种。

1. 拒绝承担风险

承包商拒绝承担风险大致有以下几种情况。

① 对某些存在致命风险的工程拒绝投标。
② 利用合同保护自己，不承担应该由业主承担的风险。
③ 不与实力差、信誉不佳的分包商和材料、设备供应商合作。
④ 不委托道德水平低下或综合素质不高的中介组织或个人。

2. 承担小风险，回避大风险

在项目决策时要注意放弃明显可能导致亏损的项目。对于风险超出自己的承受能力，成功把握不大的项目，不参与投标，不参与合资。甚至有时在工程进行到一半时，预测后期风险很大，必然有更大的亏损，不得不采取中断项目的措施。

3. 为了避免风险而损失一定的较小利益

利益可以计算，但风险损失是较难估计的，在特定情况下，采用此种做法。如在建材市场有些材料价格波动较大，承包商与供应商提前订立购销合同并付一定数量的定金，从而避免因涨价带来的风险；采购生产要素时应选择信誉好、实力强的供应商，虽然价格略高于市场平均价，但供应商违约的风险减小了。

小 提 示

> 规避风险虽然是一种风险响应策略，但应该承认这是一种消极的防范手段。因为规避风险固然避免了损失，但同时也失去了获利的机会。如果企业想谋生存、图发展，又想回避其预测的某种风险，最好的办法是采用除规避以外的其他策略。

二、风险减轻

承包商的实力越强，市场占有率越高，抵御风险的能力也就越强，一旦出现风险，其造成的影响就相对显得小些。如承包商只承担一个项目，一旦出现风险就会面临巨大的危机；若承包若干个工程，一旦在某个项目上出现了风险损失，还可以用其他项目的成功加以弥补，这样，承包商的风险压力就会减轻。

在分包合同中，通常要求分包商接受建设单位合同文件中的各项合同条款，使分包商分担一部分风险。有的承包商直接把风险比较大的部分分包出去，将建设单位规定的误期损失赔偿费如数写入分包合同，将这项风险分散。

三、风险转移

风险转移是指承包商不能回避风险的情况下，将自身面临的风险转移给其他主体来承担。风险的转移并非转嫁损失，因为有些承包商无法控制的风险因素，其他主体却可以控制。

1. 转移给分包商

工程风险中的很大一部分可以分散给若干分包商和生产要素供应商。例如，对待业主拖欠工程款的风险，可以在分包合同中规定在业主支付给总包后若干日内向分包方支付工程款。

承包商在项目中投入的资源越少越好，以便一旦遇到风险，可以进退自如。可以通过租赁或指令分包商自带设备等措施来减少自身资金、设备损失。

2. 工程保险

工程保险是指业主和承包商为了工程项目的顺利实施，向保险人（公司）支付保险费，保险人根据合同约定对在工程建设中可能发生的财产和人身伤害承担赔偿保险金责任。购买保险是一种非常有效的转移风险的手段，可以将自身面临的很大一部分风险转移给保险公司来承担。

3. 工程担保

工程担保是指担保人（一般为银行、担保公司、保险公司以及其他金融机构、商业团体或个人）应工程合同一方（申请人）的要求向另一方（债权人）作出的书面承诺。工程担保是工程风险转移的一项重要措施，它能有效地保障工程建设的顺利进行。许多国家政府都在法规中要求进行工程担保，在标准合同中也含有关于工程担保的条款。

四、风险自留

风险自留是指承包商将风险留给自己承担，不予转移。这种手段有时是无意识的，即当初并不曾预测的，不曾有意识地采取种种有效措施，以致最后只好由自己承受；但有时也可以是主动的，即经营者有意识、有计划地将若干风险主动留给自己。

决定风险自留必须符合以下条件之一。

① 自留费用低于保险公司所收取的费用。

② 企业的期望损失低于保险人的估计。

③ 企业有较多的风险单位，且企业有能力准确地预测其损失。

④ 企业的最大潜在损失或最大期望损失较小。

⑤ 短期内企业有承受最大潜在损失或最大期望损失的经济能力。

⑥ 风险管理目标可以承受年度损失的重大差异。

⑦ 费用和损失支付分布于很长的时间里，因而导致很大的机会成本。

⑧ 投资机会很好。

⑨ 内部服务或非保险人服务优良。

如果实际情况不符合以上条件，则应放弃风险自留的决策。

学习单元五　工程建设风险的控制

知识目标

1. 了解风险预警方法。

2. 熟悉风险监控的目的与任务。

基础知识

在整个工程建设风险控制过程中，应收集和分析与项目风险相关的各种信息，获取风险信号，预测未来的风险并提出预警，纳入项目进展报告。同时还应对可能出现的风险因素进行监控，根据需要制订应急计划。

一、风险预警

要做好工程建设项目过程中的风险管理，就要建立完善的项目风险预警系统，通过跟踪项目风险因素的变动趋势，测评风险所处状态，尽早地发出预警信号，及时向业主、项目监管方和施工方发出警报，为决策者掌握和控制风险争取更多的时间，以便决策者尽早采取有效措施防范和化解项目风险。

小提示

在工程建设过程中，捕捉风险前奏信号的途径包括天气预测警报；股票信息；各种市场行情、价格动态；政治形势和外交动态；各投资者企业状况报告；在工程中通过工期和进度、成本的跟踪分析，合同监督，各种质量监控报告、现场情况报告等手段，了解工程风险；在工程的实施状况报告中应包括风险状况报告。

二、风险监控

在工程建设项目推进过程中，各种风险在性质和数量上都是在不断变化的，因此，在项目整个生命周期中，需要时刻监控风险的发展与变化情况，并确定随着某些风险的消失而带来的新的风险。

风险监控的目的：监视风险的状况，例如，风险是已经发生、仍然存在还是已经消失；检查风险的对策是否有效，监控机制是否在运行；不断识别新的风险并制定对策。

风险监控的任务主要包括：在项目进行过程中跟踪已识别风险，监控残余风险并识别新风险；保证风险应对计划的执行并评估风险应对计划执行效果，评估的方法可以是项目周期性回顾、绩效评估等；对突发的风险或"接受"风险采取适当的措施。

159

风险监控常用的方法主要有风险审计、偏差分析和比较技术指标三种。

1. 风险审计

专人检查监控机制是否得到执行，并定期进行风险审核。例如，在大的阶段点重新识别风险并进行分析，对没有预计到的风险制订新的应对计划。

2. 偏差分析

与基准计划比较，分析成本和时间上的偏差。例如，未能按期完工、超出预算等都是潜在的问题。

3. 比较技术指标

比较原定技术指标和实际技术指标的差异。例如，测试未能达到性能要求，缺陷数大大超过预期等。

学 习 案 例

　　某工业项目，建设单位委托了一家监理单位协助组织工程招标并负责施工监理工作。总监理工程师在主持编制监理规划时，安排了一位专业监理工程师负责项目风险分析和相应监理规划内容的编写工作。经过风险识别、评价，按风险量的大小将该项目中的风险归纳为大、中、小三类。根据该建设项目的具体情况，监理工程师对建设单位的风险事件提出了正确的风险对策，相应制定了风险控制措施表，如表4-9所示。

　　通过招标，建设单位与土建承包单位和设备安装单位分别签订了合同。

　　设备安装时，监理工程师发现土建承包单位施工的某一设备基础预埋的地脚螺栓位置与设备基座相应的尺寸不符，设备安装单位无法将设备安装到位，造成设备安装单位工期延误和费用损失。经查，土建承包单位是按设计单位提供的设备基础图施工的，而建设单位采购的是该设备的改型产品，基座尺寸与原设计图纸不符，对此，建设单位决定作设计变更，按进场设备的实际尺寸重新预埋地脚螺栓，仍由原土建承包单位负责实施。

　　土建承包单位和设备安装单位均依据合同条款的约定，提出了索赔要求。

表4-9　　　　　　　　　　　　风险对策及控制措施表

序　号	风险事件	风险对策	控制措施
（1）	通货膨胀	风险转移	建设单位与承包单位签订固定总价合同
（2）	承包单位技术、管理水平低	风险规避	出现问题向承包单位索赔
（3）	承包单位违约	风险转移	要求承包单位提供第三方担保或提供履约保函
（4）	建设单位购买的昂贵设备运输过程中的意外事故	风险转移	从现金净收入中支出
（5）	第三方责任	风险自留	建立非基金储备

　　问题：

　　1. 针对监理工程师提出的风险转移、风险规避和风险自留三种风险对策，指出各自的适用对象（指风险量大小）。分析监理工程师在风险对策及控制措施表中提出的各项风险控制措施是否正确，并说明理由。

2. 针对建设单位提出的设计变更，说明实施设计变更过程的工作程序。

3. 按《建设工程监理规范》的规定，写出土建承包单位和设备安装单位提出索赔要求和总监理工程师处理索赔过程应使用的相关表式。

分析：

1. 风险转移适用于风险量大或中等的风险事件；风险规避适用于风险量大的风险事件；风险自留适用于风险量小的风险事件。

① 正确。固定总价合同对建设单位没有风险。

② 不正确。应选择技术管理水平高的承包单位。

③ 正确。第三方担保或承包单位提供的履约保函可转移风险。

④ 不正确。从现金净收入中支出属风险自留（或答"应购买保险"）。

⑤ 正确。出现风险损失，从非基金储备中支付，有应对措施。

2. 设计变更过程的工作程序如下。

① 建设单位向设计单位提出设计变更要求。

② 设计单位负责完成设计变更图纸，签发设计变更文件。

③ 总监理工程师审核设计变更图纸，对设计变更的费用和工期做出评估，协助建设单位和承包单位进行协商，并达成一致。

④ 各方签认设计变更单，承包单位实施设计变更。

⑤ 监督承包单位实施设计变更。

3. 土建承包单位和设备安装单位提出索赔要求的表式有"费用索赔申请表""工程临时延期申请表"。总监理工程师处理索赔要求的表式有"费用索赔审批表""工程临时延期审批表""工程最终延期审批表"。

🎦 知识拓展

风险应急计划

在工程建设项目实施过程中必然会遇到大量未曾预料到的风险因素，或风险因素的后果比预料的更严重，使事先编制的计划不能奏效，所以，必须重新研究应对措施，即编制附加的风险应急计划。

风险应急计划应当清楚地说明当发生风险事件时要采取的措施，以便可以快速有效地对这些事件作出响应。

1. 风险应急计划的编制要求

小 提 示

风险应急计划的编制要求应符合下列文件的规定。

（1）中华人民共和国国务院第373号《特种设备安全监察条例》。

（2）《职业健康安全管理体系要求》（GB/T 28001—2011）。

（3）《环境管理体系》系列标准（GB/T 24001、24004—2004）。

（4）《施工企业安全生产评价标准》（JGJ/T 77—2010）。

2. 风险应急计划的编制程序

风险应急计划的编制程序如下。

① 成立预案编制小组。

② 制订编制计划。

③ 现场调查，收集资料。

④ 环境因素或危险源的辨识和风险评价。

⑤ 控制目标、能力与资源的评估。

⑥ 编制应急预案文件。

⑦ 应急预案评估。

⑧ 应急预案发布。

3. 风险应急计划的编制内容

风险应急计划的编制主要包括以下内容。

① 应急预案的目标。

② 参考文献。

③ 适用范围。

④ 组织情况说明。

⑤ 风险定义及其控制目标。

⑥ 组织职能（职责）。

⑦ 应急工作流程及其控制。

⑧ 培训。

⑨ 演练计划。

⑩ 演练总结报告。

学习情境小结

本学习情境内容包括风险管理概述、工程建设风险识别、工程建设风险评估、工程建设风险响应和工程建设风险控制。学习过程中应重点掌握风险识别方法、风险评估内容、风险程度分析方法、风险响应策略和风险控制内容。

工程建设的风险识别可以根据其自身特点，采用相应的方法，即专家调查法、财务报表法、流程图法、初始风险清单法、经验数据法和风险调查法。

风险评估的内容包括风险因素发生的概率、风险损失量的估计和风险等级评估。

风险程度分析主要应用于项目决策和投标阶段，常用的方法包括专家评分比较法、风险相关性评价法、期望损失法和风险状态图法。

对分析出来的风险应有响应，即确定针对风险的对策。风险响应是通过采用将风险转移给另一方或将风险自留等方式，对风险进行管理，包括风险规避、风险减轻、风险转移、风险自留及其组合等策略。

在整个工程建设风险控制过程中，应收集和分析与项目风险相关的各种信息，获取风险信号，预测未来的风险并提出预警，纳入项目进展报告。同时还应对可能出现的风险因素进行监控，根据需要制订应急计划。

学习检测

一、填空题

1. 风险管理的目标包括_____、_____、_____和_____四个方面。

2. 风险管理的过程是_____、_____、_____和_____。

3. 风险识别的结果是建立_____。

4. 工程建设风险损失包括_____、_____、_____和_____。

5. 风险程度分析的方法包括_____、_____、_____和_____。

6. 风险监控常用的方法主要有_____、_____和_____三种。

二、选择题

1. 对建设工程项目管理而言，风险是指可能出现的影响项目（　　）的不确定因素。

A. 目标实现　　　　　　　　　B. 运营方式

C. 团队建设　　　　　　　　　D. 组织协调

2. 工程资金供应条件属于（　　）。

A. 工程环境风险　　　　　　　B. 技术风险

C. 组织风险　　　　　　　　　D. 经济与管理风险

3. 下列建设工程施工风险因素中，属于组织风险的是（　　）。

A. 安全管理人员的经验

B. 公用防火设施的数量

C. 水文地质条件

D. 工程机械的稳定性

4. 进行工程项目建设时，技术风险可能来自于（　　）。

A. 损失控制和安全管理人员的知识、经验和能力

B. 工程施工方案

C. 人身安全控制计划

D. 自然灾害

三、简答题

1. 什么是风险？工程建设风险有哪几种类型？

2. 什么是工程建设风险管理？

3. 简述工程建设风险管理的重要性。

4. 风险识别的方法有哪些？

5. 如何进行风险程度分析？

6. 简述风险评估分析的步骤。

7. 什么是风险控制？如何制订风险应急计划？

学习情境五

工程建设合同管理

案例引入

建设工程的建设单位自行办理招标事宜。由于该工程技术复杂，建设单位决定采用邀请招标，共邀请A、B、C三家国有特级施工企业参加投标。

投标邀请书中规定：6月1日至6月3日9:00～17:00在该单位总经济师室出售招标文件。

招标文件中规定：6月30日为投标截止日；投标有效期到7月20日为止；投标保证金统一定为100万元，投标保证金有效期到8月20日为止；评标采用综合评价法，技术标和商务标各占50%。

在评标过程中，鉴于各投标人的技术方案大同小异，建设单位决定将评标方法改为经评审的最低投标价法。评标委员会根据修改后的评标方法，确定的评标结果排名顺序为A公司、C公司、B公司。建设单位于7月15日确定A公司中标，于7月16日向A公司发出中标通知书，并于7月18日与A公司签订了合同。在签订合同过程中，经审查，A公司所选择的设备安装分包单位不符合要求，建设单位遂指定国有一级安装企业D公司作为A公司的分包单位。建设单位于7月28日将中标结果通知了B、C两家公司，并将投标保证金退还给该两家公司。建设单位于7月31日向当地招标投标管理部门提交了该工程招标投标情况的书面报告。

案例导航

本案例中，投标邀请书中规定：6月1日至6月3日9:00～17:00在该单位总经济师室出售招标文件，违反了《工程建设项目施工招标投标办法》规定，自招标文件出售之日起至停止出售之日止，最短不得少于5个工作日。

本案例中6月30日为投标截止日，投标有效期到7月20日为止这一规定，违反了《工程建设项目施工招标投标办法》规定，评标委员会提出书面评标报告后，招标人最迟应当在投标有效期结束日30个工作日前确定中标人。

本案例中，在评标过程中，鉴于各投标人的技术方案大同小异，建设单位决定将评标方法改为经评审的最低投标价法。这一行为违反了《中华人民共和国招标投标法》中"评标委员会应当按照招标文件确定的评标标准和方法进行评标"这一规定。

要了解建设工程招标投标管理，需要掌握以下相关知识。

1. 招标投标法律制度。
2. 建设工程监理招标投标管理。
3. 施工招标投标管理。

学习单元一 认识建设工程施工合同

知识目标

1. 了解合同的概念和特点。
2. 熟悉合同的作用。

基础知识

一、建设工程施工合同的概念

建设工程施工合同是发包人与承包人就完成具体工程项目的建筑施工、设备安装、设备调试、工程保修等工作内容，确定双方权利和义务的协议。施工合同是建设工程合同的一种，它与其他建设工程合同一样是双务有偿合同，在订立时应遵守自愿、公平、诚实、信用等原则。

建设工程施工合同是建设工程的主要合同之一，其标的是将设计图纸变为满足功能、质量、进度、投资等发包人投资预期目的的建筑产品。

> **小 提 示**
>
> 作为施工合同的当事人，业主和承包商必须具备签订合同的资格和履行合同的能力。对业主而言，必须具备相应的组织协调能力，实施对合同范围内的工程项目建设的管理；对承包商而言，必须具备有关部门核定的资质等级，并持有营业执照等证明文件。

二、建设工程施工合同的特点

1. 合同标的的特殊性

施工合同的标的是各类建筑产品，建筑产品是不动产，建造过程中往往受到各种因素的影响。这就决定了每个施工合同的标的物不同于工厂批量生产的产品，具有单件性的特点。所谓"单件性"，指不同地点建造的相同类型和级别的建筑，施工过程中所遇到的情况不尽相同，在甲工程施工中遇到的困难在乙工程不一定发生，而在乙工程施工中可能出现甲工程没有发生过的问题。这就决定了每个施工合同的标的都是特殊的，相互间具有不可替代性。

2. 合同履行期限的长期性

由于建筑产品体积庞大、结构复杂、施工周期都较长，施工工期少则几个月，一般都是几年甚至十几年，在合同实施过程中不确定影响因素多，受外界自然条件影响大，合同双方承担的风险高，当主观和客观情况变化时，就有可能造成施工合同的变化，因此施工合同的变更较频繁，施工合同争议和纠纷也比较多。

3. 合同内容的多样性和复杂性

与大多数合同相比较，施工合同的履行期限长、标的额大，涉及的法律关系则包括了劳动关系、保险关系、运输关系、购销关系等，具有多样性和复杂性。这就要求施工合同的条款应当尽量详尽。

4. 合同管理的严格性

合同管理的严格性主要体现在以下几个方面：对合同签订管理的严格性；对合同履行管理的严格性；对合同主体管理的严格性。

施工合同的这些特点，使得施工合同无论在合同文本结构，还是合同内容上，都要反映适应其特点，符合工程项目建设客观规律的内在要求，以保护施工合同当事人的合法权益，促使当事人严格履行自己的义务和职责，提高工程项目的经济效益和社会效益。

三、建设工程施工合同的作用

建设工程施工合同的作用主要体现在以下几个方面。

1. 明确建设单位和施工企业在施工中的权利和义务

施工合同一经签订，即具有法律效力，是合同双方在履行合同中的行为准则，双方都应以施工合同作为行为的依据。

2. 有利于对工程施工的管理

合同当事人对工程施工的管理应以合同为依据。有关的国家机关、金融机构对施工的监督和管理，也是以施工合同为其重要依据的。

3. 有利于建筑市场的培育和发展

随着社会主义市场经济新体制的建立，建设单位和施工单位将逐渐成为建筑市场的合格主体，建设项目实行真正的业主负责制，施工企业参与市场公平竞争。在建筑商品交换过程中，双方都要利用合同这一法律形式，明确规定各自的权利和义务，以最大限度地实现自己的经济目的和经济效益。施工合同作为建筑商品交换的基本法律形式，贯穿于建筑交易的全过程。无数建设工程合同的依法签订和全面履行，是建立一个完善的建筑市场的最基本条件。

4. 是进行监理的依据和推行监理制的需要

在监理制度中，行政干预的作用被淡化了，建设单位（业主）、施工企业（承包商）、监理单位三者的关系是通过建设工程监理合同和施工合同来确立的。国内外实践经验表明，建设工程监理的主要依据是合同。监理工程师在工程监理过程中要做到坚持按合同办事，坚持按规范办事，坚持按程序办事。监理工程师必须根据合同秉公办事，监督业主和承包商履行各自的合同义务，因此承发包双方签订一个内容合法，条款公平、完备，适应建设监理要求的施工合同是监理工程师实施公正监理的根本前提条件，也是推行建设监理制的内在要求。

四、合同管理涉及的有关各方

1. 合同当事人

（1）发包人

通用条款规定，发包人指在协议书中约定，具有工程发包主体资格和支付工程价款能力的当事人以及取得该当事人资格的合法继承人。

（2）承包人

通用条款规定，承包人指在协议书中约定，被发包人接受的具有工程施工承包主体资格的当事人以及取得该当事人资格的合法继承人。

从以上两个定义可以看出，施工合同签订后，当事人任何一方均不允许转让合同。因为承包人是发包人通过复杂的招标选中的实施者；发包人则是承包人在投标前出于对其信誉和支付能力的信任才参与竞争取得合同。因此，按照诚实信用原则，订立合同后，任何一方都不能将合同转让给第三者。所谓合法继承人是指因资产重组后，合并或分立后的法人或组织可以作为合同的当事人。

2. 工程师

施工合同示范文本定义的工程师包括监理单位委派的总监理工程师或者发包人指定的履行合同的负责人两种情况。

（1）发包人委托的监理

发包人可以委托监理单位，全部或者部分负责合同的履行管理。监理单位委派的总监理工程师在施工合同中称为工程师。总监理工程师是经监理单位法定代表人授权，派驻施工现场监理组织的总负责人，行使监理合同赋予监理单位的权利和义务，全面负责受委托工程的监理工作。

发包人应当将委托的监理单位名称、工程师的姓名、监理内容及监理权限以书面形式通知承包人。除合同内有明确约定或经发包人同意外，负责监理的工程师无权解除承包人的任何义务。

（2）发包人派驻代表

对于国家未规定实施强制监理的工程施工，发包人也可以派驻代表自行管理。

发包人派驻施工场地履行合同的代表在施工合同中也称工程师。发包人代表是经发包人单位法定代表人授权，派驻施工现场的负责人，其姓名、职务、职责在专用条款内约定，但职责不得与监理单位委派的总监理工程师职责相互交叉。双方职责发生交叉或不明确时，由发包人明确双方职责，并以书面形式通知承包方。

（3）工程师易人

施工过程中，如果发包人需要撤换工程师，应至少于易人前7d以书面形式通知承包人。后任继续履行合同文件的约定及前任的权利和义务，不得更改前任作出的书面承诺。

五、建设工程施工合同的内容

由于建设工程本身的特殊性和施工生产的复杂性，决定了施工合同必须有很多条款。根据《建设工程施工合同管理办法》，施工合同主要应具备以下主要内容。

① 工程名称、地点、范围、内容，工程价款及开竣工日期。
② 双方的权利、义务和一般责任。
③ 施工组织设计的编制要求和工期调整的处置办法。
④ 工程质量要求、检验与验收方法。
⑤ 合同价款调整与支付方式。
⑥ 材料、设备的供应方式与质量标准。
⑦ 设计变更。
⑧ 竣工条件与结算方式。
⑨ 违约责任与处置办法。
⑩ 争议解决方式。
⑪ 安全生产防护措施。

此外关于索赔、专利技术使用、发现地下障碍和文物、工程分包、不可抗力、工程保险、工程停建或缓建、合同生效与终止等也是施工合同的重要内容。

学习单元二　建设工程施工合同的管理

知识目标

1. 了解建设工程施工合同的签订、审查与履行的相关规定。
2. 熟悉建设工程施工合同变更管理及合同双方的权利和义务。
3. 掌握施工合同的控制条款。

基础知识

一、建设工程施工合同的签订与审查

1. 建设工程施工合同的签订

（1）建设工程施工合同的文件内容

建设工程施工合同应包括以下文件内容。

① 工期。工期是指写在合同协议书中的中标通知书中已注明的发包人接受的投标工期。它往往比招标文件限定的最长工期要短，因为投标人在竞争中会以工期作为竞争的一个方面。如果发包人要求分阶段移交单位工程或部分工程，在专用条款中应明确约定中间交工工程的竣工时间。

② 费用。费用是指不包含在合同价款之内的应由发包人或承包人承担的经济支出。

③ 追加合同价款。追加合同价款是指合同履行过程中发生需要增加合同价款的情况，经发包人确认后，按照计算合同价款的方法，给承包人增加的合同价款。

④ 合同价款的支付方式。合同价款的支付方式有固定价格合同、可调价格合同和成本加酬金合同三种。

● 固定价格合同，是指在约定的风险范围内价款不再调整的合同。这种合同的价款并不是绝对不可调整，而是约定范围内的风险由承包人承担。工程承包活动中采用的总价合同和单价合同均属于此类合同。双方需在专用条款内约定合同价款包含的风险范围、风险费用的计算方法和承包风险范围以外对合同价款影响的调整方法，在约定的风险范围内合同价款不再调整。

● 可调价格合同，是针对固定价格合同而言，通常用于工期较长的施工合同。如工期在18个月以上的合同，发包人和承包人在招投标阶段和签订合同时不可能合理预见到一年半以后物价浮动和后续法规变化对合同价款的影响，为了合理分担外界因素影响的风险，应采用可调价格合同。对于工期较短的合同，专用条款内也要约定因外部条件变化对施工产生成本影响可以调整合同价款的内容。可调价格合同的计价方式与固定价格合同基本相同，只是增加可调价格的条款，因此在专用条款内应明确约定调价的计算方法。

● 成本加酬金合同，是指发包人负担全部工程成本，对承包人完成的工作支付相应酬金的计价方式。这类计价方式通常用于紧急工程施工，如灾后修复工程；或采用新技术、新工艺施工，双方对施工成本均心中无底，为了合理分担风险采用此种方式。合同双方应在专用条款内约定成本构成和酬金的计算方法。

具体工程承包的计价方式不一定是单一的方式，只要在合同内明确约定具体工作内容采用的计价方式，也可以采用组合计价方式。如工期较长的施工合同，主体工程部分采用可调价格的单价合同；而某些较简单的施工部位采用不可调价的固定总价承包合同；涉及使用新工艺施工部位或某项工作，用成本加酬金方式结算该部分的工程款。

⑤ 工程预付款。施工前期，常会遇到资金紧张的困难，工程预付款即是发包人为了帮助承包人解决这一困难，提前给付的一笔款项，可以认为是发包人借给承包人的一笔无息贷款，在施工过程中的工程进度款支付时按比例扣回。工程预付款可一次支付，也可分阶段支付。

⑥ 工程款的支付方式。工程款的支付方式包括按月结算、竣工后一次结算、分段结算、双方约定的其他结算方式。

小 提 示

发包人应在双方计量确认后14d内，向承包人支付工程款。同期用于工程上的材料设备款、一定比例的预付款应扣除，合同价款调整、设计变更调整的合同价款及追加的合同价款，应与工程款同期结算和支付。

发包人按合同约定支付工程款，双方未达成延期付款协议，导致施工无法进行，承包人可停止施工，由发包人承担违约责任。

⑦ 施工合同文件的组成和文件矛盾时的处理。在协议书和通用条款中规定，对合同当事人双方有约束力的合同文件包括签订合同时已形成的文件和履行过程中构成对双方有约束力的文件两大部分。

订立合同时已形成的文件包括施工合同协议书；中标通知书；投标书及其附件；施工合同专用条款；施工合同通用条款；标准、规范及有关技术文件；图纸；工程量清单；工程报价单或预算书。

在合同履行过程中形成的文件包括发承包双方有关工程的洽商、变更等书面协议或文件。

以上合同文件的意思表示应当一致，能够互相说明。当以上合同文件出现含糊不清或不一致时，以合同文件的排列顺序为解释原则。在不影响工程正常进行的情况下，由发包人和承包人协商解决。双方也可以请监理工程师作出解释或按合同约定的解决争议的方式处理。

⑧ 解决施工合同争议的方式。如果施工合同的双方当事人对施工合同产生争议，首先由双方协商解决；不能达成一致时，请第三方调解解决；调解不成的，可以选择仲裁或诉讼的方式最终解决。

（2）制定建设工程施工合同文件应注意的问题

由于工程建设技术性强、施工周期长，涉及因素多，权利和义务关系十分复杂，合同文件中难免存在不同程度的差错和漏洞。为了避免和减少合同争议事件的发生，在制定和执行合同文件的过程中应注意以下问题。

① 合同文件的制定应通盘考虑，认真细致地研究，避免各文件之间的矛盾。

② 承包单位在投标报价时，应严肃认真地对待招标文件，仔细研究招标文件，对于招标文件中的疑问或模糊不清之处要及时提出质疑，由此查明招标文件与合同中的风险大小，确定投标的战略战术，做出较合理的报价，以利于在竞争中中标。

③ 在得到中标通知书和正式签订施工协议书之前，对于施工合同文件的细节进行深入理解，对于合同中显失公平之处、风险分担不公之处或者前后矛盾之处，要利用合同谈判的机会，予以质疑并澄清问题，在双方协商一致的情况下，修改和补充原合同的一部分，并作文字记录，作为合同文件的组成部分。

④ 在合同实施过程中，若发现合同文件存在矛盾或含糊不清之处，应及时向对方提出，以便及时予以明确和调整，以免影响工程的进展。

⑤ 法律认为合同当事人在签订合同之前已认真阅读和理解了合同文件，明白该合同的真实意思表达。当事人在执行合同时，应该坚持诚实信用的原则，以善意与合作的态度履行合同规定的义务。

（3）建设工程施工合同的签订程序

作为承包商的建筑施工企业，在签订施工合同的工作中，主要的工作程序如表5-1所示。

表5-1 签订施工合同的程序

程　序	内　容
市场调查建立联系	（1）施工企业对建筑市场进行调查研究 （2）追踪获取拟建项目的情况和信息以及发包人情况 （3）当对某项工程有承包意向时，可进一步详细调查，并与发包人取得联系
表明合作意愿投标报价	（1）接到招标单位邀请或公开招标通告后，企业领导作出投标决策 （2）向招标单位提出投标申请书、表明投标意向 （3）研究招标文件，着手具体投标报价工作
协商谈判	（1）接受中标通知书后，组成包括项目经理的谈判小组，依据招标文件和中标书草拟合同专用条款 （2）与发包人就工程项目具体问题进行实质性谈判 （3）通过协商达成一致，确立双方具体权利与义务，形成合同条款 （4）参照施工合同示范文本和发包人拟定的合同条件与发包人订立施工合同
签署书面合同	（1）施工合同应采用书面形式的合同文本 （2）合同使用的文字要经双方确定，用两种以上语言的合同文本，需注明几种文本是否具有同等法律效力 （3）合同内容要详尽具体，责任义务要明确，条款应严密完整，文字表达应准确规范 （4）确认甲方，即发包人或委托代理人的法人资格或代理权限 （5）施工企业经理或委托代理人代表承包方与甲方共同签署施工合同
鉴证与公正	（1）合同签署后，必须在合同规定的时限内完成履约保函、预付款保函、有关保险等保证手续 （2）送交工商行政管理部门对合同进行鉴证并缴纳印花税 （3）送交公证处对合同进行公证 （4）经过鉴证、公证，确认合同的真实性、可靠性、合法性后，合同发生法律效力，并受法律保护

2. 建设工程施工合同的审查

在工程实施过程中，常会出现如下合同问题。

① 在合同签订后发现合同中缺少某些重要的、必不可少的条款，但双方已签字盖章，难以或不可能再作修改与补充。

② 在合同实施中发现合同规定含混，难以分清双方的责任和权益；合同条款之间，不同的合同文件之间的规定和要求不一致，甚至互相矛盾。

③ 合同条款本身缺陷和漏洞太多，对许多可能发生的情况未作估计和具体规定；有些合同条款都是原则性规定，可操作性不强。

④ 合同双方在签约前未就合同条款的理解进行沟通，因此对同一合同条款的理解大相径庭，以致在合同实施过程中出现激烈的争执。

⑤ 合同一方在合同实施中才发现，合同的某些条款对自己极为不利，隐藏着极大的风险，甚至中了对方有意设下的圈套。

⑥ 有些施工合同合法性不足，例如合同签订不符合法定程序，合同中的某些条款与国家或地方的法律、法规相抵触，结果导致整个施工合同或合同中的部分条款无效。

为了有效地避免上述情况的发生，合同双方当事人在合同签订前要进行合同审查。所谓合同审查，是指在合同签订以前，将合同文本"解剖"开来，检查合同结构和内容的完整性以及条款之间的一致性，分析评价每一合同条款执行的法律后果及其中的隐含风险，为合同的谈判和签订提供决策依据。

小 提 示

通过合同审查，可以发现合同中存在的内容含糊、概念不清之处或自己未能完全理解的条款，并加以仔细研究，认真分析，采取相应的措施，以减少合同中的风险，减少合同谈判和签订中的失误，有利于合同双方合作愉快，确保工程项目施工的顺利进行。

对于一些重大的工程项目或合同关系和内容很复杂的工程，合同审查的结果应经律师或合同法律专家核对评价，或在他们的直接指导下进行审查后，再正式签订双方间的施工合同。

二、建设工程施工合同的履行

1. 合同履行的概念

合同履行，是指合同各方当事人按照合同的规定，全面履行各自的义务，实现各自的权利，使各方的目的得以实现的行为。合同依法成立，当事人就应当按照合同的约定，全部履行自己的义务。签订合同的目的在于履行，通过合同的履行而取得某种权益。合同的履行以有效的合同为前提和依据，因为无效合同从订立之时起就没有法律效力，不存在合同履行的问题。合同履行是该合同具有法律约束力的首要表现。建设工程施工合同的目的也是履行，因此，合同订立后同样应当严格履行各自的义务。

2. 合同履行的原则

（1）全面履行的原则

当事人应当按照约定全面履行自己的义务。即按合同约定的标的、价款、数量、质量、地点、期限、方式等全面履行各自的义务。按照约定履行自己的义务，既包括全面履行义务，也包括正确适当履行合同义务。建设工程施工合同订立后，双方应当严格履行各自的义务，不按期支付预付款、工程款，不按照约定时间开工、竣工，都是违约行为。

合同有明确约定的，应当依约定履行。但是，合同约定不明确并不意味着合同无须全面履行或约定不明确部分可以不履行。

合同生效后，当事人就质量、价款或者报酬、履行地点等内容没有约定或者约定不明的，可以协议补充。不能达成补充协议的，按照合同有关条款或者交易习惯确定。按照合同有关条款或者交易习惯确定，一般只能适用于部分常见条款欠缺或者不明确的情况，因为只有这些内容才能形成一定的交易习惯。如果按照上述办法仍不能确定合同如何履行的，适用下列规定进行履行。

① 质量要求不明的，按国家标准、行业标准履行，没有国家标准、行业标准的，按通常标准或者符合合同目的的特定标准履行。作为建设工程施工合同中的质量标准，大多是强制性的国家标准，因此，当事人的约定不能低于国家标准。

② 价款或报酬不明的，按订立合同时履行地的市场价格履行；依法应当执行政府定价或政府指导价的，按规定履行。在建设工程施工合同中，合同履行地是不变的，肯定是工程所在地。因此，约定不明确时，应当执行工程所在地的市场价格。

③ 履行地点不明确的，给付货币的，在接收货币一方所在地履行；交付不动产的，在不动产所在地履行；其他标的在履行义务一方所在地履行。

④ 履行期限不明确的，债务人可以随时履行，债权人也可以随时要求履行，但应当给对方必要的准备时间。

⑤ 履行方式不明确的，按照有利于实现合同目的的方式履行。

⑥ 履行费用的负担不明确的，由履行义务一方承担。

合同在履行中既可能是按照市场行情约定价格，也可能执行政府定价或政府指导价。如果是按照市场行情约定价格履行，则市场行情的波动不应影响合同价，合同仍执行原价格。

如果执行政府定价或政府指导价的，在合同约定的交付期限内政府价格调整时，按照交付时的价格计价。逾期交付标的物的，遇价格上涨时按照原价格执行；遇价格下降时，按新价格执行。逾期提取标的物或者逾期付款的，遇价格上涨时，按新价格执行；价格下降时，按原价格执行。

（2）诚实信用原则

当事人应当遵循诚实信用原则，根据合同性质、目的和交易习惯履行通知、协助和保密的义务。当事人首先要保证自己全面履行合同约定的义务，并为对方履行义务创造必要的条件。当事人双方应关心合同履行情况，发现问题应及时协商解决。一方当事人在履行过程中发生困难，另一方当事人应在法律允许的范围内给予帮助。在合同履行过程中应信守商业道德，保守商业秘密。

3. 合同履行中的抗辩权

抗辩权是指在双务合同的履行中，双方都应当履行自己的债务，一方不履行或者有可能不履行时，另一方可以据此拒绝对方的履行要求。

（1）同时履行抗辩权

当事人互负债务，没有先后履行顺序的，应当同时履行。同时履行抗辩权包括两种情况：一方在对方履行之前有权拒绝其履行要求；一方在对方履行债务不符合约定时，有权拒绝其相应的履行要求。如施工合同中期付款时，对承包人施工质量不合格部分，发包人有权拒付该部分的工程款；如果发包人拖欠工程款，则承包人可以放慢施工进度，甚至停止施工。产生的后果，由违约方承担。

同时履行抗辩权的适用条件如下。

① 由同一双务合同产生互负的对价给付债务。

② 合同中未约定履行的顺序。

③ 对方当事人没有履行债务或者没有正确履行债务。

④ 对方的对价给付是可能履行的义务。所谓对价给付是指一方履行的义务和对方履行的义务之间具有互为条件、互为牵连的关系并且在价格上基本相等。

（2）后履行抗辩权

后履行抗辩权也包括两种情况：当事人互负债务，有先后履行顺序的，应当先履行的一方未履行时，后履行的一方有权拒绝其对本方的履行要求；应当先履行的一方履行债务不符合规定的，后履行的一方也有权拒绝其相应的履行要求。如材料供应合同按照约定应由供货方先行交付订购的材料后，采购方再行付款结算，若合同履行过程中供货方交付的材料质量不符合约定的标准，采购方有权拒付货款。

后履行抗辩权应满足的条件如下。

① 由同一双务合同产生互负的对价给付债务。

② 合同中约定了履行的顺序。

③ 应当先履行的合同当事人没有履行债务或者没有正确履行债务。

④ 应当先履行的对价给付是可能履行的义务。

（3）先履行抗辩权

先履行抗辩权，又称不安抗辩权，是指合同中约定了履行的顺序，合同成立后发生了应当后履行合同一方财务状况恶化的情况，应当先履行合同一方在对方未履行或者提供担保前有权拒绝先为履行。设立不安抗辩权的目的在于，预防合同成立后情况发生变化而损害合同另一方的利益。

应当先履行合同的一方有确切证据证明对方有下列情形之一的，可以中止履行。

① 经营状况严重恶化。

② 转移财产、抽逃资金，以逃避债务的。

③ 丧失商业信誉。

④ 有丧失或者可能丧失履行债务能力的其他情形。

当事人中止履行合同的，应当及时通知对方。对方提供适当的担保时应当恢复履行。中止履行后，对方在合理的期限内未恢复履行能力并且未提供适当的担保，中止履行一方可以解除合同。当事人没有确切证据就终止履行合同的应承担违约责任。

4. 合同不当履行的处理

（1）因债权人致使债务人履行困难的处理

合同生效后，当事人不得因姓名、名称的变更或法定代表人、负责人、承办人的变动而不履行合同义务。债权人分立、合并或者变更住所应当通知债务人。如果没有通知债务人，会使债务人不知向谁履行债务或者不知在何地履行债务，致使履行债务发生困难。出现这些情况，债务人可以中止履行或者将标的物提存。

中止履行是指债务人暂时停止合同的履行或者延期履行合同。提存是指由于债权人的原因致使债务人无法向其交付标的物，债务人可以将标的物交给有关机关保存以此消灭合同的制度。

（2）提前或者部分履行的处理

提前履行是指债务人在合同规定的履行期限到来之前就开始履行自己的义务。部分履行是指债务人没有按照合同约定履行全部义务而只履行了自己的一部分义务。提前或者部分履行会给债权人行使权利带来困难或者增加费用。

债权人可以拒绝债务人提前或部分履行债务，由此增加的费用由债务人承担。但不损害债权人利益的情况除外。

（3）合同不当履行中的保全措施

保全措施是指为防止因债务人的财产不当减少而给债权人带来危害时，允许债权人为确保其债权的实现而采取的法律措施。这些措施包括代位权和撤销权两种。

① 代位权。代位权是指因债务人怠于行使其到期债权，对债权人造成损害，债权人可以向人民法院请求以自己的名义代位行使债务人的债权。但该债权专属于债务人时不能行使代位权。代位权的行使范围以债权人的债权为限，其发生的费用由债务人承担。

② 撤销权。撤销权是指因债务人放弃其到期债权或者无偿转让财产，对债权人造成损害的，债权人可以请求人民法院撤销债务人的行为。债务人以明显不合理低价转让财产，对债权人造成损害的，并且受让人知道该情形的，债权人可以请求人民法院撤销债务人的行为。撤销权的行使范围以债权人的债权为限，其发生的费用由债务人承担。撤销权自债权人知道或者应当知道撤销事由之日起1年内行使。自债务人的行为发生之日起5年内没有行使撤销权的，该撤销权消灭。

5. 施工合同履行中各方的职责

在工程项目施工合同中明确了合同当事人双方（即发包人和承包商）的权利、义务和职责，同时也对接受发包人委托的监理工程师的权力、职责的范围作了明确、具体的规定。当然，监理工程师的权利、义务在发包人与监理单位所签订的监理委托合同中，也有明确、具体的规定。

在施工合同的履行过程中，发包人、监理工程师和承包商的职责概括如下。

（1）发包人的职责

发包人及其所指定的发包人代表负责协调监理工程师和承包商之间的关系，对重要问题作出决策，并处理必须由发包人完成的有关事宜，包括如下内容。

① 指定发包人代表委托监理工程师，并以书面形式通知承包商，如是国际贷款项目，则还应通知贷款方。

② 及时办理征地、拆迁等有关事宜，并按合同规定（或委托承包商）完成场地平整，水、电、道路接通等准备工作。

③ 批准承包商转让部分工程权益的申请，批准履约保证和承保人，批准承包商提交的保险单。

④ 在承包商有关手续齐备后，及时向承包商拨付有关款项，如工程预付款、设备和材料预付款，每月的月结算、最终结算表等。

⑤ 负责为承包商开证明信，以便承包商为工程的进口材料、设备以及承包商的施工装备等办理海关、税收等有关手续。

⑥ 主持解决合同中的纠纷、合同条款必要的变动和修改（需经双方讨论同意）。

⑦ 及时签发工程变更命令（包括工程量变更和增加新项目等），并确定这些变更的单价与总价。

⑧ 批准监理工程师同意上报的工程延期报告。

⑨ 对承包商的信函及时给予答复。

⑩ 负责编制并向上级及外资贷款单位送报财务年度用款计划，财务结算及各种统计报表等。

⑪ 协助承包商（特别是外国承包商）解决生活物资供应、运输等问题。

⑫ 负责组成验收委员会进行整个工程或局部工程的初步验收和最终竣工验收，并签发有关证书。

⑬ 如果承包商违约，发包人有权终止合同并授权其他人去完成合同。

（2）监理工程师的职责

监理工程师不属于发包人与承包商之间所签订施工合同中的任何一方，但也接受发包人的委托并根据发包人的授权范围，代表发包人对工程进行监督管理，主要负责工程的进度控制、质量控制、投资控制、合同管理、信息管理以及协调工作等。其具体职责包括如下内容。

① 协助发包人评审投标文件，提出决策建议，并协助发包人与中标者商签承包合同。

② 按照合同要求，全面负责对工程的监督、管理和检查，协调现场各承包商之间的关系，负责对合同文件的解释和说明，处理矛盾，以确保合同的圆满执行。

③ 审查承包商入场后的施工组织设计、施工方案和施工进度实施计划以及工程各阶段或各分部工程的进度实施计划，并监督实施，督促承包商按期或提前完成工程，进行进度控制。按照合同条件主动处理工期延长问题或接受承包商的申请处理有关工期延长问题。审批承包商报送的各分部工程的施工方案、特殊技术措施和安全措施。必要时发出暂停施工命令和复工命令，并处理由此而引起的问题。

④ 帮助承包商正确理解设计意图，负责有关工程图纸的解释、变更和说明，发出图纸变更命令，提供新的补充图纸，在现场解决施工期间出现的设计问题。负责提供原始基准点、基准线和参考标高，审核检查并批准承包商的测量放样结果。

⑤ 监督承包商认真贯彻执行合同中的技术规范、施工要求和图纸上的规定，以确保工程质量满足合同要求。制订各类对承包商进行施工质量检查的补充规定，或审查、修改和批准由承包商提交的质量检查要求和规定。及时检查工程质量，特别是基础工程和隐蔽工程。指定试验单位或批准承包商申报的试验单位，检查批准承包商的各项实验室及现场试验成果。及时签发现场或其他有关试验的验收合格证书。

⑥ 严格检查材料、设备质量，批准、检查承包商的订货（包括厂家、货物样品、规格等），指定或批准材料检验单位，抽查或检查进场材料和设备（包括配件、半成品的数量和质量等）。

⑦ 进行投资控制。负责审核承包商提交的每月完成的工程量及相应的月结算财务报表，处理价格调整中的有关问题并签署当月支付款数额，及时报发包人审核支付。

⑧ 协助发包人处理好索赔问题。

小 提 示

当承包商违约时，代表发包人向承包商索赔，同时处理承包商提出的各类索赔。索赔问题均应与发包人和承包商协商后，决定处理意见。如果发包人或承包商中的任何一方对监理工程师的决定不满意，均可提交仲裁。

⑨ 人员考核。承包商派去工地管理工程的项目经理，需经监理工程师批准。监理工程师有权考察承包商进场人员的素质，包括技术水平、工作能力、工作态度等，可以随时撤换不称职的项目经理和不听从管理的工人。

⑩ 审批承包商要求将有关设备、施工机械、材料等物品进、出海关的报告，并及时向发包人发出要求办理海关手续的公函，督促发包人及时向海关发出有关公函。

⑪ 监理工程师应记录施工日记及保存一份质量检查记录，以备每月结算及日后查核时使用；并应根据积累的工程资料，整理工程档案（如监理合同有该项要求时）。

⑫ 在工程快结束时，核实最终工程量，以便进行工程的最终支付。参加竣工验收或受发包人委托负责组织并参加竣工验收。

⑬ 签发合同条款中规定的各类证书与报表。

⑭ 定期向发包人提供工程情况报告，并根据工地发生的实际情况及时向发包人呈报工程变更报告，以便发包人签发变更命令。

⑮ 协助调解发包人和承包商之间的各种矛盾。当承包商或发包人违约时，按合同条款的规定，处理各类有关问题。

⑯ 处理施工中的各种意外事件（如不可预见的自然灾害等）引起的问题。

（3）承包商的职责

① 按合同工作范围、技术规范、图纸要求及进场后呈交并经监理工程师批准的施工进度实施计划，负责组织现场施工，每月（或每周）的施工进度计划亦须事先报监理工程师批准。

② 每周在监理工程师召开的会议上汇报工程进展情况及存在的问题，并提出解决问题的办法，经监理工程师批准后执行。

③ 负责施工放样及测量，所有测量原始数据、图纸均须经监理工程师检查并签字批准，但承包商应对测量数据和图纸的正确性负责。

④ 负责按工程进度及工艺要求进行各项有关现场及实验室试验，所有试验成果均须报监理工程师审核批准，但承包商应对试验成果的正确性负责。

⑤ 根据监理工程师的要求，每月报送进、出场机械设备的数量和型号，报送材料进场量和耗用量以及报送进、出场人员数。

⑥ 制订施工安全措施，经监理工程师批准后实施，但承包商应对工地的安全负责。

⑦ 制订各种有效措施保证工程质量，并且在需要时，根据监理工程师的指示，提出有关质量检查办法的建议，经监理工程师批准后执行。

⑧ 负责施工机械的维护、保养和检修，以保证工程施工的正常进行。

⑨ 按照合同要求负责设备的采购、运输、检查、安装、调试及试运行。

⑩ 按照监理工程师的指示，对施工的有关工序，填写详细的施工报表，并及时要求监理工程师审核确认。

⑪ 根据合同规定或监理工程师的要求，进行部分永久工程的设计或绘制施工详图，报监理工程师批准后实施，但承包商应对所设计的永久工程负责。

⑫ 在订购材料之前，需根据监理工程师的要求，或将材料样品送至监理工程师审核，或将材料送至监理工程师指定的实验室进行试验，试验成果报请监理工程师审核批准。对进场材料要随时抽样检验材料质量。

承包商的强制性义务

承包商的强制性义务主要包括以下几项。

① 执行监理工程师的指令。

② 接受工程变更要求。由于各种不可预见因素的存在，工程变更现象在所难免，因而要求承包商接受一定范围的工程变更要求。但根据合同变更的定义，变更是当事人双方协商一致的结果，所以因客观条件的制约工程不得不变更时，发包方必须与承包商协商，并达成一致意见。

③ 严格执行合同中有关期限的规定。首先是合同工期。承包商一旦接到监理工程师发出的开工令，就得立即开工，否则将导致违约而蒙受损失。其次是在履行合同过程中，承包商只有在合同规定的有效期限内提出的要求才被接受。若迟于合同规定的相应期限，不管其要求是否合理，发包人都有权不予接受。

④ 承包商必须信守价格义务。工程承包合同是缔约双方行为的依据，价格则是合同的实质性因素。合同一经缔结便不得更改（只能签订附加条款予以补充、修改和完善），因此，价格自然也就不能更改了。对于承包商，价格不能更改的含义是指其在通常情况下，包括施工过程中碰到正常困难的情况下，不得要求补偿。

6. 履行施工合同应遵守的规定

施工项目合同履行的主体是项目经理和项目经理部。项目经理部必须在施工项目的施工准备、施工、竣工至维修期结束的全过程中，认真履行施工合同，实行动态管理，跟踪收集、整理、分析合同履行中的信息，合理、及时地进行调整。还应对合同履行进行预测，及时提出和解决影响合同履行的问题，以避免或降低风险。

（1）项目经理部履行施工合同应遵守的规定

① 必须遵守《合同法》《建筑法》规定的各项合同履行原则和规则。

② 在行使权利、履行义务时应当遵循诚实信用原则和坚持全面履行的原则。全面履行包括实际履行（标的的履行）和适当履行（按照合同约定的品种、数量、质量、价款或报酬等的履行）。

③ 项目经理由企业授权负责组织施工合同的履行，并依据《合同法》的规定，与发包人或监理工程师交流，进行合同的变更、索赔、转让和终止等工作。

④ 如果发生不可抗力致使合同不能履行或不能完全履行，应及时向企业报告，并在委托权限内依法及时进行处置。

⑤ 遵守合同对约定不明条款、价格发生变化的履行规则以及合同履行担保规则和抗辩权、代位权、撤销权的规则。

⑥ 承包人按专用条款的约定分包所承担的部分工程，并与分包单位签订分包合同。未经发包人同意，承包人不得将承包工程的任何部分分包。

⑦ 承包人不得将其承包的全部工程倒手转给他人承包，也不得将全部工程肢解后以分包的名义分别转包给他人，这是违法行为。工程转包是指承包人不行使承包人的管理职能，不承担技术经济责任，将其承包的全部工程或将其肢解以后以分包的名义分别转包给他人；或将工程的主要部分或群体工程的半数以上的单位工程倒手转给其他施工单位以及分包人将承包的工

程再次分包给其他施工单位，从中提取回扣的行为。

（2）项目经理部履行施工合同应做的工作

① 应在施工合同履行前，针对工程的承包范围、质量标准和工期要求，承包人的义务和权利，工程款的结算、支付方式与条件，合同变更、不可抗力影响、物价上涨、工程中止、第三方损害等问题产生时的处理原则和责任承担，争议的解决方法等重要问题进行合同分析，对合同内容、风险、重点或关键性问题作出特别说明和提示，向各职能部门人员进行交底，落实根据施工合同确定的目标，依据施工合同指导工程实施和项目管理工作。

② 组织施工力量，签订分包合同，研究、熟悉设计图纸及有关文件资料；多方筹集足够的流动资金，编制施工组织设计、进度计划、工程结算付款计划等，做好施工准备，按时进入现场，按期开工。

③ 制订科学、周密的材料设备采购计划，采购符合质量标准的、价格低廉的材料设备，按施工进度计划及时进入现场，搞好供应和管理工作，保证顺利施工。

④ 按设计图纸、技术规范和规程组织施工，做好施工记录，按时报送各类报表，进行各种有关的现场或实验室抽检测试，保存好原始资料，制订各种有效措施，采取先进的管理方法，全面保证施工质量达到合同要求。

⑤ 按期竣工，试运行，通过质量检验交付发包人，收回工程价款。

⑥ 按合同规定，做好责任期内的维修、保修和质量回访工作。对属于承包方责任的工程质量问题，应负责无偿修理。

⑦ 履行合同中关于接受监理工程师监督的规定，如有关计划、建议须经监理工程师审核批准后方可实施；有些工序须监理工程师监督执行，所做记录或报表要得到其签字确认；根据监理工程师要求报送各类报表、办理各类手续；执行监理工程师的指令，接受一定范围内的工程变更要求等。承包商在履行合同中还要自觉接受公证机关、银行的监督。

⑧ 项目经理部在履行合同期间，应注意收集、记录对方当事人违约事实的证据，即对发包方或发包人履行合同进行监督，作为索赔的依据。

三、建设工程施工合同变更管理

合同变更是指依法对原来合同进行的修改和补充，即在履行合同项目的过程中，由于实施条件或相关因素的变化，而不得不对原合同的某些条款做出修改、订正、删除或补充。合同变更一经成立，原合同中的相应条款就应解除。

1. 合同变更的起因及影响

小 提 示

合同内容频繁的变更是工程合同的特点之一。一个工程，合同变更的次数、范围和影响的大小与该工程招标文件（特别是合同条件）的完备性、技术设计的正确性以及实施方案和实施计划的科学性直接相关。

合同变更一般有以下几方面的原因。

① 发包人有新的意图，发包人修改项目总计划，削减预算，发包人要求变化。

② 由于设计人员、工程师、承包商事先没能很好地理解发包人的意图，或设计的错误，

导致的图纸修改。

③ 工程环境的变化，预定的工程条件改变原设计、实施方案或实施计划，或由于发包人指令及发包人责任的原因造成承包商施工方案的变更。

④ 由于产生新的技术和知识，有必要改变原设计、实施方案或实施计划，或由于发包人指令、发包人的原因造成承包商施工方案的变更。

⑤ 政府部门对工程新的要求，如国家计划变化、环境保护要求、城市规划变动等。

⑥ 由于合同实施出现问题，必须调整合同目标，或修改合同条款。

⑦ 合同双方当事人由于倒闭或其他原因转让合同，造成合同当事人的变化。这通常是比较少的。

合同的变更通常不能免除或改变承包商的合同责任，但对合同实施影响很大，主要表现在如下几方面。

① 导致设计图纸、成本计划、支付计划、工期计划、施工方案、技术说明和适用的规范等定义工程目标和工程实施情况的各种文件作相应的修改和变更。当然，相关的其他计划也应作相应调整，如材料采购计划、劳动力安排、机械使用计划等。它不仅引起与承包合同平行的其他合同的变化，而且会引起所属的各个分合同，如供应合同、租赁合同、分包合同的变更。有些重大的变更会打乱整个施工部署。

② 引起合同双方、承包商的工程小组之间、总承包商和分包商之间合同责任的变化。如工程量增加，则增加了承包商的工程责任，增加了费用开支和延长了工期。

③ 有些工程变更还会引起已完工程的返工，现场工程施工的停滞，施工秩序打乱，已购材料的损失等。

2. 合同变更的原则

① 合同双方都必须遵守合同变更程序，依法进行，任何一方都不得单方面擅自更改合同条款。

② 合同变更要经过有关专家（监理工程师、设计工程师、现场工程师等）的科学论证和合同双方的协商。在合同变更具有合理性、可行性，而且由此而引起的进度和费用变化得到确认和落实的情况下方可实行。

③ 合同变更的次数应尽量减少，变更的时间亦应尽量提前，并在事件发生后的一定时限内提出，以避免或减少给工程项目建设带来的影响和损失。

④ 合同变更应以监理工程师、发包人和承包商共同签署的合同变更书面指令为准，并以此作为结算工程价款的凭据。紧急情况下，监理工程师的口头通知也可接受，但必须在48h内追补合同变更书。承包人对合同变更若有不同意见，可在7～10d内书面提出，但发包人决定继续执行的指令，承包商应继续执行。

⑤ 合同变更所造成的损失，除依法可以免除的责任外，如由于设计错误，设计所依据的条件与实际不符，图与说明不一致，施工图有遗漏或错误等，应由责任方负责赔偿。

3. 合同变更范围

合同变更的范围很广，一般在合同签订后所有工程范围，进度，工程质量要求，合同条款内容，合同双方责、权、利关系的变化等都可以被看作为合同变更。最常见的变更有以下两种。

① 涉及合同条款的变更，合同条件和合同协议书所定义的双方责、权、利关系或一些重大问题的变更。这是狭义的合同变更，以前人们定义合同变更即为这一类。

② 工程变更，即工程的质量、数量、性质、功能、施工次序和实施方案的变化。

4. 合同变更程序

（1）合同变更的提出

① 承包商提出合同变更。承包商在提出合同变更时，一般情况是工程遇到不能预见的地质条件或地下障碍。如原设计的某大厦基础为钻孔灌注桩，承包商根据开工后钻探的地质条件和施工经验，认为改成沉井基础较好。另一种情况是承包商为了节约工程成本或加快工程施工进度，提出合同变更。

② 发包人提出合同变更。发包人一般可通过工程师提出合同变更。但如发包人提出的合同变更内容超出合同限定的范围，则属于新增工程，只能另签合同处理，除非承包方同意作为变更。

③ 工程师提出合同变更。工程师往往根据工地现场的工程进展的具体情况，认为确有必要时，可提出合同变更。工程承包合同施工中，因设计考虑不周，或施工时环境发生变化，工程师本着节约工程成本、加快工程进度与保证工程质量的原则，提出合同变更。只要提出的合同变更在原合同规定的范围内，一般是切实可行的。若超出原合同，新增了工程内容和项目，则属于不合理的合同变更请求，工程师应和承包商协商后酌情处理。

（2）合同变更的批准

由承包商提出的合同变更，应交与工程师审查并批准。由发包人提出的合同变更，为便于工程的统一管理，一般由工程师代为发出。

而工程师发出合同变更通知的权力，一般由工程施工合同明确约定。当然该权力也可约定为发包人所有，然后，发包人通过书面授权的方式使工程师拥有该权力。如果合同对工程师提出合同变更的权力作了具体限制，而约定其余均应由发包人批准，则工程师就超出其权限范围的合同变更发出指令时，应附上发包人的书面批准文件，否则承包商可拒绝执行。但在紧急情况下，不应限制工程师向承包商发布其认为必要的变更指示。

知识链接

合同变更审批的一般原则应为：首先考虑合同变更对工程进展是否有利；第二要考虑合同变更可以节约工程成本；第三应考虑合同变更是兼顾发包人、承包商或工程项目之外其他第三方的利益，不能因合同变更而损害任何一方的正当权益；第四必须保证变更项目符合本工程的技术标准；最后一种情况为工程受阻，如遇到特殊风险、人为阻碍、合同一方当事人违约等不得不变更工程。

（3）合同变更指令的发出及执行

为了避免耽误工作，工程师在和承包商就变更价格达成一致意见之前，有必要先行发布变更指示，即分两个阶段发布变更指示：第一阶段是在没有规定价格和费率的情况下直接指示承包商继续工作；第二阶段是在通过进一步的协商之后，发布确定变更工程费率和价格的指示。

合同变更指示的发出方式有两种：书面形式和口头形式。

① 一般情况要求工程师签发书面变更通知令。当工程师书面通知承包商工程变更，承包商才执行变更的工程。

② 当工程师发出口头指令要求合同变更时，要求工程师事后一定要补签一份书面的合同变更指示。如果工程师口头指示后忘了补书面指示，承包商（须7d内）以书面形式证实此项指示，交与工程师签字，工程师若在14d之内没有提出反对意见，应视为认可。

小提示

所有合同变更必须用书面或一定规格写明。对于要取消的任何一项分部工程，合同变更应在该分部工程还未施工之前进行，以免造成人力、物力、财力的浪费，避免造成发包人多支付工程款项。

根据通常的工程惯例，除非工程师明显超越合同赋予其的权限，承包商应该无条件地执行其合同变更的指示。如果工程师根据合同约定发布了进行合同变更的书面指令，则不论承包商对此是否有异议，不论合同变更的价款是否已经确定，也不论监理方或发包人答应给予付款的金额是否令承包商满意，承包商都必须无条件地执行此种指令。即使承包商有意见，也只能是一边进行变更工作，一边根据合同规定寻求索赔或仲裁解决。在争议处理期间，承包商有义务继续进行正常的工程施工和有争议的变更工程施工，否则可能会构成承包商违约。

5. 工程变更

在合同变更中，量最大、最频繁的是工程变更。它在工程索赔中所占的份额也最大。工程变更的责任分析是工程变更起因与工程变更问题处理，即确定赔偿问题的桥梁。工程变更中有两大类变更。

（1）设计变更

设计变更会引起工程量的增加、减少，新增或删除工程分项，工程质量和进度的变化，实施方案的变化。一般工程施工合同赋予发包人（工程师）这方面的变更权力，可以直接通过下达指令，重新发布图纸或规范实现变更。

（2）施工方案变更

施工方案变更的责任分析有时比较复杂。

① 在投标文件中，承包商就在施工组织设计中提出了比较完备的施工方案，但施工组织设计不作为合同文件的一部分。对此有如下问题应注意。

● 施工方案虽不是合同文件，但它也有约束力。发包人向承包商授标就表示对这个方案的认可。当然在授标前，在澄清会议上，发包人也可以要求承包商对施工方案作出说明，甚至可以要求修改方案，以符合发包人的目标、发包人的配合和供应能力（如图纸、场地、资金等）。此时一般承包商会积极迎合发包人的要求，以争取中标。

● 施工合同规定，承包商应对所有现场作业和施工方法的完备、安全、稳定负全部责任。

● 这一责任表示在通常情况下由于承包商自身原因（如失误或风险）修改施工方案所造成的损失由承包商负责。

● 在承包商承担施工方案变更责任的同时，又隐含着承包商对决定和修改施工方案具有相应的权利，即发包人不能随便干预承包商的施工方案；为了更好地完成合同目标（如缩短工期），或在不影响合同目标的前提下承包商有权采用更为科学和经济合理的施工方案，发包人也不得随便干预。当然承包商承担重新选择施工方案的风险和机会收益。

- 在工程中承包商采用或修改施工方案都要经过工程师的批准或同意。

② 重大的设计变更常常会导致施工方案的变更。如果设计变更由发包人承担责任，则相应的施工方案的变更也由发包人负责；反之，则由承包商负责。

③ 对不利的异常的地质条件所引起的施工方案的变更，一般作为发包人的责任。一方面这是一个有经验的承包商无法预料现场气候条件除外的障碍或条件，另一方面发包人负责地质勘察和提供地质报告，则其应对报告的正确性和完备性承担责任。

④ 施工进度的变更。施工进度的变更是十分频繁的。在招标文件中，发包人给出工程的总工期目标；承包商在投标书中有一个总进度计划（一般以横道图形式表示）；中标后承包商还要提出详细的进度计划，由工程师批准（或同意）；在工程开工后，每月都可能有进度的调整。通常只要工程师（或发包人）批准（或同意）承包商的进度计划（或调整后的进度计划），则新进度计划就是有约束力的。如果发包人不能按照新进度计划履行按合同应由发包人承担的责任，如及时提供图纸、施工场地、水电等，则属发包人违约，应承担责任。

四、施工合同双方的权利和义务

1. 发包人工作

发包人工作主要有以下几项。

① 办理土地征用、拆迁补偿、平整施工场地等工作，使施工场地具备施工条件，并在开工后继续解决以上事项的遗留问题。专用条款内需要约定施工场地具备施工条件的要求及完成的时间，以便承包人能够及时接收适用的施工现场，按计划开始施工。

② 将施工所需水、电、通信线路从施工场地外部接至专用条款约定地点，并保证施工期间需要。专用条款内需要约定三通的时间、地点和供应要求。某些偏僻地域的工程或大型工程，可能要求承包人自己从水源地（如附近的河中）取水或自己用柴油机发电解决施工用电，则也应在专用条款内明确，说明通用条款的此项规定本合同不采用。

③ 开通施工场地与城乡公共道路的通道以及专用条款约定的施工场地内的主要交通干道，满足施工运输的需要，保证施工期间的畅通。专用条款内需要约定移交给承包人交通通道或设施的开通时间和应满足的要求。

④ 向承包人提供施工场地的工程地质和地下管线资料，保证数据真实，位置准确。专用条款内需要约定向承包人提供工程地质和地下管线资料的时间。

⑤ 办理施工许可证和临时用地、停水、停电、中断道路交通、爆破作业以及可能损坏道路、管线、电力、通信等公共设施法律、法规规定的申请批准手续及其他施工所需的证件（证明承包人自身资质的证件除外）。专用条款内需要约定发包人提供施工所需证件、批件的名称和时间，以便承包人合理进行施工组织。

⑥ 确定水准点与坐标控制点，以书面形式交给承包人，并进行现场交验。专用条款内需要分项明确约定放线依据资料的交验要求，以便合同履行过程中合理地区分放线错误的责任归属。

⑦ 组织承包人和设计单位进行图纸会审和设计交底。专用条款内需要约定具体的时间。

⑧ 协调处理施工现场周围地下管线和邻近建筑物、构筑物（包括文物保护建筑）、古树名木的保护工作，并承担有关费用。专用条款内需要约定具体的范围和内容。

⑨ 发包人应做的其他工作，双方在专用条款内约定。专用条款内需要根据项目的特点和具体情况约定相关的内容。

虽然通用条款内规定上述工作内容属于发包人的义务，但发包人可以将上述部分工作委托承包方办理，具体内容可以在专用条款内约定，其费用由发包人承担。属于合同约定的发包人义务，如果出现不按合同约定完成，导致工期延误或给承包人造成损失时，发包人应赔偿承包人的有关损失，延误的工期相应顺延。

2. 承包人工作

承包人工作主要有以下几项。

① 根据发包人的委托，在其设计资质允许的范围内，完成施工图设计或与工程配套的设计，经工程师确认后使用，发生的费用由发包人承担。如果属于设计施工总承包合同或承包工作范围内包括部分施工图设计任务，则专用条款内需要约定承担设计任务单位的设计资质等级及设计文件的提交时间和文件要求（可能属于施工承包人的设计分包人）。

② 向工程师提供年、季、月工程进度计划及相应进度统计报表。专用条款内需要约定应提供计划、报表的具体名称和时间。

③ 按工程需要提供和维修非夜间施工使用的照明、围栏设施，并负责安全保卫。专用条款内需要约定具体的工作位置和要求。

④ 按专用条款约定的数量和要求，向发包人提供在施工现场办公和生活的房屋及设施，发生费用由发包人承担。专用条款内需要约定设施名称、要求和完成时间。

⑤ 遵守有关部门对施工场地交通、施工噪声以及环境保护和安全生产等的管理规定，按管理规定办理有关手续，并以书面形式通知发包人。发包人承担由此发生的费用，因承包人责任造成的罚款除外。专用条款内需要约定需承包人办理的有关内容。

⑥ 已竣工工程未交付发包人之前，承包人按专用条款约定负责已完工程的成品保护工作，保护期间发生损坏，承包人自费予以修复。要求承包人采取特殊措施保护的单位工程的部位和相应追加合同价款，在专用条款内约定。

⑦ 按专用条款的约定做好施工现场地下管线和邻近建筑物、构筑物（包括文物保护建筑）、古树名木的保护工作。专用条款内约定需要保护的范围和费用。

⑧ 保证施工场地清洁符合环境卫生管理的有关规定。交工前清理现场达到专用条款约定的要求，承担因自身原因违反有关规定造成的损失和罚款。专用条款内需要根据施工管理规定和当地的环保法规，约定对施工现场的具体要求。

⑨ 承包人应做的其他工作，双方在专用条款内约定。

承包人不履行上述各项义务，造成发包人损失的，应对发包人的损失给予赔偿。

五、施工合同的控制条款

1. 施工准备阶段的进度控制

① 合同双方约定合同工期。施工合同工期，是指施工的工程从开工起到完成施工合同专用条款双方约定的全部内容，工程达到竣工验收标准所经历的时间。约定的内容包括开工日期、竣工日期和合同工期的总日历天数。

② 承包方提交进度计划。承包方应当在专用条款约定的日期，将施工组织设计和工程进

度计划提交工程师。群体工程中采取分阶段进行施工的单项工程，承包方则应按照发包方提供图纸及有关资料的时间，按单项工程编制进度计划，分别向工程师提交。

③ 工程师对进度计划予以确认或提出修改意见。工程师接到承包方提交的进度计划后，应当予以确认或者提出修改意见，时间限制则由双方在专用条款中约定。如果工程师逾期不确认也不提出书面意见，则视为已经同意。

工程师对进度计划予以确认或者提出修改意见，并不免除承包方施工组织设计和工程进度计划本身的缺陷所应承担的责任。

④ 其他准备工作。

⑤ 延期开工。

- 承包方要求的延期开工。
- 发包方原因的延期开工。

2. 施工阶段的进度控制

（1）监督进度计划的执行

开工后，承包方必须按照工程师确认的进度计划组织施工，接受工程师的检查、监督。

> **小 提 示**
>
> 工程实际进度与进度计划不符时，承包方应当按照工程师的要求提出改进措施，经工程师确认后执行。但是，这种确认并不是工程师对工程延期的批准，而仅仅是要求承包方在合理的状态下施工。因此，如果修改后的进度计划不能按期完工，承包方仍应承担相应的违约责任。

（2）暂停施工

① 工程师要求的暂停施工。

② 由于发包方违约，承包方主动暂停施工。

③ 意外情况导致的暂停施工。在施工过程中出现一些意外情况，如果需要暂停施工则承包人应暂停施工。这些情况下，工期是否给予顺延应视风险责任的承担确定。

（3）设计变更

① 发包人对原设计进行变更。

② 承包人要求对原设计进行变更。

由于发包人对原设计进行变更，以及经工程师同意的、承包人要求进行的设计变更，导致合同价款的增减及造成的承包人损失，由发包人承担，延误的工期相应顺延。

（4）工期顺延

① 因以下原因造成工期延误，经工程师确认，工期相应顺延。

- 发包人不能按专用条款的约定提供开工条件。
- 发包人不能按约定日期支付工程预付款、进度款，致使工程不能正常进行。
- 设计变更和工程量增加。
- 一周内非承包方原因停水、停电、停气造成停工累计超过8h。
- 不可抗力。

● 专用条款中约定或工程师同意工期顺延的其他情况。

② 工期顺延的确认程序。承包人在工期可以顺延的情况发生后14d内，应将延误的工期向工程师提出书面报告。

3. 竣工验收阶段的进度控制

（1）竣工验收的程序

① 承包人提交竣工验收报告。

② 发包人组织验收。

③ 发包人不按时组织验收的后果。

（2）发包人要求提前竣工

在施工中，发包人如果要求提前竣工，应当与承包人进行协商，协商一致后签订提前竣工协议。发包人应为赶工提供方便条件。

因特殊原因，发包人要求部分单位工程或工程部位甩项竣工的，双方当另行签订甩项竣工协议，明确各方责任和工程价款的支付方法。

4. 施工合同的质量控制条款

（1）标准、规范

按照《中华人民共和国标准化法》的规定，为保障人身财产安全的标准属于强制性标准。

因为购买、翻译和制定标准、规范或制定施工工艺的费用，由发包人承担。

（2）图纸

① 发包人提供图纸。

② 承包人提供图纸。

5. 材料设备供应的质量控制

（1）材料设备的质量及其他要求

① 材料生产和设备供应单位应具备法定条件。

② 材料设备质量应符合要求。

（2）发包人供应材料设备时的质量控制

① 双方约定发包人供应材料设备的一览表。

② 发包人供应材料设备的验收。

③ 材料设备验收后的保管。

④ 发包人供应的材料设备与约定不符时的处理。

⑤ 发包人供应材料设备使用前的检验或试验。

（3）承包人采购材料设备的质量控制

① 承包人采购材料设备的验收。

② 承包人采购的材料设备与要求不符时的处理。

③ 承包人使用代用材料。

④ 承包人采购材料设备在使用前检验或试验。

6．工程验收的质量控制

（1）工程质量标准

工程质量应当达到协议书约定的质量标准，质量标准的评定以国家或者专业的质量检验评定标准。发包人对部分或者全部工程质量有特殊要求的，应支付由此增加的追加合同价款，对工期有影响的应给予相应顺延。因双方原因达不到约定标准，责任由双方分别承担。

（2）施工过程中的检查和返工

承包人应认真按照标准、规范和设计要求以及工程师依据合同发出的指令施工，随时接受工程师及其委派人员的检查检验，为检查检验提供便利条件。工程质量达不到约定标准的部分，工程师一经发现，可要求承包人拆除和重新施工，承包人应按工程师及其委派人员的要求拆除和重新施工，承担由于自身原因导致拆除和重新施工的费用，工期不予顺延。

小 提 示

检查检验合格后，又发现因承包方引起的质量问题由承包方承担责任，赔偿发包方的直接损失，工期不予顺延。

因发包方失误和其他非承包商原因发生的追加合同价款，由发包方承担。

（3）隐蔽工程和中间验收

工程具备隐蔽条件和达到专用条款约定的中间验收部位，承包方进行自检，并在隐蔽和中间验收前48h以书面形式通知工程师验收。通知包括隐蔽和中间验收内容、验收时间和地点。承包方准备验收记录，验收合格，工程师在验收记录上签字后，承包方可进行隐蔽和继续施工。验收不合格，承包方在工程师限定的时间内修改后重新验收。

（4）重新检验

工程师不能按时参加验收，须在开始验收前24h向承包方提出书面延期要求，延期不能超过两天。工程师未能按以上时间提出延期要求，不参加验收，承包方可自行组织验收，发包方应承认验收记录。

（5）竣工验收

竣工工程必须符合以下的基本要求。

① 完成工程设计和合同中规定的各项工作内容，达到国家规定的竣工条件。

② 工程质量应符合国家现行有关法律、法规、技术标准、设计文件及合同规定的要求。

③ 工程所用的设备和主要建筑材料、构件应具有产品质量出厂检验合格证明和技术标准规定必要的进场试验报告。

④ 具有完整的工程技术档案和竣工图，已办理工程竣工交付使用的有关手续。

⑤ 已签署工程保修证书。

工程具备竣工验收条件，承包方向发包方提供完整竣工资料及竣工验收报告。发包方收到竣工验收报造后28d内组织有关部门验收，并在验收后14d内给予认可或提出修改意见。承包方按要求修改。由于承包方原因，工程质量达不到约定的质量标准，承包方承担违约责任。

建设工程未经验收或验收不合格，不得交付使用。发包方强行使用的，由此发生的质量问题及其他问题，由发包方承担责任。

7. 保修

（1）质量保修书

承包方应当在工程竣工验收之前，与发包方签订质量保修书，作为合同附件。

（2）工程质量保修范围和内容

质量保修范围包括地基基础工程、主体结构工程、屋面防水工程和双方约定的其他土建工程，以及电气管线、上下水管线的安装工程，供热、供冷系统工程项目。

（3）质量保证期

质量保证期从工程竣工验收之日算起。分单项竣工验收的工程，按单项工程分别计算质量保证期。合同双方可以根据国家有关规定，结合具体工程约定质量保证期，但双方的约定不得低于国家规定的最低质量保证期。

8. 施工合同的投资控制条款

（1）施工合同价款的约定

施工合同价款，按有关规定和协议条款约定的各种取费标准计算，用以支付发包人按照合同要求完成工程内容的价款总额。合同价款可以按照固定价格合同、可调整价格合同、成本加酬金合同三种方式约定。

（2）可调价格合同中合同价款的调整

① 国家法律、法规和政策变化影响合同价款；

② 工程造价管理部门公布的价格调整；

③ 一周内非承包人原因停水、停电、停气造成停工累计超过8h。

④ 双方约定的其他调整或增减。

187

> **小 提 示**
>
> 承包人应当在价款可调整的情况发生后14d内，将调整原因、金额以书面形式通知工程师，工程师确认后作为追加合同价款与工程款同期支付。工程师收到承包人通知之后14d内不作答复也不提出修改意见，视为该项调整已经同意。

9. 工程预付款

专用条款内约定发包人向承包人预付工程款的时间和数额，开工后按约定的时间和比例逐次扣回。

10. 工程款（进度款）支付

（1）工程量的确认

① 承包人向工程师提交已完工程量的报告。

② 工程量的计量。

（2）工程款（进度款）结算方式

① 按月结算。

② 竣工后一次结算。

③ 分段结算。

④ 其他结算方式。

（3）发包人不能支付工程款的责任

发包人超过约定的支付时间不支付工程款（进度款），承包人可向发包人发出要求付款的通知，发包人在收到承包人通知后仍不能按要求支付，可与承包人协商签订延期付款协议，经承包人同意后可以延期支付。

11. 变更价款的确定

变更价款的确定方法如下。

① 合同中已有适用于变更工程的价格，按合同已有的价格计算、变更合同价款。

② 合同中只有类似于变更工程的价格，可以参照此价格确定变更价格，变更合同价款。

③ 合同中没有适用或类似于变更工程的价格，由承包人提出适当的变更价格，经工程师确认后执行。

12. 竣工结算

① 承包人递交竣工决算报告及违约责任。工程竣工验收报告经发包人认可后28d，承包人向发包人递交竣工决算报告及完整的结算资料。

工程竣工验收报告经发包人认可后28d内，承包人未能向发包人递交竣工决算报告及完整的结算资料，造成工程竣工结算不能正常进行或工程竣工结算价款不能及时支付，发包人要求交付工程的，承包人应当交付；发包人不要求交付工程的，承包人承担保管责任。

② 发包人的核实和支付。发包人自收到竣工结算报告及结算资料后28d内进行核实，确认后支付工程竣工结算价款。承包人收到竣工结算价款后14d内将竣工工程交付发包人。

③ 发包人不支付结算价款的违约责任。

13. 质量保修金

① 质量保修金的支付。

② 质量保修金的结算与返还。

六、施工合同的监督管理

1. 施工合同监督管理概述

施工合同的监督管理，是指各级工商行政管理机关、建设行政主管部门和金融机构以及工程发包单位、监理单位、承包单位依据法律和行政法规、规章制度，采取法律的、行政的手段，对施工合同关系进行组织、指导、协调及监督，保护施工合同当事人的合法权益，调解施工合同纠纷，防止和制裁违法行为，保证施工合同法规的贯彻实施等一系列法定活动。

2. 工程转包与分包

（1）工程转包

工程转包指不行使承包人的管理职能，不承担技术经济责任，将所承包的工程倒手转给他人承包的行为。

> **小 提 示**
>
> 转包方式
>
> （1）承包人将承包的工程全部包给其他施工单位，从中提取回扣者。
>
> （2）承包人将工程的主要部分或群体工程（指结构技术要求相同的）中半数以上的单位工程包给其他施工单位者。
>
> （3）分包单位将承包的工程再次分包给其他施工单位者。

（2）工程分包

工程分包，是指经合同约定和发包单位认可，从工程承包人承包的工程中承包部分工程的行为。

工程分包包括以下两点。

① 分包合同的签订。

② 分包合同的履行。

分包工程价款由承包人与分包单位结算。发包人未经承包人同意不得以任何名义向分包单位支付各种工程款项。

3. 违约责任

（1）发包人违约

① 发包人的违约行为。

- 发包人不按时支付工程预付款。
- 发包人不按合同约定支付工程款。
- 发包人无正当理由不支付工程竣工结算价款。
- 发包人其他不履行合同义务或者不按合同约定履行义务的情况。

② 发包人承担违约责任的方式。

- 赔偿损失。
- 支付违约金。
- 顺延工期。
- 继续履行。

（2）承包人违约

① 承包人的违约行为。

- 因承包人原因不能按照协议书约定的竣工日期或者工程师同意顺延的工期竣工。
- 因承包人原因工程质量达不到协议书约定的质量标准。
- 其他承包商不履行合同义务或不按合同约定履行义务的情况。

② 承包人承担违约责任的方式

- 赔偿损失。
- 支付违约金。
- 采取补救措施。
- 继续履行。

（3）担保方承担责任

在施工合同中，一方违约后，另一方可按双方约定的担保条款，要求提供担保的第三方承担相应责任。

4. 合同争议的解决

（1）施工合同争议的解决方式

合同当事人在履行施工合同时发生争议，可以和解或者要求合同管理及其他有关主管部门调解。和解或调解不成的，双方可以在专用条款内约定以下列一种方式解决争议。

第一种解决方式：双方达成仲裁协议，向约定仲裁委员会申请仲裁。

第二种解决方式：向有管辖权的人民法院起诉。

（2）争议发生后允许停止履行合同的情况

发生争议后，在一般情况下，双方都应继续履行合同，保持施工连续，保护好已完工程。只有出现下列情况时，当事人方可停止履行施工合同。

① 单方违约导致合同确已无法履行，双方协议停止施工。

② 调解要求停止施工，且为双方接受。

③ 仲裁机构要求停止施工。

④ 法院要求停止施工。

5. 合同解除

施工合同订立后，当事人应当按照合同的约定履行。但是，在一定的条件下，合同没有履行或者没有完全履行，当事人也可以解除合同，如：

① 合同的协商解除。

② 发生不可抗力时合同的解除。

③ 当事人违约时合同的解除。

学习单元三　建设工程招投标管理

📝 知识目标

1. 了解招标投标法律制度。

2. 熟悉建设工程监理招标投标管理。

📖 基础知识

一、招标投标法律制度

1. 建设工程招标投标概述

建设工程招标投标，是招标人就拟建的工程项目提出招标条件，通过媒体，招请符合资质的投标人进行投标；投标人对招标工程项目和招标条件，做出实质性响应的经济法律行为。

2. 政府行政主管部门对招标投标的监督

（1）依法核查必须采用招标方式选择承包单位的建设项目

小 提 示

《招标投标法》规定，任何单位和个人不得将必须进行招标的项目化整为零或者以其他任何方式规避招标。如果发生此类情况，政府行政主管部门有权责令改正，可以暂停项目执行或者暂停资金拨付，并对单位负责人或其他直接责任人依法给予行政处分或纪律处分。《招标投标法》要求，属于必须以招标方式进行工程项目建设及与建设有关的设备、材料等采购总体范畴包括以下几类。

① 大型基础设施、公用事业等关系社会公共利益、公众安全的项目。

② 全部或者部分使用国有资金投资或者国家融资的项目。

③ 使用国际组织或者外国政府贷款、援助资金的项目。

依据《招标投标法》的基本原则，国家计委颁布了《工程建设项目招标范围和规模标准规定》，对必须招标的范围作出了进一步细化的规定。要求各类工程项目的建设活动，达到下列标准之一者，必须进行招标。

① 施工单项合同估算价在200万元人民币以上。

② 重要设备、材料等货物的采购，单项合同估算价在100万元人民币以上。

③ 勘察、设计、监理等服务的采购，单项合同估算价在50万元人民币以上。

为了防止将应该招标的工程项目化整为零规避招标，即使单项合同估算价低于上述第①、②、③项规定的标准，但项目总投资在3000万元人民币以上的勘察、设计、施工、监理以及与工程建设有关的重要设备、材料等的采购，也必须采用招标方式委托工作任务。依法必须进行招标的项目，全部使用国有资金投资或者国有资金投资占控股或者主导地位的，应当公开招标。

（2）可以不进行招标的范围

按照规定，属于下列情形之一的，可以不进行招标，采用直接委托的方式发包建设任务。

① 涉及国家安全、国家秘密的工程。

② 抢险救灾工程。

③ 利用扶贫资金实行以工代赈、需要使用农民工等特殊情况。

④ 建筑造型有特殊要求的设计。

⑤ 采用特定专利技术、专有技术进行勘察、设计或施工。

⑥ 停建或者缓建后恢复建设的单位工程，且承包人未发生变更的。

⑦ 施工企业自建自用的工程，且该施工企业资质等级符合工程要求的。

⑧ 在建工程追加的附属小型工程或者主体加层工程，且承包人未发生变更的。

⑨ 法律、法规、规章规定的其他情形。

（3）对招标项目的监督

工程项目的建设应当按照建设管理程序进行。为了保证工程项目的建设符合国家或地方总体发展规划，以及能使招标后工作顺利进行，不同标的的招标均需满足相应的条件。

① 前期准备应满足的要求。

• 建设工程已批准立项。

• 向建设行政主管部门履行了报建手续，并取得批准。

• 建设资金能满足建设工程的要求，符合规定的资金到位率。

- 建设用地已依法取得，并领取了建设工程规划许可证。
- 技术资料能满足招标投标的要求。
- 法律、法规、规章规定的其他条件。

② 对招标人的招标能力要求。为了保证招标行为的规范化、科学地评标，达到招标选择承包人的预期目的，招标人应满足以下的要求。

- 是法人或依法成立的其他组织。
- 有与招标工作相适应的经济、法律咨询和技术管理人员。
- 有组织编制招标文件的能力。
- 有审查招标单位资质的能力。
- 有组织开标、评标、定标的能力。

如果招标单位不具备上述②～⑤条要求，需委托具有相应资质的中介机构代理招标。

③ 招标代理机构的资质条件。招标代理机构是依法成立的组织，与行政机关和其他国家机关没有隶属关系。为了保证完满地完成代理业务必须取得建设行政主管部门的资质认定。招标代理机构应具备的基本条件如下。

- 有从事招标代理业务的营业场所和相应资金。
- 有能够编制招标文件和组织评标的相应专业力量。
- 有可以作为评标委员会成员人选的技术、经济等方面的专家库。对"专家库"的要求：应是从事相关领域工作满8年并具有高级职称或具有同等专业水平的技术、经济等方面人员；专家的专业特长应能涵盖本行业或专业招标所需各个方面；人员数量应能满足建立库的要求。

委托代理机构招标是招标人的自主行为，任何单位和个人不得强制委托代理或指定招标代理机构。招标人委托的代理机构应尊重招标人的要求，在委托范围内办理招标事宜，并遵守《招标投标法》对招标人的有关规定。

依法必须招标的建筑工程项目，无论是招标人自行组织招标还是委托代理招标，均应当按照法规，在发布招标公告或者发出招标邀请书前，持有关材料到县级以上地方人民政府建设行政主管部门备案。

（4）对招标有关文件核查备案

招标人有权依据工程项目特点编写与招标有关的各类文件，但内容不得违反法律规范的相关规定。建设行政主管部门核查的内容主要如下。

① 对投标人资格审查文件的核查。

- 不得以不合理条件限制或排斥潜在投标人。为了使招标人能在较广泛范围内优选最佳投标人，以及维护投标人进行平等竞争的合法权益，不允许在资格审查文件中以任何方式限制或排斥本地区、本系统以外的法人或组织参与投标。
- 不得对潜在投标人实行歧视待遇。为了维护招标投标的公平、公正原则，不允许在资格审查标准中针对外地区或外系统投标人设立压低分数的条件。
- 不得强制投标人组成联合体投标。以何种方式参与投标竞争是投标人的自主行为，投标人可以选择单独投标，也可以作为联合体成员与其他人共同投标，但不允许既参加联合体又单独投标。

② 对招标文件的核查。

- 招标文件的组成是否包括招标项目的所有实质性要求和条件，拟签订合同的主要条款，能否使投标人明确承包工作范围和责任，并能够合理预见风险编制投标文件。

- 招标项目需要划分标段时，承包工作范围的合同界限是否合理。承包工作范围可以是包括勘察设计、施工、供货的一揽子交钥匙工程承包，也可以按工作性质划分成勘察、设计、施工、物资供应、设备制造、监理等的分项工作内容承包。施工招标的独立合同包工作范围应是整个工程、单位工程或特殊专业工程的施工内容，不允许肢解工程招标。

- 招标文件是否有限制公平竞争的条件。在文件中不得要求或标明特定的生产供应者以及含有倾向或排斥潜在投标人的其他内容。主要核查是否有针对外地区或外系统设立的不公正评标条件。

（5）对投标活动的监督

建设行政主管部门派员参加开标、评标、定标的活动，监督招标人按法定程序选择中标人。所派人员不作为评标委员会的成员，也不得以任何形式影响或干涉招标人依法选择中标人的活动。

（6）查处招标投标活动中的违法行为

《招标投标法》明确规定，有关行政监督部门有权依法对招标投标活动中的违法行为进行查处。视情节和对招标的影响程度，承担后果责任的形式可以为判定招标无效，责令改正后重新招标；对单位负责人或其他直接责任者给予行政或纪律处分；没收非法所得，并处以罚金；构成犯罪的，依法追究刑事责任。

3. 招标方式

为了规范招标投标活动，保护国家利益和社会公共利益以及招投标活动当事人的合法权益，《招标投标法》规定招标方式分为公开招标和邀请招标两大类。

（1）公开招标

招标人通过报刊、信息网络或其他媒介等新闻媒体发布招标公告，凡具备相应资质符合招标条件的法人或组织不受地域和行业限制均可申请投标。公开招标的优点是，招标人可以在较广的范围内选择中标人，投标竞争激烈，有利于将工程项目的建设交予可靠的中标人实施并取得有竞争性的报价。但其缺点是，由于申请投标人较多，一般要设置资格预审程序，而且评标的工作量也较大，所需招标时间长、费用高。

（2）邀请招标

招标人向预先选择的若干家具备承担招标项目能力、资信良好的特定法人或其他组织发出投标邀请函，将招标工程的概况、工作范围和实施条件等作出简要说明，请他们参加投标竞争。邀请对象的数目以五至七家为宜，但不应少于三家。被邀请人同意参加投标后，从招标人处获取招标文件，按规定要求进行投标报价。邀请招标的优点是，不需要发布招标公告和设置资格预审程序，节约招标费用和节省时间；由于对投标人以往的业绩和履约能力比较了解，减小了合同履行过程中承包方违约的风险。为了体现公平竞争和便于招标人选择综合能力最强的投标人中标，仍要求在投标书内报送表明投标人资质能力的有关证明材料，作为评标时的评审内容之一（通常称为资格后审）。邀请招标的缺点是，由于邀请范围较小选择面窄，可能排斥了某些在技术或报价上有竞争实力的潜在投标人，因此投标竞争的激烈程度相对较差。

4. 招标程序

招标是招标人选择中标人并与其签订合同的过程，而投标则是投标人力争获得实施合同的竞争过程，招标人和投标人均需遵循招投标法律和法规的规定进行招标投标活动。按照招标人和投标人参与程度，可将招标过程粗略划分成招标准备阶段、招标投标阶段和决标成交阶段。

（1）招标准备阶段主要工作内容

招标准备阶段的工作由招标人单独完成，投标人不参与。主要工作包括以下几个方面。

① 工程报建。建设项目的立项文件获得批准后，招标人需向建设行政主管部门履行建设项目报建手续。只有报建申请批准后，才可以开始项目的建设。报建时应交验的文件资料包括立项批准文件或年度投资计划、固定资产投资许可证、建设工程规划许可证和资金证明文件。

② 选择招标方式。

- 根据工程特点和招标人的管理能力确定发包范围。
- 依据工程项目的特点、招标前准备工作的完成情况、合同类型等因素的影响程度，最终确定招标方式。

③ 申请招标。招标人向建设行政主管部门办理申请招标手续。申请招标文件应说明招标工作范围、招标方式、计划工期、对投标人的资质要求、招标项目的前期准备工作的完成情况、自行招标或者委托代理招标等内容。

④ 编制招标有关文件。招标准备阶段应编制好招标过程中可能涉及的有关文件，保证招标活动的正常进行。这些文件大致包括招标广告、资格预审文件、招标文件、合同协议书以及资格预审和评标的方法。

（2）招标投标阶段的主要工作内容

公开招标时，从发布招标公告开始，若为邀请招标，则从发出投标邀请函开始，到投标截止日期为止的期间称为招标投标阶段。在此阶段，招标人应做好招标的组织工作，投标人则按招标有关文件的规定程序和具体要求进行投标报价竞争。

① 发布招标公告。招标公告内容一般包括招标单位名称，建设项目资金来源，工程项目概况和本次招标工作范围的简要介绍，购买资格预审文件的地点、时间和价格等有关事项。

② 资格预审。

（a）资格预审的目的。对潜在投标人进行资格审查，主要考察该企业总体能力是否具备完成招标工作所要求的条件。公开招标时设置资格预审程序，一是保证参与投标的法人或组织在资质和能力等方面能够满足完成招标工作的要求；二是通过评审优选出综合实力较强的一批申请投标人，再请他们参加投标竞争，以减小评标的工作量。

（b）资格预审程序。

- 招标人依据项目的特点编写资格预审文件。资格预审文件分为资格预审须知和资格预审表两大部分。资格预审须知内容包括招标工程概况和工作范围介绍，对投标人的基本要求和指导投标人填写资格预审文件的有关说明。资格预审表列出对潜在投标人资质条件、实施能力、技术水平、商业信誉等方面需要了解的内容，以应答形式给出的调查文件。资格预审表开列的内容要完整、全面，能反映潜在投标人的综合素质，因为资格预审中评定过的条件在评标时一般不再重复评定，应避免不具备条件的投标人承担项目的建设任务。

- 资格预审表是以应答方式给出的调查文件。所有申请参加投标竞争的潜在投标人都可以购买资格预审文件，由其按要求填报后作为投标人的资格预审文件。

- 招标人依据工程项目特点和发包工作性质划分评审的几大方面，如资质条件、人员能力、设备和技术能力、财务状况、工程经验、企业信誉等，并分别给予不同权重。
- 资格预审合格的条件：首先投标人必须满足资格预审文件规定的一般资格条件和强制性条件；其次评定分必须在预先确定的最低分数线以上。目前采用的合格标准有两种方式：一种是限制合格者数量（如5家），以便减小评标的工作量，招标人按得分高低次序向预定数量的投标人发出邀请投标函并请他予以确认，如果某一家放弃投标则由下一家递补维持预定数量；另一种是不限制合格者的数量，凡满足80%以上分的潜在投标人均视为合格，保证投标的公平性和竞争性。后一种方式的缺点是如果合格者数量较多时，增加评标的工作量。不论采用哪种方法，招标人都不得向他人透露有权参与竞争的潜在投标人的名称、人数以及与招标投标有关的其他情况。

（c）投标人必须满足的基本资格条件。资格预审须知中明确列出投标人必须满足的最基本条件可分为一般资格条件和强制性条件两类。

- 一般资格条件的内容通常包括法人地位、资质等级、财力状况、企业信誉、分包计划等具体要求，是潜在投标人应满足的最低标准。
- 强制性条件视招标项目是否对潜在投标人有特殊要求决定有无，普通工程项目一般承包人均可完成，可不设置强制性条件，对于大型复杂项目尤其是需要有专门技术、设备或经验的投标人才能完成时，则应设置此类条件。

③ 招标文件。招标人根据招标项目特点和需要编制招标文件，它是投标人编制投标文件和报价的依据，因此应当包括招标项目的技术要求、对投标人资格审查的标准（邀请招标的招标文件内需写明）、投标报价要求和评标标准等所有实质性要求和条件以及拟签订合同的主要条款。招标文件通常分为投标须知、合同条件、技术规范、图纸和技术资料、工程量清单几大部分内容。

④ 现场考察。招标人在投标须知规定的时间组织投标人自费进行现场考察。设置此程序的目的，一方面让投标人了解工程项目的现场情况、自然条件、施工条件以及周围环境条件，以便于编制投标书；另一方面也是要求投标人通过自己的实地考察确定投标的原则和策略，避免合同履行过程中投标人以不了解现场情况为理由推卸应承担的合同责任。

⑤ 标前会议。投标人研究招标文件和现场考察后会以书面形式提出质疑问题，招标人给予书面解答，回答函件作为招标文件的组成部分，如果书面解答的问题与招标文件中的规定不一致，以函件的解答为准。

《招标投标法》规定，招标人对已发出的招标文件进行必要的澄清或必要修改时，应在投标截止日期至少15d以前以书面形式发送给所有投标人，以便于投标人修改投标书。

（3）决标成交阶段的主要工作内容

从开标日到签订合同这一期间称为决标成交阶段，是对各投标书进行评审比较，最终确定中标人的过程。

① 开标。公开招标和邀请招标均应举行开标会议，以体现招标的公平、公正和公开原则。开标应当在招标文件确定的提交投标文件截止时间的同一时间公开进行，开标地点应当为招标文件中预先确定的地点。开标过程应当记录，并存档备查。开标后，任何投标人都不允许更改投标书的内容和报价，也不允许再增加优惠条件。如果招标文件中没有说明评标、定标的原则和方法，则在开标会议上应予说明，投标书经启封后不得再更改评标、定标办法。

小 提 示

在开标时，如果发现投标文件出现下列情形之一，应当作为无效投标文件，不再进入评标。

① 投标文件未按照招标文件的要求予以密封。

② 投标文件中的投标函未加盖投标人的企业及企业法定代表人印章，或者企业法定代表人委托代理人没有合法、有效的委托书（原件）及委托代理人印章。

③ 投标文件的关键内容字迹模糊、无法辨认。

④ 投标人未按照招标文件的要求提供投标保证金或者投标保函。

⑤ 组成联合体投标的，投标文件未附联合体各方共同投标协议。

② 评标。评标是对各投标书优劣的比较，以便最终确定中标人。由评标委员会负责评标工作。

（a）评标委员会。评标委员会由招标人的代表和有关技术、经济等方面的专家组成，成员人数为 5 人以上，单数，其中招标人以外的专家不得少于总成员的 2/3。专家人选应来自于国务院有关部门或省、自治区、直辖市政府有关部门提供的专家名册中，以随机抽取方式确定。与投标人有利害关系的人不得进入评标委员会，已经进入的应当更换，保证评标的公平和公正。

（b）评标工作程序如下。

• 初评。评标委员会以招标文件为依据，审查各投标书是否为响应性招标，确定招标书的有效性。检查内容包括投标人的资格、投标保证有效性、报送资料的完整性、投标书与招标文件的要求有无实质性背离、报价计算的正确性等。若投标书存在计算或统计错误，由评标委员会予以改正后请投标人签字确认。投标人拒绝确认，按投标人违约对待，没收其投标保证金。

• 详评。评标委员会对各投标书实施方案和计划进行实质性评价与比较。评审时不应再采用招标文件中要求投标人考虑因素以外的任何条件作为标准。设有标底的，评标时应参考标底。

• 详评通常分为两个步骤进行，首先对各投标书进行技术和商务方面的审查，评定其合理性，以及若将合同授予该投标人在履行过程中可能给招标人带来的风险；其次，评标委员会认为必要时可以单独约请投标人对标书中含义不明确的内容作必要的澄清或说明，但澄清或说明不得超出投标文件的范围或改变投标文件的实质性内容。

• 评标报告。评标报告是评标委员会经过对各投标书评审后向招标人提出的结论性报告，作为定标的主要依据。评标报告应包括评标情况说明、对各个合格投标书的评价、推荐合格的中标候选人等内容。如果评标委员会经过评审，认为所有投标都不符合招标文件的要求，可以否决所有投标。出现这种情况后，招标人应认真分析招标文件的有关要求以及招标过程，对招标工作范围或招标文件的有关内容作出实质性修改后重新进行招标。

③ 定标。

（a）定标程序。确定中标人前，招标人不得与投标人就投标价格、投标方案等实质性内容进行谈判。招标人应该根据评标委员会提出的评标报告和推荐的中标候选人确定中标人，也可以授权评标委员会直接确定中标人。中标人确定后，招标人向中标人发出中标通知书，同时将中标结果通知未中标的投标人并退还他们的投标保证金或保函。中标通知书对招标人和中标人具有法律效力，招标人改变中标结果或中标人拒绝签订合同均要承担相应的法律责任。

小 提 示

中标通知书发出后的30d内，双方应按照招标文件和投标文件订立书面合同，不得作实质性修改。双方也不得私下订立背离合同实质性内容的协议。

确定中标人后15d内，招标人应向有关行政监督部门提交招标投标情况的书面报告。

（b）定标原则。《招标投标法》规定，中标人的投标应当符合下列条件之一。

● 能够最大限度地满足招标文件中规定的各项综合评价标准。

● 能够满足招标文件的实质性要求，并且经评审的投标价格最低；但是投标价格低于成本的除外。

5. 追究违反招标投标法行为的法律责任

招标投标活动必须依法实施，任何违法行为都要承担相应法律责任。《招标投标法》在"法律责任"一章中明确规定了招标人、投标人以及其他相关人员的法律责任。

二、建设工程监理招标投标管理

1. 建设监理招标概述

（1）监理招标的特点

监理招标的标的是"监理服务"，与工程项目建设中其他各类招标的最大区别表现为监理单位不承担物质生产任务，只是受招标人委托对生产建设过程提供监督、管理、协调、咨询等服务。鉴于标的具有的特殊性，招标人选择中标人的基本原则是"基于能力的选择"。

① 招标宗旨是对监理单位能力的选择。监理服务是监理单位的高智能投入，服务工作完成的好坏，更多地取决于参与监理工作人员的业务专长、经验、判断能力、创新想象力以及风险意识。因此招标选择监理单位时，鼓励的是能力竞争，而不是价格竞争。

② 报价在选择中居于次要地位。工程项目的施工、物资供应招标选择中标人的原则是，在技术上达到要求标准的前提下，主要考虑价格的竞争性。而监理招标对能力的选择放在第一位，因为当价格过低时监理单位很难把招标人的利益放在第一位，为了维护自己的经济利益采取减少监理人员数量或多派业务水平低、工资低的人员，其后果必然导致对工程项目的损害。另外，监理单位提供高质量的服务，往往能使招标人获得节约工程投资和提前投产的实际效益，因此过多考虑报价因素得不偿失。但从另一个角度来看，服务质量与价格之间应有相应的平衡关系，所以招标人应在能力相当的投标人之间再进行价格比较。

③ 邀请投标人较少。选择监理单位一般采用邀请招标，且邀请数量以三至五家为宜。因为监理招标是对知识、技能和经验等方面综合能力的选择，每一份标书内都会提出具有独特见解或创造性的实施建议，但又各有长处和短处。如果邀请过多投标人参与竞争，不仅要增大评标工作量，而且定标后还要给予未中标人以一定补偿费，与在众多投标人中好中求好的目的比较，往往产生事倍功半的效果。

（2）委托监理工作的范围

监理招标发包的工作内容和范围，可以是整个工程项目的全过程，也可以只监理招标人与其他人签订的一个或几个合同的履行。划分合同发包的工作范围时，通常考虑的因素包括以下几点。

① 工程规模。中小型工程项目，有条件时可将全部监理工作委托给一个单位；大型或复杂工程，则应按设计、施工等不同阶段及监理工作的专业性质分别委托给几家监理单位。

② 工程项目的专业特点。施工内容的不同，对监理人员的素质、专业技能和管理水平的要求不同，应充分考虑专业特点的要求。

③ 被监理合同的难易程度。工程项目建设期间，招标人与第三人签订的合同较多，对易于履行合同的监理工作可并入相关工作的委托监理内容之中。

2. 招标文件

监理招标实际上是征询投标人实施监理工作的方案建议。为了指导投标人正确编制投标书，招标文件应包括以下几方面内容，并提供必要的资料。

① 投标须知。

- 工程项目综合说明，包括项目的主要建设内容、规模、工程等级、地点、总投资、现场条件、开竣工日期。
- 委托的监理范围和监理业务。
- 投标文件的格式、编制、递交。
- 无效投标文件的规定。
- 投标起止时间、开标、评标、定标时间和地点。
- 招标文件、投标文件的澄清与修改。
- 评标的原则等。

② 合同条件。

③ 业主提供的现场办公条件。包括交通、通信、住宿、办公用房等。

④ 对监理单位的要求。包括对现场监理人员、检测手段、工程技术难点等方面的要求。

⑤ 有关技术规定。

⑥ 必要的设计文件、图纸和有关资料。

⑦ 其他事项。

3. 评标

（1）对投标文件的评审

评标委员会对各投标书进行审查评阅，主要考察以下几方面的合理性。

① 投标人的资质，包括资质等级、批准的监理业务范围、主管部门或股东单位、人员综合情况等。

② 监理大纲。

③ 拟派项目的主要监理人员（重点审查总监理工程师和主要专业工程师）。

④ 人员派驻计划和监理人员的素质（通过人员的学历证书、职称证书和上岗证书反映）。

⑤ 监理单位提供用于工程的检测设备和仪器，或委托有关单位检测的协议。

⑥ 近几年监理单位的业绩及奖惩情况。

⑦ 监理费报价和费用组成。

⑧ 招标文件要求的其他情况。

（2）对投标文件的比较

监理评标的量化比较通常采用综合评分法对各投标人的综合能力进行对比。依据招标项目的特点设置评分内容和分值的权重。招标文件中说明的评标原则和预先确定的记分标准开标后不得更改，作为评标委员的打分依据。

三、施工招标投标管理

1. 施工招标投标概述

（1）施工招标的特点

施工招标与设计招标和监理招标比较，其特点是发包的工作内容明确、具体，各投标人编制的投标书在评标时易于进行横向对比。价格的高低并非确定中标人的唯一条件，投标过程实际上是各投标人完成该项任务的技术、经济、管理等综合能力的竞争。

（2）施工招标的发包工作范围

> **小 提 示**
>
> 一个独立合同发包的工作范围可以是以下几种。
> ① 全部工程招标，即将项目建设的所有土建、安装施工工作内容一次性发包。
> ② 单位工程招标。
> ③ 特殊专业工程招标。
> 不允许将单位工程肢解成分部、分项工程进行招标。

2. 招标准备工作

（1）施工招标前应完成的工作

① 完成建设用地的征用和拆迁。

② 有能够满足施工需要的设计图纸和技术资料。

③ 建设资金的来源已落实。

④ 施工现场的前期准备工作如果不包括在承包范围内，应满足"三通一平"的开工条件。

（2）合同数量的划分

依据工程特点和现场条件划分合同包的工作范围时，主要应考虑以下因素的影响。

① 施工内容的专业要求。

② 施工现场条件。

③ 对工程总投资影响。

④ 其他因素影响。

（3）资格预审

① 资格预审的主要内容。资格预审表的内容应根据招标工程项目对投标人的要求来确定，中小型工程的审查内容可适当简单，大型复杂工程则要对承包商的能力进行全面审查。

大型工业项目的资格预审表包括以下主要内容。

- 法人资格和组织机构。
- 财务报表。
- 人员报表。

- 施工机械设备情况。
- 分包计划。
- 近5年完成同类工程项目调查，包括项目名称、类别、合同金额、投标人在项目中参与的百分比、合同是否圆满完成等。
- 在建工程项目调查。
- 近2年涉及的诉讼案件调查。
- 其他资格证明，即由承包商自行报送所有能表明其能力的各种书面材料。

② 资格预审基本条件。

- 营业执照：允许承接施工工作范围符合招标工程要求。
- 资质等级：达到或超过项目要求标准。
- 财力状况：通过开户银行的资信证明来体现。
- 流动资金：不少于预计合同价的百分比（例如5%）。
- 分包计划：主体工程不能分包。
- 履约情况：没有毁约被驱逐的历史。

③ 资格预审强制性条件。强制性条件并非是每个招标项目都必须设置的条件。强制性条件根据招标工程的施工特点设定具体要求，该项条件不一定与招标工程的实施内容完全相同，只要与本项工程的施工技术和管理能力在同一水平即可。

3. 评标

① 综合评分法。综合评分法分为两种。

- 以标底衡量报价得分的综合评分法。
- 以修正标底值作为报价评分衡量标准的综合评分法。

② 评标价法。

课 堂 案 例

某工程项目，建设单位通过招标选择了一个具有相应资质的监理单位承担施工招标代理和施工阶段监理工作，并在监理中标通知书发出后第45天，与该监理单位签订了委托监理合同，之后双方又另行签订了一份监理酬金比监理中标价降低10%的协议。

在施工公开招标中，有A、B、C、D、E、F、G、H等施工单位报名投标，经监理单位资格预审，均符合要求，但建设单位以A施工单位是外地企业为由不同意其参加投标，而监理单位坚持认为A施工单位有资格参加投标。

评标委员会由5人组成，其中有当地建设行政管理部门的招标投标管理办公室主任1人、建设单位代表1人、政府提供的专家库中抽取的技术经济专家3人。

评标时发现，B施工单位投标报价明显低于其他投标单位报价且未能合理说明理由；D施工单位投标报价大写金额小于小写金额；F施工单位投标文件提供的检验标准和方法不符合招标文件的要求；H施工单位投标文件中某分项工程的报价有个别漏项；其他施工单位的投标文件均符合招标文件要求。

建设单位最终确定G施工单位中标，并按照《建设工程施工合同（示范文本）》与该施工单位签订了施工合同。

工程按期进入安装调试阶段后，由于雷电引发了一场火灾。火灾结束后48h内，G施工单位向项目监理机构通报了火灾损失情况：工程本身损失150万元；总价值100万元的待安装设备彻底报废；G施工单位人员烧伤所需医疗费及补偿费预计15万元，租赁的施工设备损坏赔偿10万元；其他单位临时停放在现场的一辆价值25万元的汽车被烧毁。另外，大火扑灭后G施工单位停工5d，造成其他施工机械闲置损失2万元以及必要的管理保卫人员费用支出1万元，并预计工程所需清理、修复费用200万元。损失情况经项目监理机构审核属实。

问题：

1. 指出建设单位在监理招标和委托监理合同签订过程中的不妥之处，并说明理由。

2. 在施工招标资格预审中，监理单位认为A施工单位有资格参加投标是否正确？说明理由。

3. 指出评标委员会组成的不妥之处，说明理由，并写出正确做法。

4. B、D、F、H四家施工单位的投标是否为有效标？说明理由。

5. 安装调试阶段发生的这场火灾是否属于不可抗力？建设单位和G施工单位应各自承担哪些损失或费用（不考虑保险因素）？

分析：

1. 在监理中标通知书发出后第45d签订委托监理合同不妥，依照《招标投标法》，应于30d内签订合同。在签订委托监理合同后双方又另行签订了一份监理酬金比监理中标价降低10%的协议不妥，依照《招标投标法》，招标人和中标人不得再行订立背离合同实质性内容的其他协议。

2. 监理单位认为A施工单位有资格参加投标是正确的。以所处地区作为确定投标资格的依据是一种歧视性的依据，这是《招标投标法》明确禁止的。

3. 评标委员会组成不妥，不应包括当地建设行政管理部门的招标投标管理办公室主任。

正确组成应为：

评标委员会由招标人或其委托的招标代理机构熟悉相关业务的代表，以及有关技术、经济等方面的专家组成，成员人数为5人以上单数，其中技术、经济等方面的专家不得少于成员总数的2／3。

4. B、F两家施工单位的投标不是有效标。B单位的情况可以认定为低于成本，F单位的情况可以认定为是明显不符合技术规格和技术标准的要求，属重大偏差。D、H两家单位的投标是有效标，他们的情况不属于重大偏差。

5. 安装调试阶段发生的火灾属于不可抗力。建设单位应承担的费用包括工程本身损失150万元，其他单位临时停放在现场的汽车损失25万元，待安装设备的损失100万元，工程所需清理、修复费用200万元。施工单位应承担的费用包括施工单位人员烧伤所需医疗费及补偿费预计15万元，租赁的施工设备损坏赔偿10万元，大火扑灭后施工单位停工5d，造成其他施工机械闲置损失2万元，以及必要的管理保卫人员费用支出1万元。

学习单元四　解除合同

✏️ **知识目标**

1. 了解合同解除的概念。
2. 掌握合同解除的理由。

📖 **基础知识**

一、合同解除的概念

合同解除，是指对已经发生法律效力、但尚未履行或者尚未完全履行的合同，因当事人一方的意思表示或者双方的协议而使债权债务关系提前归于消灭的行为。合同解除可分为约定解除和法定解除两类。

合同一经成立即具有法律约束力，任何一方都不得擅自解除合同。但是，当事人在订立合同后，由于主观和客观情况的变化，有时会发生原合同的全部履行或部分履行成为不必要或不可能的情况，需要解除合同，以减少不必要的经济损失或收到更好的经济效益，以有利于稳定和维护正常的社会主义市场经济秩序。因此，在符合法定条件下，允许当事人依照法定程序解除合同。

二、约定解除

约定解除是当事人通过行使约定的解除权或者双方协商决定而进行的合同解除。当事人协商一致可以解除合同，即合同的协商解除。当事人也可以约定一方解除合同的条件，解除合同条件成立时，解除权人可以解除合同，即合同约定解除权的解除。

合同的这两种约定解除有很大的不同。合同的协商解除一般是合同已开始履行后进行的约定，且必然导致合同的解除；而合同约定解除权的解除则是合同履行前的约定，它不一定导致合同的真正解除，因为解除合同的条件不一定成立。

三、法定解除

法定解除是解除条件直接由法律规定的合同解除。当法律规定的解除条件具备时，当事人可以解除合同。它与合同约定解除权的解除都是具备一定解除条件时，由一方行使解除权；区别则在于解除条件的来源不同。

有下列情形之一的，当事人可以解除合同。

① 因不可抗力致使不能实现合同目的的。
② 在履行期限届满之前，当事人一方明确表示或者以自己的行为表明不履行主要债务；
③ 当事人一方延迟履行主要债务，经催告后在合理的期限内仍未履行。
④ 当事人一方延迟履行债务或者有其他违法行为，致使不能实现合同目的的。
⑤ 法律规定的其他情形。

四、合同解除的法律后果

当事人一方依照法定解除的规定主张解除合同的，应当通知对方。合同自通知到达对方时解除。对方有异议的，可以请求人民法院或者仲裁机构确认解除合同的效力。法律、行政法规规定解除合同应当办理批准、登记等手续的，则应当在办理完相应手续后解除。

合同解除后，尚未履行的，终止履行；已经履行的，根据履行情况和合同性质，当事人可以要求恢复原状、采取其他补救措施，并有权要求赔偿损失。合同的权利义务终止，不影响合同中结算和清理条款的效力。

学习单元五　建设工程委托监理合同管理

知识目标

1. 了解委托监理合同的条件。
2. 熟悉委托监理合同双方的权利和义务。
3. 掌握监理合同的酬金。

基础知识

工程建设委托监理合同简称监理合同，是指委托人与监理人就委托的工程项目管理内容签订的明确双方权利、义务的协议。

在我国，项目管理公司或专业的监理公司，也称监理人，作为独立的社会中介组织，在项目实施过程中起着重要的作用。而工程发包人也称委托人，把项目建设过程中与第三方所签订的合同的履行管理职责，以合同的形式委托给监理人。这种合同就是工程建设委托监理合同。

工程建设委托监理合同适用于公民之间、法人之间、公民与法人之间的委托代理关系。

工程建设委托监理合同是委托合同的一种，除具有委托合同的共同特点外，还包括合同的标的是劳务；合同必须以受托人的承诺为条件，且自承诺之日起合同生效；合同是一种双务合同，必须在要约承诺后才能成立；合同可以是有偿合同，也可以是无偿合同。

一、工程建设委托监理合同的条件

工程建设委托监理合同的条件分为标准条件和专用条件两种。

1. 工程建设委托监理合同的标准条件

工程建设委托监理合同的标准条件是合同内容涵盖了合同上所用词语定义、适用范围和法规，签约双方的责任、权利和义务，合同生效、变更与终止，监理报酬，争议的解决以及其他一些情况，是委托监理合同的通用文件，适用于各类工程建设项目监理。各个委托人、监理人都应遵守。

2. 工程建设委托监理合同的专用条件

工程建设委托监理合同的专用条件是指在签订具体工程项目监理合同时，结合地域特点、专业特点和委托监理项目的工程特点，对标准条件中的某些条款进行补充、修改。

所谓"补充"，是指标准条件中的条款明确规定，在该条款确定的原则下，专用条件的条款中进一步明确具体内容，使两个条件中相同序号的条款共同组成一条内容完备的条款。

所谓"修改"，是指标准条件中规定的程序方面内容，如果双方认为不合适，可以协议修改。

二、双方的权利

1. 委托人权利

（1）授予监理人权限的权利

监理合同是要求监理人对委托人与第三方签订的各种承包合同的履行实施监理，监理人在委托人授权范围内对其他合同进行监督管理，因此在监理合同内除需明确委托的监理任务外，还应规定监理人的权限。在委托人授权范围内，监理人可对所监理的合同自主地采取各种措施进行监督、管理和协调，如果超越权限时，应首先征得委托人同意后方可发布有关指令。委托人授予监理人权限的大小，要根据自身的管理能力、建设工程项目的特点及需要等因素考虑。监理合同内授予监理人的权限，在执行过程中可随时通过书面附加协议予以扩大或减小。

（2）对其他合同承包人的选定权

委托人是建设资金的持有者和建筑产品的所有人，因此对设计合同、施工合同、加工制造合同等的承包单位有选定权和订立合同的签字权。监理人在选定其他合同承包人的过程中仅有建议权而无决定权。监理人协助委托人选择承包人的工作，可能包括邀请招标时提供有资格和能力的承包人名录；帮助起草招标文件；组织现场考察；参与评标，以及接受委托代理招标等。但标准条件中规定，监理人对设计和施工等总包单位所选定的分包单位，拥有批准权或否决权。

（3）委托监理工程重大事项的决定权

委托人有对工程规模、规划设计、生产工艺设计、设计标准和使用功能等要求的认定权，有工程设计变更审批权。

（4）对监理人履行合同的监督控制权

委托人对监理人履行合同的监督权利体现在以下三个方面。

① 对监理合同转让和分包的监督。除了支付款的转让外，未经委托人的书面同意，监理人不得将所涉及的利益或规定义务转让给第三方。监理人所选择的监理工作分包单位必须事先征得委托人的认可。在没有取得委托人的书面同意前，监理人不得开始实行、更改或终止全部或部分服务的任何分包合同。

② 对监理人的控制监督。合同专用条款或监理人的投标书内，应明确总监理工程师人选和监理机构派驻人员计划。合同开始履行时，监理人应向委托人报送委派的总监理工程师及其监理机构主要成员名单，以保证完成监理合同专用条件中约定的监理工作范围内的任务。当监理人调换总监理工程师时，须经委托人同意。

③ 对合同履行的监督权。监理人有义务按期提交月、季、年度的监理报告，委托人也可以随时要求其对重大问题提交专项报告，这些内容应在专用条款中明确规定。委托人按照合同约定检查监理工作的执行情况，如果发现监理人员不按监理合同履行职责或与承包方串通，给委托人或工程造成损失，有权要求监理人更换监理人员，直至终止合同，并承担相应赔偿责任。

2. 监理人权利

监理合同中涉及监理人权利的条款可分为两大类，一类是监理人在委托合同中应享有的权利，另一类是监理人履行委托人与第三方签订的承包合同的监理任务时可行使的权利。

（1）委托监理合同中赋予监理人的权利

① 完成监理任务后获得酬金的权利。监理人不仅可获得合同规定的正常监理任务酬金，如合同履行过程中因条件的变化，完成附加工作和额外工作后，也有权按照专用条款中约定的计算方法得到附加和额外工作的酬金。正常酬金的支付程序和金额，以及附加与额外工作酬金的计算办法，应在专用条款内写明。

② 获得奖励的权利。监理人在工作过程中作出了显著成绩，如由于监理人提出的合理化建议，使委托人获得实际经济利益，则应按照合同中规定的奖励办法，得到委托人给予的适当物质奖励。奖励办法通常参照国家颁布的合理化建议奖励办法，写明在专用条件相应的条款内。

③ 终止合同的权利。如果由于委托人违约，严重拖欠应付监理人的酬金，或由于非监理人责任而使监理暂停期限超过半年以上，监理人可按照终止合同规定程序，单方面提出终止合同，以保护自己的合法权益。

（2）监理人执行监理业务可以行使的权利

① 工程建设有关事项和工程设计的建议权。工程建设有关事项包括工程规模、设计标准、规划设计、生产工艺和使用功能要求。

② 对实施工程项目的质量、工期和费用的监督控制权。主要表现为对承包人报的工程施工组织设计和技术方案，按照保质量、保工期和降低成本要求，自主进行审批和向承包人提出建议；征得委托人同意，发布开工令、停工令、复工令；对工程上使用的材料和施工质量进行检验；对施工进度进行检查、监督，未经监理工程师签字，建筑材料、建筑构配件和设备不得在工地上使用，施工单位不得进行下一道工序的施工；工程实施竣工日期提前或延误期限的鉴定；在工程承包合同约定的工程范围内，工程款支付的审核和签认权，以及结算工程款的复核确认与否定权。未经监理人签字确认，委托人不支付工程款，不进行竣工验收。

③ 工程建设有关协作单位组织协调的主持权。在委托监理的工程范围内，委托人或承包人对对方的任何意见和要求（包括索赔要求），均必须首先向监理机构提出，由监理机构研究处置意见，再同双方协商确定。当委托人和承包人发生争议时，监理机构应根据自己的职能，以独立的身份判断，公正地进行调解。当双方的争议由政府建设行政主管部门调解或仲裁机关仲裁时，应当提供作证的事实材料。

④ 在业务紧急情况下，为了工程和人身安全，尽管变更指令超越了委托人授权而不能事先得到批准时，也有权发布变更指令，但应尽快通知委托人。

⑤ 审核承包人索赔的权力。

三、双方的义务

1. 委托人义务

① 委托人应负责工程建设的所有外部关系的协调工作，满足开展监理工作所需提供的外部条件。

② 与监理人做好协调工作。委托人要授权一位熟悉工程建设情况，能迅速作出决定的常驻代表，负责与监理人联系。更换此人要提前通知监理人。

③ 为了不耽搁服务，委托人应在合理时间内就监理人以书面形式提交并要求作出决定的一切事宜作出书面决定。

④ 为监理人顺利履行合同义务，做好协助工作。协助工作包括以下几方面内容。

- 将授予监理人的监理权利，以及监理人监理机构主要成员的职能分工、监理权限及时书面通知已选定的第三方，并在与第三方签订的合同中予以明确。
- 在双方议定的时间内，免费向监理人提供与工程有关的监理服务所需要的工程资料。
- 为监理人驻工地监理机构开展正常工作提供协助服务。服务内容包括信息服务、物质服务和人员服务三个方面。

2. 监理人义务

① 监理人在履行合同的义务期间，应运用合理的技能，认真勤奋地工作，公正地维护有关方面的合法权益。当委托人发现监理人员不按监理合同履行监理职责，或与承包人串通给委托人或工程造成损失时，委托人有权要求监理人更换监理人员，直到终止合同并要求监理人承担相应的赔偿责任或连带赔偿责任。

② 合同履行期间，应按合同约定派驻足够人员从事监理工作。开始执行监理业务前，向委托人报送派往该工程项目的总监理工程师及该项目监理机构的人员情况。合同履行过程中如果需要调换总监理工程师，必须首先经过委托人同意，并派出具有相应资质和能力的人员。

③ 在合同期内或合同终止后，未征得有关方同意，不得泄露与本工程、合同业务有关的保密资料。

④ 任何由委托人提供的供监理人使用的设施和物品都属于委托人的财产，监理工作完成或中止时，应将设施和剩余物品归还委托人。

⑤ 非经委托人书面同意，监理人及其职员不应接受委托监理合同约定以外的与监理工程有关的报酬，以保证监理行为的公正性。

⑥ 监理人不得参与合同规定的可能与委托人利益相冲突的任何活动。

⑦ 在监理过程中，不得泄露委托人申明的秘密，也不得泄露设计、施工等单位申明的秘密。

⑧ 负责合同的协调管理工作。

四、监理合同的酬金

1. 监理合同酬金的构成

监理合同的酬金主要包括正常监理工作的酬金、附加监理工作的酬金、额外监理工作的酬金和奖金。

（1）正常监理工作的酬金

正常监理工作指的是监理合同专用条款内注明的监理工作范围和内容。正常监理工作的酬金是监理单位在工程项目监理中所需的全部成本，具体应包括直接成本、间接成本，再加上合理的利润和税金。

（2）附加监理工作的酬金

附加监理工作是指与完成正常工作相关，在委托正常监理工作范围以外监理人应完成的工作。可能包括由于委托人、第三方原因，使监理工作受到阻碍或延误，以致增加了工作量或延续时间；增加监理工作的范围和内容等。

附加监理工作的酬金是指监理人完成附加工作，委托人所需支付的酬金，主要包括以下两部分。

①增加监理工作时间的补偿酬金，计算公式为：

$$报酬 = 附加工作天数 \times 合同约定的报酬 \div 合同中约定监理服务天数 \qquad (5-1)$$

②增加监理工作内容的补偿酬金。增加监理工作的范围或内容属于监理合同变更，双方应另行签订补充协议，并具体商定报酬额或报酬的计算方法。

（3）额外监理工作的酬金

额外监理工作是指正常工作和附加工作以外的工作，即非监理人自己的原因暂停或终止监理业务，其善后工作及恢复监理业务前不超过42d的准备工作时间。额外监理工作的酬金按实际增加工作的天数计算补偿金额，可参照式（5-1）计算。

（4）奖金

监理人在监理过程中提出的合理化建议使委托人得到了经济效益，有权按专用条款的约定获得经济奖励。奖金的计算办法为：

$$奖励金额 = 工程费用节省额 \times 报酬比率 \qquad (5-2)$$

2. 监理合同酬金的支付

在监理合同实施中，监理酬金支付方式可以根据工程的具体情况双方协商确定。一般采用首期支付多少，以后每月（季）等额支付，工程竣工验收后结算尾款。

> **小提示**
>
> 支付过程中，如果委托人对监理人提交的支付通知书中酬金或部分酬金项目提出异议，应在收到支付通知书24h内向监理人发出表示异议的通知，但不得拖延其他无异议酬金项目的支付。

委托人在议定的支付期限内未支付的，自规定之日起向监理人补偿支付酬金的利息。利息按规定支付期限最后1日银行贷款利息乘以拖欠酬金时间计算。

五、监理合同的生效、变更、终止及违约

1. 生效

委托监理合同自签订合同之日起生效。监理合同的有效期即监理人的责任期，不是以约定的日历天数为准，而是以监理人是否完成了附加和额外工作的义务来判定。通用条款规定，监理合同的有效期为双方签订合同后，从工程准备工作开始，到监理人向委托人办理完竣工验收或工程移交手续，承包人和委托人已签订工程保修责任书，监理人收到监理报酬尾款，监理合同才终止。如果保修期间仍需监理人执行相应的监理工作，双方应在专用条款中另行约定。

2. 变更

如果委托人要求，监理人可提出更改监理工作的建议，这类建议的工作和移交应看作一次附加的工作。工程建设中难免出现许多不可预见的事项，因而经常会出现要求修改或变更合同条件的情况。

3. 合同的暂停或终止

①监理人向委托人办理竣工验收或工程移交手续，承包商和委托人已签订工程保修合同，

监理人收到监理酬金尾款结清监理酬金后，本合同即告终止。

② 当事人一方要求变更或解除合同时，应当在42d前通知对方，因变更或解除合同使一方遭受损失的，除依法可免除责任者外，应由责任方负责赔偿。

③ 变更或解除合同的通知或协议必须采取书面形式，协议未达成之前，原合同仍然有效。

④ 如果委托人认为监理人无正当理由而又未履行监理义务，可向监理人发出指明其未履行监理义务的通知。若委托人在21d内没收到答复，可在第一个通知发出后35d内发出终止监理合同的通知，合同即行终止。

⑤ 监理人在应当获得监理酬金之日起30d内仍未收到支付单据，而委托人又未对监理人提出任何书面解释，或暂停监理业务期限已超过半年时，监理人可向委托人发出终止合同通知。如果14d内未得到委托人答复，可进一步发出终止合同通知。如果第二份通知发出后42d内仍未得到委托人答复，监理人可终止合同，也可自行暂停履行部分或全部监理业务。

4. 合同违约及赔偿

监理人在责任期内，如果因过失而造成经济损失，要负监理失职的责任；监理人不对责任期以外发生的任何事情所引起的损失或损害负责，也不对第三方违反合同规定的质量要求和完工（交图、交货）的时限承担责任。

在合同责任期内，如果监理人未按合同中要求的职责勤恳认真地服务，或委托人违背了对监理人的责任，均应向对方承担赔偿责任。

> **小 提 示**
>
> 任何一方对另一方负有责任时的赔偿原则是：委托人违约应承担违约责任，赔偿监理人的经济损失；因监理人过失造成经济损失，应向委托人进行赔偿，累计赔偿不应超出监理酬金总额（除去税金）；当一方向另一方的索赔要求不成立时，提出索赔的一方应补偿由此所导致的对方的各种费用支出。

学习单元六 索赔

📝 知识目标

1. 了解索赔的概念和程序。
2. 掌握工程师索赔管理。

📖 基础知识

一、索赔的概念

索赔是当事人在合同实施过程中，根据法律、合同规定及惯例，对并非由于自己的过错，而是由于应由合同对方承担责任的情况造成的，且实际发生了损失，向对方提出给予补偿或赔偿的权利要求。在工程建设的各个阶段，都有可能发生索赔，但在施工阶段索赔发生较多。

对施工合同的双方来说，都有通过索赔维护自己合法利益的权利，依据双方约定的合同责任，构成正确履行合同义务的制约关系。

从索赔的基本含义，可以看出索赔具有以下基本特征。

① 索赔是双向的，不仅承包人可以向发包人索赔，发包人同样也可以向承包人索赔。由于实践中发包人向承包人索赔发生的频率相对较低，而且在索赔处理中，发包人始终处于主动和有利地位，对承包人的违约行为，发包人可以直接从应付工程款中扣抵、扣留保留金或通过履约保函向银行索赔来实现自己的索赔要求。因此在工程实践中大量发生的、处理比较困难的是承包人向发包人的索赔，也是工程师进行合同管理的重点内容之一。承包人的索赔范围非常广泛，一般只要因非承包人自身责任造成其工期延长或成本增加，都有可能向发包人提出索赔。有时发包人违反合同，如未及时交付施工图纸、决策错误等造成工程修改、停工、返工、窝工，未按合同规定支付工程款等，承包人可向发包人提出赔偿要求；也可能由于发包人应承担风险的原因，如恶劣气候条件影响、国家法规修改等造成承包人损失或损害时，也会向发包人提出补偿要求。

② 只有实际发生了经济损失或权利损害，一方才能向对方索赔。经济损失是指因对方因素造成合同外的额外支出，如人工费、材料费、机械费、管理费等额外开支；权利损害是指虽然没有经济上的损失，但造成了一方权利上的损害，如由于恶劣气候条件对工程进度的不利影响，承包人有权要求延长工期等。因此发生了实际的经济损失或权利损害，应是一方提出索赔的一个基本前提条件。有时上述两者同时存在，如发包人未及时交付合格的施工现场，既造成承包人的经济损失，又侵犯了承包人的工期权利，因此，承包人既要求经济赔偿，又要求工期延长；有时两者可单独存在，如恶劣气候条件影响、不可抗力事件等，承包人根据合同规定或惯例则只能要求延长工期，不应要求经济补偿。

③ 索赔是一种未经对方确认的单方行为。它与通常所说的工程签证不同。在施工过程中签证是承发包双方就额外费用补偿或工期延长等达成一致的书面证明材料和补充协议，它可以直接作为工程款结算或最终增减工程造价的依据，而索赔则是单方面行为，对对方尚未形成约束力，这种索赔要求必须要通过确认（如双方协商、谈判、调解或仲裁、诉讼）后才能实现。

许多人一听到"索赔"两字，很容易联想到争议的仲裁、诉讼或双方激烈的对抗，因此往往认为应当尽可能避免索赔，担心因索赔而影响双方的合作或感情。实质上索赔是一种正当的权利或要求，是合情、合理、合法的行为，它是在正确履行合同的基础上争取合理的偿付，不是无中生有，无理争利。索赔同守约、合作并不矛盾、对立，索赔本身就是市场经济中合作的一部分，只要是符合有关规定的、合法的或者符合有关惯例的，就应该理直气壮地、主动地向对方索赔。大部分索赔都可以通过协商谈判和调解等方式获得解决，只有在双方坚持己见而无法达成一致时，才会提交仲裁或诉诸法院求得解决，即使诉诸法律程序，也应当被看成是遵法守约的正当行为。

二、施工索赔的分类

1. 按索赔的合同依据分类

（1）合同中明示的索赔

合同中明示的索赔是指承包人所提出的索赔要求，在该工程项目的合同文件中有文字依据，承包人可以据此提出索赔要求，并取得经济补偿。这些在合同文件中有文字规定的合同条款，称为明示条款。

（2）合同中默示的索赔

合同中默示的索赔，即承包人的该项索赔要求，虽然在工程项目的合同条款中没有专门的文字叙述，但可以根据该合同的某些条款的含义，推论出承包人有索赔权。这种索赔要求，同样有法律效力，有权得到相应的经济补偿。这种有经济补偿含义的条款，在合同管理工作中被称为"默示条款"或称为"隐含条款"。

默示条款是一个广泛的合同概念，它包含合同明示条款中没有写入、但符合双方签订合同时设想的愿望和当时环境条件的一切条款。这些默示条款，或者从明示条款所表述的设想愿望中引申出来，或者从合同双方在法律上的合同关系引申出来，经合同双方协商一致，或被法律和法规所指明，都成为合同文件的有效条款，要求合同双方遵照执行。

2. 按索赔目的分类

（1）工期索赔

由于非承包人责任的原因而导致施工进程延误，要求批准顺延合同工期的索赔，称之为工期索赔。工期索赔形式上是对权利的要求，以避免在原定合同竣工日不能完工时，被发包人追究拖期违约责任。一旦获得批准合同工期顺延后，承包人不仅免除了承担拖期违约赔偿费的严重风险，而且可能提前工期得到奖励，最终仍反映在经济收益上。

（2）费用索赔

费用索赔的目的是要求经济补偿。当施工的客观条件改变导致承包人增加开支，要求对超出计划成本的附加开支给予补偿，以挽回不应由承包人承担的经济损失。

3. 按索赔事件的性质分类

（1）工程延误索赔

因发包人未按合同要求提供施工条件，如未及时交付设计图纸、施工现场、道路等，或因发包人指令工程暂停或不可抗力事件等原因造成工期拖延的，承包人对此提出索赔。这是工程中常见的一类索赔。

（2）工程变更索赔

由于发包人或监理工程师指令增加或减少工程量或增加附加工程、修改设计、变更工程顺序等，造成工期延长和费用增加，承包人对此提出索赔。

（3）合同被迫终止的索赔

由于发包人或承包人违约以及不可抗力事件等原因造成合同非正常终止，无责任的受害方因其蒙受经济损失而向对方提出索赔。

（4）工程加速索赔

由于发包人或工程师指令承包人加快施工速度，缩短工期，引起承包人人、财、物的额外开支而提出的索赔。

（5）意外风险和不可预见因素索赔

在工程实施过程中，因人力不可抗拒的自然灾害、特殊风险以及一个有经验的承包人通常不能合理预见的不利施工条件或外界障碍，如地下水、地质断层、溶洞、地下障碍物等引起的索赔。

（6）其他索赔

如因货币贬值、汇率变化、物价上涨、工资上涨、政策法令变化等原因引起的索赔。

三、索赔的起因

引起工程索赔的原因非常多，也比较复杂，主要有以下方面。

① 工程项目的特殊性。现代工程规模大、技术性强、投资额大、工期长、材料设备价格变化快。工程项目的差异性大、综合性强、风险大，使得工程项目在实施过程中存在许多不确定变化因素，而合同则必须在工程开始前签订，它不可能对工程项目所有的问题都能作出合理的预见和规定，而且发包人在实施过程中还会有许多新的决策，这一切使得合同变更极为频繁，而合同变更必然会导致项目工期和成本的变化。

② 工程项目内外部环境的复杂性和多变性。工程项目的技术环境、经济环境、社会环境、法律环境的变化，诸如地质条件变化、材料价格上涨、货币贬值、国家政策和法规的变化等，会在工程实施过程中经常发生，使得工程的计划实施过程与实际情况不一致，这些因素同样会导致工程工期和费用的变化。

③ 参与工程建设主体的多元性。由于工程参与单位多，一个工程项目往往会有发包人、总包人、工程师、分包人、指定分包人、材料设备供应商等众多参加单位。各方面的技术、经济关系错综复杂，相互联系又相互影响，只要一方失误，不仅会造成自己的损失，而且会影响其他合作者，造成他人损失，从而导致索赔。

④ 工程合同的复杂性及易出错性。建设工程合同文件多且复杂，经常会出现措词不当、缺陷、图纸错误，以及合同文件前后自相矛盾或者可作不同解释等问题，容易造成合同双方对合同文件理解不一致，从而出现索赔。

以上这些问题会随着工程的逐步开展而不断暴露出来，必然使工程项目受到影响，导致工程项目成本和工期的变化，这就是索赔形成的根源。因此，索赔的发生，不仅是一个索赔意识或合同观念的问题，从本质上讲，索赔也是一种客观存在。

四、索赔的程序

索赔程序通常可分为以下七个步骤。

1. 索赔意向通知

在索赔事件发生后，承包商应抓住索赔机会，迅速作出反应。承包商应在索赔事件发生后的28d内向工程师递交索赔意向通知，声明将对此索赔事件提出索赔。如果超过这个期限，工程师和业主有权拒绝承包商的索赔要求。承包商提出索赔时，应做好以下各项工作。

① 事态调查，即寻找索赔机会。
② 损害事件原因分析，即分析这些损害事件是由谁引起的，它的责任应由谁来承担。
③ 索赔根据，即索赔理由，主要指合同文件。
④ 损失调查，即对索赔事件的影响分析。
⑤ 索赔事件发生，承包商应抓紧收集证据。
⑥ 起草索赔报告。

2. 索赔报告递交

索赔意向通知提交后的28d内，或工程师可能同意的其他合理时间内，承包商应递送正式的索赔报告。索赔报告的内容应包括事件发生的原因、对其权益影响的证据资料、索赔的依据、此项索赔要求补偿的款项和工期展延天数的详细计算等。如果索赔事件的影响持续存在，

28d内还不能算出索赔额和工期展延天数时，承包商应按工程师合理要求的时间间隔（一般为28d），定期报出每一个时间段内的索赔证据资料和索赔要求。在该项索赔事件的影响结束后的28d内，报出最终详细报告，提出索赔论证资料和累计索赔额。承包商发出索赔意向通知后，可以在工程师指示的其他合理时间内再报送正式索赔报告，即工程师在索赔事件发生后有权不马上处理该项索赔。如果承包商未能按时间规定提出索赔意向和索赔报告，则他就失去了该项事件请求补偿的索赔权利。

3. 工程师审查索赔报告

（1）工程师审核承包商的索赔申请

在接到正式索赔报告以后，工程师应认真研究承包商报送的索赔资料。首先在不确认责任归属的情况下，客观分析事件发生的原因，对照合同的有关条款，研究承包商的索赔证据，并检阅他的同期记录。其次，通过对事件的分析，工程师再依据合同条款划清责任界限，如果有必要时还可以要求承包商进一步提供补充材料。最后再审查承包商提出的索赔补偿要求，剔除其中的不合理部分，拟定自己计算的合理索赔款额和工期延展天数。

（2）索赔成立条件

① 与合同相对照，事件已造成了承包商施工成本的额外支出，或直接工期损失。

② 造成费用增加或工期损失的原因，按合同约定不属于承包商的行为责任或风险责任。

③ 承包商按合同规定的程序提交了索赔意向通知和索赔报告。

4. 工程师与承包商协商补偿

通过协商达不成共识的话，承包商有权得到所提供的证据满足工程师认为索赔成立那部分的付款和工期延展。不论工程师通过协商与承包商达成一致，还是他单方面作出的处理决定，批准给予补偿的款额和延展工期的天数，如果在授权范围之内，则可将此结果通知承包商，并抄送业主；如果批准的额度超过工程师权限，则报请业主批准。

5. 工程师提出索赔处理决定

工程师应该向业主和承包商提出自己的索赔处理决定。工程师收到承包商送交的索赔报告和有关资料后，于28d内给予答复。工程师在28d内未予以答复，或未要求承包商进一步补充索赔理由和证据，则视为该项索赔已经认可。

小提示

工程师在索赔处理决定中应该简明地叙述索赔事项、理由和建议给予补偿的金额及（或）延长的工期。索赔评价报告则是作为该决定的附件提供的。在收到工程师的索赔处理决定后，无论业主还是承包商，如果认为该处理决定不公正，都可以在合同规定的时间内提请工程师重新考虑。

---

6. 业主审查索赔处理

当工程师确定的索赔额超过其权限范围时，必须报请业主批准。

业主首先根据事件发生的原因、责任范围、合同条款审核承包商的索赔申请和工程师的处理报告，再依据工程建设的目的、投资控制、竣工投产日期要求以及针对承包商在施工中的缺陷或违反合同规定等的有关情况，决定是否批准工程师的处理意见，而不能超越合同条款的约定范围。

7. 承包商是否接受最终索赔处理

承包商接受最终的索赔处理决定，索赔事件的处理即告结束。如果承包商不同意，就会导致合同争议。如达不成谅解，承包商有权提交仲裁解决。

课堂案例

某工程项目施工采用了包工包全部材料的固定价格合同。工程招标文件参考资料中提供的用砂地点距工地4km。但是开工后，检查该砂质量不符合要求，承包商只得从另一距工地20km的供砂地点采购。而在一个关键工作面上又发生了以下原因造成临时停工：5月20日至5月26日承包商的施工设备出现了从未出现过的故障；应于5月24日交给承包商的后续图纸直到6月10日才交给承包商；6月7日至6月12日施工现场下了该季节罕见的特大暴雨，造成了6月13日至6月14日该地区的供电全面中断。

问题：

1. 由于供砂距离的增大，必然引起费用的增加，承包商经过仔细计算后，在业主指令下达的第3d，向监理工程师提交了将原用砂单价每吨提高5元人民币的索赔要求。作为一名监理工程师应该批准该索赔要求吗，为什么？

2. 由于几种情况的暂时停工，承包商在6月15日向监理工程师提交了延长工期25d，成本损失费人民币2万元/d（此费率已经监理工程师核准）和利润损失费人民币2000元/d的索赔要求，共计索赔款57.2万元。作为一名监理工程师应该批准该索赔款额多少万元？

3. 索赔成立的条件是什么？

4. 若承包商对因业主原因造成窝工损失进行索赔时，要求设备窝工损失按台班计算，人工的窝工损失按工日计价是否合理？如不合理应怎样计算？

5. 你认为应该在业主给承包商工程进度款的支付中扣除竣工拖期违约损失赔偿金吗，为什么？

分析：

1. 因砂场地点的变化提出的索赔不能被批准，原因如下。

① 承包商应对自己就招标文件的解释负责并考虑相关风险。

② 承包商应对自己报价的正确性与完备性负责。

③ 材料供应的情况变化是一个有经验的承包商能够合理预见到的。

2. 可以批准的费用索赔额为32万元人民币，原因如下。

① 5月20日至5月26日出现的设备故障，属于承包商应承担的风险，不应考虑承包商的费用索赔要求。

② 5月27日至6月9日是由于业主迟交图纸引起的，为业主应承担的风险，可以索赔，但不应考虑承包商的利润要求，索赔额为14d×2万元/d=28万元。

③ 6月7日至6月12日的特大暴雨属于双方共同的风险，不应考虑承包商的费用索赔要求。

④ 6月13日至6月14日的停电属于有经验的承包商无法预见的自然条件变化，为业主应承担的风险，但不应考虑承包商的利润要求，索赔额为2d×2万元/d=4万元。

　　3. 承包商的索赔要求成立必须同时具备如下四个条件。

　　① 与合同相比较，已造成了实际的额外费用或工期损失。

　　② 造成费用增加或工期损失的原因不是由于承包商的过失。

　　③ 按合同规定造成的费用增加或工期损失不是应由承包商承担的风险。

　　④ 承包商在事件发生后的规定时间内提出了索赔的书面意向通知。

　　4. 不合理。因窝工闲置的设备按折旧费或停滞台班费或租赁费计价，不包括运转费部分；人工费损失应考虑这部分工作的工人调做其他工作时工效降低的损失费用；一般用工日单价乘以一个测算的降效系数计算这一部分损失，而且只按成本费用计算，不包括利润。

　　5. 由上述事件引起的工程进度拖延不等于竣工工期的延误。原因是：如果不能通过施工方案的调整将延误的工期补回，将会造成工期延误，支付中要扣除拖期违约金；如果能够通过施工方案的调整将延误的工期补回，不会造成工期延误，不产生拖期违约金，支付中不扣。

五、工程师索赔管理

1. 监理工程师对工程索赔的影响

　　① 工程师受业主委托进行工程项目管理。如果工程师在工作中出现问题、失误或行使施工合同赋予的权力造成承包商的损失，业主必须承担相应合同规定的赔偿责任。

　　② 工程师有处理索赔问题的权力。

　　• 在承包商提出索赔意向通知以后，工程师有权检查承包商的当时记录。

　　• 对承包商的索赔报告进行审查分析，反驳承包商不合理的索赔要求，或索赔要求中不合理的部分。可指令承包商作出进一步解释，或进一步补充资料，提出审查意见或审查报告。

　　• 在工程师与承包商共同协商确定给承包商的工期和费用的补偿量达不成一致时，工程师有权单方面作出处理决定。

　　• 对合理的索赔要求，工程师有权将它纳入工程进度付款中，出具付款证书，业主应在合同规定的期限内支付。

　　③ 作为索赔争议的调解人。

　　④ 在争执的仲裁和诉讼过程中作为见证人。

2. 工程师索赔管理任务

　　① 预测和分析导致索赔的原因和可能性。

　　② 通过有效的合同管理减少索赔事件发生。

　　③ 公正地处理和解决索赔。

3. 工程师对索赔的审查

　　（1）审查索赔证据

　　工程师对索赔报告的审查，首先是判断承包商的索赔要求是否有理、有据。承包商应当提供的证据包括下列证明材料。

　　① 合同文件。

② 经工程师批准的施工进度计划。

③ 合同履行过程中的来往函件。

④ 施工现场记录。

⑤ 施工会议记录。

⑥ 工程照片。

⑦ 工程师发布的各种书面指令。

⑧ 中期支付工程进度款的单证。

⑨ 检查和试验记录。

⑩ 汇率变化表。

⑪ 各类财务凭证。

⑫ 其他有关资料。

（2）审查工程延展要求

① 划清施工进度拖延的责任。

② 被延误的工作应是处于施工进度计划关键路线上的施工内容。

③ 无权要求承包商缩短合同工期。

（3）审查费用索赔要求

工程师在审核索赔的过程中，除了划清合同责任以外，还应注意索赔计算的取费合理性和计算的正确性。

① 承包商可索赔的费用。费用内容一般可以包括以下几个方面。

- 人工费。
- 设备费。
- 材料费。
- 保函手续费。
- 贷款利息。
- 保险费。
- 利润。
- 管理费。

② 审核索赔取费的合理性。

③ 审核索赔计算的正确性。

（4）工程师对索赔的预防和减少

① 正确理解合同规定。

② 做好日常监理工作，随时与承包商保持协调。

③ 为承包商提供力所能及的帮助。

④ 建立和维护工程师处理合同事务的威信。

学 习 案 例

对某项工程的施工，业主通过公开招标方式选定了承包商。签订合同时，业主为了约束承包商能保证工程质量，要求承包商支付了20万元定金。业主与承包商双方在施工合同中对工程预付款、工程质量、工程价款、工期和违约责任等都作了具体约定。

施工合同履行时，在基础工程施工中碰到地下有大量文物，使整个工程停工10d；主体工程施工中由于施工机械出现故障，使进度计划中关键线路上的部分工作停工15d。两次停工，承包商都及时向监理工程师提出了工期索赔申请，并提供了施工记录。

问题：

1. 招标时对承包商的资质审查的内容有哪些？
2. 定金与预付款有什么区别？
3. 监理工程师判定承包商索赔成立的条件是什么？
4. 监理工程师对两次索赔申请应如何处理？

分析：

1. 对承包商资质审查的内容有企业法人营业执照和资质证书、人员素质、设备和技术能务、财产状况、工程经验、企业信誉等。

2. 定金与预付款的区别如下。

① 目的不同。定金的目的是为了证明合同的成立和确保合同的履行；而预付款是为了解决承包商的工程准备和材料准备中的资金问题。

② 性质不同。定金是担保形式，是法律行为；而预付款是一种惯例，是约定俗成的习惯，不是法律行为。

③ 处理不同。定金视合同履行情况有不同的法律后果。

- 合同正常履行，定金返还。
- 合同不履行，双方都无过错，定金返还。
- 支付定金的一方不履行合同，无权获得返还定金。
- 收取定金的一方不履行合同，双倍返还定金。

预付款在工程进度款中按比例以扣还的方式归还。

3. 监理工程师判定承包商索赔成立的条件有以下几个。

- 承包商受到了实际损失或损害。
- 损失不是因承包商的过错造成。
- 损害也不是承包商应承担的风险造成。
- 承包商在合同规定的索赔时限内提出索赔。

4. 对第一次索赔处理如下。

① 判定第一次索赔成立，原因如下。

- 遇到文物时的停工应视为业主应承担的风险，不属于承包商的责任，工期索赔理由成立。
- 承包商及时提供了证据资料。
- 承包商及时提出了索赔申请。

② 监理工程师根据监理记录核实延误的天数。

③ 监理工程师签发工期变更指令。

对第二次索赔处理如下。

① 判定第二次索赔不成立。因为施工机械故障造成工期延误是承包商自己的责任，索赔无理由。

② 监理工程师应在收到索赔申请后28d内作出答复，表示索赔不成立。

知识拓展

合同解除后的善后处理

合同解除后的善后处理方法如下。

① 合同解除后，当事人双方约定的结算和清理条款仍然有效。

② 承包人应当按照发包人要求妥善做好已完工程和已购材料、设备的保护和移交工作，按照发包人要求将自有机械设备和人员撤出施工现场。发包人应为承包人撤出提供必要条件，支付以上所发生的费用，并按合同约定支付已完工程款。

③ 已订货的材料、设备由订货方负责退货或解除订货合同，不能退还的货款和退货、解除订货合同发生的费用，由发包人承担。

学习情境小结

本学习情境内容包括建设工程施工合同概述、建设工程施工合同管理内容、建设工程招投标管理、合同的解除、工程建设委托监理合同管理和索赔处理。其中，建设工程施工合同的签订与履行，建设工程施工合同的订立内容，工程建设委托监理合同管理为重点内容。

建设工程施工合同的订立内容包括工期、费用、追加合同价款、合同价款的付款方式、工程预付款、工程款的支付方式、施工合同文件的组成和文件矛盾时的处理、解决施工合同争议的方式。

工程建设委托监理合同的条件分为标准条件和专用条件两种。监理合同的酬金主要包括正常监理工作的酬金、附加监理工作的酬金、额外监理工作的酬金和奖金。委托监理合同自签订合同之日起生效。

学习检测

一、填空题

1. 合同又称契约，是当事人双方或数方确立、变更和终止相互之间_____和_____的协议。

2. 建设工程施工合同的订立需要经过_____和_____两个阶段。

3. 建设工程施工合同是工程建设的主要合同，是工程建设_____、_____、_____的主要依据。

4. 工程建设委托监理合同的条件分为_____和_____两种。

二、选择题

1. 下列各项中属于附加监理工作酬金的是（　　　）。

A. 奖金　　　　　　　　　　　　　　B. 利润

C. 增加监理工作时间的补偿酬金　　　D. 税金

2. 监理合同中"附加工作"是指（　　　）。

A. 由于非监理方的原因使监理工作受到阻碍或延误而增加的监理工作

B. 监理合同范围以外的工作

C. 由于建设单位原因终止监理合同后的善后工作

D. 建设单位暂停监理业务后又恢复监理业务时监理方进行的工作

3. 合同转让属于（　　　　）。

A. 主体变更　　　B. 标的变更　　C. 权利变更　　D. 义务变更

三、简答题

1. 合同履行的原则是什么？

2. 建设工程施工合同的特点有哪些？

3. 简述建设工程施工合同的签订程序。

4. 什么是建设工程施工合同？其内容有哪些？

5. 什么是工程建设委托监理合同？

6. 简述委托人、监理人各自的权利和义务。

学习情境六

工程建设监理规划及监理组织

案例引入

某工程项目在设计文件完成后，业主委托了一家监理单位协助业主进行施工招标和施工阶段监理。

监理合同签订后，总监理工程师分析了工程项目规模和特点，拟按照组织结构设计、确定管理层次、确定监理工作内容、确定监理目标和制定监理工作流程等步骤，来建立本项目的监理组织机构。

施工招标前，监理单位编制了招标文件，主要包括以下内容。

1. 工程综合说明。
2. 设计图纸和技术资料。
3. 工程量清单。
4. 施工方案。
5. 主要材料与设备供应方式。
6. 保证工程质量、进度、安全的主要技术组织措施。
7. 特殊工程的施工要求。
8. 施工项目管理机构。
9. 合同条件。

为了使监理工作能够规范化进行，总监理工程师拟以工程项目建设条件、监理合同、施工合同、施工组织设计和各专业监理工程师编制的监理实施细则为依据，编制施工阶段监理规划。

监理规划中规定各监理人员的主要职责如下。

1. 总监理工程师职责

① 审核并确认分包单位资质。

② 审核签署对外报告。

③ 负责工程计量、签署原始凭证和支付证书。

④ 及时检查、了解和发现总承包单位的组织、技术、经济和合同方面的问题。

⑤ 签发开工令。

2. 专业监理工程师职责

① 主持建立监理信息系统，全面负责信息沟通工作。

② 对所负责控制的目标进行规划，建立实施控制的分系统。

③检查确认工序质量，进行检验。

④签发停工令、复工令。

⑤实施跟踪检查，及时发现问题，及时报告。

3. 监理员职责：

①负责检查和检测材料、设备、成品和半成品的质量。

②检查施工单位人力、材料、设备、施工机械投入和运行情况，并做好记录。

③记好监理日志。

案例导航

本案例主要涉及监理规划的内容与监理人员的职责。

本案例中，为了使监理工作能够规范化进行，总监理工程师拟以工程项目建设条件、监理合同、施工合同、施工组织设计和各专业监理工程师编制的监理实施细则为依据，编制施工阶段监理规划。这一做法是不正确的，因为施工组织设计是由施工单位（或承包单位）编制的指导施工的文件；监理实施细则是根据监理规划编制的。

本案例中总监理工程师职责中的第③、④条不妥。第③条中的"负责工程计量、签署原始凭证"应是监理员职责；第④条应为专业监理工程师职责。

专业监理工程师中的第①、③、④、⑤条不妥。第③、⑤条应是监理员的职责；第①、④条应是总监理工程师的职责。

要了解监理规划的内容与监理人员的职责，需要掌握以下相关知识。

1. 关于监理规划系列文件。

2. 工程建设监理规划的作用。

3. 监理规划的内容。

4. 建立监理组织的步骤及组织的基本原则。

5. 监理人员的职责。

学习单元一 工程建设监理规划

知识目标

1. 了解工程建设监理规划的编制依据及作用。

2. 熟悉监理规划系列文件。

3. 掌握项目监理规划编写的相关要求。

基础知识

工程建设监理规划是工程监理企业接受业主委托后，在总监理工程师主持下编制、经工程监理企业技术负责人批准，用来指导项目监理机构全面开展监理工作的指导性文件。

一、工程建设监理规划的编制依据

编制监理规划时，必须详细了解有关项目的下列资料。

1．工程项目外部环境调查研究资料

① 自然条件。包括工程地质、工程水文、历年气象、区域地形、自然灾害情况等。

② 社会和经济条件。包括政治局势、社会治安、建筑市场状况、材料和设备厂家、勘察和设计单位、施工单位、工程咨询和监理单位、交通设施、通信设施、公用设施、能源和后勤供应、金融市场情况等。

2．工程建设方面的法律、法规

工程建设方面的法律、法规具体包括以下三个方面。

① 国家颁布的有关工程建设的法律、法规。这是工程建设相关法律、法规的最高层次。在任何地区或任何部门进行工程建设，都必须遵守国家颁布的工程建设方面的法律、法规。

② 工程所在地或所属部门颁布的工程建设相关的法规、规定和政策。一项工程建设必然是在某一地区实施的，也必然是归属于某一部门的，这就要求工程建设必须遵守工程建设所在地颁布的工程建设相关的法规、规定和政策，同时也必须遵守工程所属部门颁布的工程建设相关规定和政策。

③ 工程建设的各种标准、规范。工程建设的各种标准、规范也具有法律地位，也必须遵守和执行。

3．政府批准的工程建设文件

政府批准的工程建设文件包括以下两个方面。

① 政府工程建设主管部门批准的可行性研究报告、立项批文。

② 政府规划部门确定的规划条件、土地使用条件、环境保护要求、市政管理规定。

4．工程建设监理合同

小提示

在编写监理规划时，必须依据工程建设监理合同中的以下内容。

① 监理单位和监理工程师的权利和义务。

② 监理工作范围和内容。

③ 有关监理规划方面的要求。

5．其他工程建设合同

在编写监理规划时，也要考虑其他工程建设合同关于业主和承建单位权利和义务的内容。

6．项目业主的正当要求

根据监理单位应竭诚为客户服务的宗旨，在不超出合同职责范围的前提下，监理单位应最大限度地满足业主的正当要求。

7．工程实施过程输出的有关工程信息

① 方案设计、初步设计、施工图设计。

② 工程实施状况。

③ 工程招标投标情况。

④ 重大工程变更。

⑤ 外部环境变化等。

8. 监理大纲

监理大纲中的监理组织计划，拟投入的主要监理人员，投资、进度、质量控制方案，合同管理方案，信息管理方案，定期提交给业主的监理工作阶段性成果等内容都是监理规划编制的依据。

二、工程建设监理规划的作用

工程建设监理规划的作用主要体现在以下四个方面。

1. 指导工程监理单位的项目监理机构全面开展监理工作

监理规划的基本作用是指导监理单位的项目监理组织全面开展监理工作。

工程建设监理的中心任务是协助业主实现项目总目标。实现项目总目标是一个系统的过程。它需要制订计划，建立组织，配备监理人员，进行有效的领导，实施目标控制。只有系统地做好上述系列工作，才能完成工程建设监理的任务，实现监理总目标。在实施建设监理的过程中，监理单位要集中精力做好目标控制工作。但是，如果不事先对计划、组织、人员配备、领导等项工作做出科学的安排就无法实现有效控制。因此，项目监理规划需要对项目监理组织开展的各项监理工作做出全面、系统的组织和安排。它包括确定监理目标，制订监理计划，安排目标控制、合同管理、信息管理、组织协调等各项工作，并确定各项工作的方法和手段。

为了全面安排和指导项目监理组织有效地开展各项工作，监理规划应当明确地规定项目监理组织在工程实施过程中，应当做好哪些工作，由谁来做这些工作，在什么时间和什么地点做这些工作，如何做好这些工作。只有为这些问题确定了全面、正确的答案，项目监理组织的各项工作才有了依据。

2. 监理规划是建设监理主管机构对工程监理企业实施监督管理的重要依据

建设监理主管机构对社会上的工程监理企业均实施监督、管理和指导，对其管理水平、监理人员素质、专业配套能力和监理业绩等进行核查和考评，以便确认它的资质和资质等级。为此，除进行一般性的工程监理企业资质管理之外，重要的是通过工程监理企业的实际监理工作来认定它的水平。而工程监理企业的实际水平如何可以从监理规划和其实施中体现出来。因此，监理规划是建设监理主管机构监督、管理和指导工程监理企业开展建设工程监理活动的重要依据。

3. 监理规划是业主确认监理单位是否全面、认真履行工程建设监理合同的主要依据

监理单位如何履行工程建设监理合同？如何落实业主委托监理单位所承担的各项监理服务工作？作为监理的委托方，业主不但需要而且应当加以了解和确认。同时，业主有权监督监理单位执行监理合同。而监理规划正是业主了解和确认这些问题的最好资料，是业主确认监理单位是否履行监理合同的主要说明性文件。监理规划应当能够全面而详细地为业主监督监理合同的履行提供依据。

实际上，监理规划的前提文件，即监理大纲，就是监理规划的框架性文件。而且，经由谈判确定了的监理大纲应当纳入监理合同的附件之中，成为工程建设监理合同文件的组成部分。

4. 监理规划是工程监理企业重要的存档资料

在监理过程中，监理规划的内容要随着工程的进展情况不断加以调整、补充和完善，故在一定程度上它是一项建设工程项目监理全过程的实际反映，这个资料对今后监理类似建设工程项目有一定的参考价值，因此它是工程监理企业的重要存档资料。

三、关于监理规划系列性文件

工程建设监理大纲和监理细则是与监理规划相互关联的两个重要监理文件，它们与监理规划一起共同构成监理规划系列性文件。

1. 监理大纲

监理大纲又称监理方案，它是监理单位在业主委托监理的过程中为承揽监理业务而编写的监理方案性文件。它的主要作用有两个，一是使业主认可大纲中的监理方案，从而承揽到监理业务；二是为今后开展监理工作制定方案。其内容应当根据监理招标文件的要求制定，通常包括监理单位拟派往工程项目上的主要监理人员及其资质情况，准备采用的项目监理机构方案、各目标控制方案、合同管理方案、组织协调方案等，并说明将定期提供给业主的、反映监理阶段性成果的文件。工程建设监理大纲是工程建设监理规划编写的直接依据。

2. 监理规划

监理规划是工程监理企业接受业主委托并签订工程建设委托监理合同之后，由建设工程项目总监理工程师主持，根据监理合同，在监理大纲的基础上，结合项目的具体情况，广泛充分地研究和分析工程项目的目标、技术、管理、环境以及参与工程建设各方的情况后制定的指导项目监理机构开展工程项目监理工作的实施方案。

显然，项目监理规划制定的时间是在监理大纲之后。而且，编写项目监理大纲的单位并不一定有继续编写项目监理规划的机会。虽然，从内容范围上讲，监理大纲与监理规划是围绕着整个项目监理组织所开展的监理工作来编写的，但监理规划的内容要比监理大纲详细、全面。监理规划的编写主持人是项目总监理工程师，而制定监理大纲的人员确切地说应当是监理单位制定人员或监理单位的技术管理部门，虽然未来的项目总监理工程师有可能参加，甚至主持这项工作。

3. 项目监理细则

项目监理细则又称项目监理（工作）实施细则。如果把工程建设监理看作一项系统工程，那么项目监理细则就好比这项工程的施工图设计。它与项目监理规划的关系可以比作施工图与初步设计的关系。也就是说，监理细则是在项目监理规划基础上，由项目监理组织的各有关部门，根据监理规划的要求，在部门负责人支持下，针对所分担的具体监理任务和工作，结合项目具体情况和掌握的工程信息制定的指导具体监理业务实施的文件。

项目监理细则在编写时间上总是滞后于项目监理规划。编写主持人一般是项目监理组织的某个部门的负责人。其内容具有局部性，是围绕着自己部门的主要工作来编写的。它的作用是指导具体监理业务的开展。

（1）监理实施细则编写的有关要求

① 对中型及以上或专业性较强的建设工程项目，项目监理机构应编制监理实施细则。监

理实施细则应符合监理规划的要求，并应结合建设工程项目的专业特点，做到详细、具体，具有可操作性。

② 监理实施细则的编制程序与依据应符合下列规定。

● 监理实施细则应在相应工程施工开始前编制完成，并必须经总监理工程师批准；监理实施细则应由专业监理工程师编制；

● 编制监理实施细则的依据为已批准的监理规划，与专业工程相关的标准、设计文件和技术资料，施工组织设计。

（2）监理实施细则的内容

监理实施细则应包括的主要内容有专业工程的特点、监理工作的流程、监理工作的控制要点及目标值、监理工作的方法及措施。

（3）监理实施细则要不断补充、修改和完善

在监理工作实施过程中，监理实施细则应根据实际情况进行补充、修改和完善。

项目监理大纲、监理规划、监理细则是相互关联的，它们都是构成项目监理规划系列文件的组成部分，它们之间存在着明显的依据性关系：在编写项目监理规划时，一定要严格根据监理大纲的有关内容来编写；在制定项目监理细则时，一定要在监理规划的指导下进行。

通常，监理单位开展监理活动应当编制以上系列监理规划文件。但这也不是一成不变的，对于简单的监理活动只编写监理细则就可以了，而有些项目也可以制定较信息的监理规划，而不再编写监理细则。

四、项目监理规划编写的有关要求

1. 监理规划的基本内容构成应力求统一

监理规划作为指导项目监理机构全面开展监理工作的指导性文件，在总体内容构成上应力求做到统一，这是监理规范化、制度化、科学化的要求。目前，我国在《建设工程监理规范》中，已列出了监理规划应包括的12项主要内容，即工程项目概况、监理工作范围、监理工作内容、监理工作目标、监理工作依据、项目监理机构的组织形式、项目监理机构的人员配备计划、项目监理机构的人员岗位职责、监理工作程序、监理工作方法及措施、监理工作制度、监理设施。

监理规划的基本构成内容的确定，首先应考虑整个建设监理制度对工程建设监理的内容要求。《工程建设监理规定》第九条明确指出，工程建设监理的主要内容是控制工程建设的投资、建设工期和工程质量，进行工程建设合同管理，协调有关单位间的工作关系。《工程建设监理规定》的上述要求，无疑将成为项目监理规划的基本内容，同时应当考虑监理规划的基本作用。监理规划的基本作用是指导项目监理组织全面开展监理工作。所以，对整个监理工作的计划、组织、控制将成为监理规划必不可少的内容。这样，监理规划构成的基本内容就可以在上面的原则下统一起来。至于一个具体工程项目的监理规划，则要根据监理单位与项目业主签订的监理合同所确定的监理实际范围和深度来加以取舍。

归纳起来，项目监理规划基本组成内容，应当包括目标规划、项目组织、监理组织、合同管理、信息管理和目标控制。这样，就可以将监理规划的内容统一起来。监理规划统一的内容要求应当在建设监理法规文件或工程建设监理合同中明确下来。例如，美国政府工程监理合同标准文本中就有专门的关于监理规划的条款，并且为了"监理规划编写和使用的统一和方便，对监理规划的内容组成结构特作如下考虑：……"。其中，明确规定监理规划的内容由九部分

组成，即工程项目说明、工程项目目标、三方义务说明、项目结构分解、组织结构、监理人员工作义务、职责关系、进度计划、协调工作程序。

2. 监理规划的具体内容应具有针对性

监理规划基本构成内容应当统一，但各项内容要有针对性。因为监理规划是指导一个特定工程项目监理工作的技术组织文件，它的具体内容要适应于这个工程项目。而所有工程项目都具有单一性和一次性特点，也就是说每个项目都不相同。而且，每一个监理单位和每一位项目总监理工程师对一个具体项目在监理思想、方法和手段上都有独到之处。因此在编写监理规划具体内容时必然是"百花齐放"。只要能够对本项目有效地实施监理，圆满地完成所承揽的监理业务就是一个合格的监理规划。

所以，针对一个具体工程项目的监理规划，有它自己的投资、进度、质量目标；有它自己的项目组织形式；有它自己的监理组织机构；有它自己的信息管理的制度；有它自己的合同管理措施；有它自己的目标控制措施、方法和手段。只有具有针对性，监理规划才能真正起到指导监理工作的作用。

3. 监理规划的表达方式应当格式化、标准化

现代的科学管理应当讲究效率、效能和效益。仅就监理规划的内容表达上谈这个问题就应当考虑采用哪一种方式、方法才能使监理规划表现得更明确、更简洁、更直观，使它便于记忆且一目了然。因此需要选择最有效方式和方法表示出监理规划的各项内容。比较而言，图、表和简单的文字说明是应当采用的基本方法。

我国的建设监理制度应当走规范化、标准化的道路。这是科学管理与粗放型管理在具体工作上的明显区别。可以这样说，规范化、标准化是科学管理的标志之一。

所以，编写监理规划各项内容时应当采用什么表格、图示以及哪些内容需要采用简单的文字说明应当做出统一规划。

4. 项目总监理工程师是监理规划编写的主持人

监理规划应当在项目总监理工程师主持下编写制定，这是工程建设监理实行项目总监理工程师负责制的要求。同时，要广泛征求各专业和各子项目监理工程师的意见并吸收他们中的一部分共同参与编写。编写之前要搜集有关工程项目的状况资料和环境资料作为规划的依据。

监理规划在编写过程中应当听取项目业主的意见，最大程度地满足他们的合理要求，为进一步搞好服务奠定基础。

监理规划编写过程中还要听取被监理方的意见。这不仅包括承建工程项目的单位（当然他们是重要的和主要的），还应当向富有经验的承包商广泛地征求意见，这样做会带来意想不到的好处。作为监理单位的业务工作，在编写监理规划时还应当按照本单位的要求进行编写。

5. 监理规划应当把握住工程项目运行的脉搏

监理规划是针对一个具体工程项目来编写的，而工程的动态性很强，项目的动态性决定了监理规划具有可变性。所以，必须把握工程项目运行的脉搏，只有这样才能实施对这项工程有效的监理。

监理规划要把握工程项目运行的脉搏是指它要随着工程项目展开进行不断地补充、修改和完善。它由开始的"粗线条"或"近细而远粗"逐步地变得完整起来。同时，监理规划随着

工程的进行必然要调整。工程项目在运行过程中，内外因素和条件不可避免地要发生变化，造成项目不断地发生着运动"轨迹"的改变。因此，需要对它的偏离进行反复的调整，这就必然造成就规划本身在内容上相应地调整。这种调整的目的是使工程项目能够在规划的有效控制之下，不能让它成为脱缰的野马，变得无法驾驭。

监理规划要把握工程项目运行的脉搏，还由于它所需要的编写信息是逐步提供的，当只知道关于项目很少的一点信息时，不可能对项目进行详尽地规划。随着设计的不断进展、工程招标方案的出台和实施，工程信息量越来越多，于是规划也就越加趋于完整。就一项工程项目的全过程监理规划来说，那些想一气呵成的做法是不实际的也是不科学的，即使编写出来也是一纸空文，没有任何实施的价值。

6. 监理规划的分阶段编写

如前所述，监理规划的内容与工程进展密切相关，没有规划信息也就没有规划内容。因此，监理规划的编写需要有一个过程。可以将编写的整个过程划分为若干个阶段，每个编写阶段都可与工程实施阶段相适应。这样，项目实施各阶段所输出的工程信息成为相应规划信息，从而使监理规划编写能够遵循管理规律，变得有的放矢。

监理规划编写阶段可按项目实施阶段来划分。例如，可划分为设计阶段、施工招标阶段和施工阶段。设计的前期阶段，即设计准备阶段应完成规划的总框架并将设计阶段的监理工作进行"近细远粗"的规划，使规划内容与已经把握住的工程信息紧密结合，既能有效地指导下阶段的监理工作，又为未来的工程实施进行筹划；设计阶段结束，大量的工程信息能够提供出来，所以施工招标阶段监理规划的大部分内容都能够落实；随着施工招标的进展，各承包单位逐步确定下来，工程承包合同逐步签订，施工阶段监理规划所需工程信息基本齐备，足以编写出完整的施工阶段监理规划。在施工阶段，有关监理规划工作主要是根据进展情况进行调整、修改，使它能够动态地调整整个工程项目的正常进行。

无论监理规划的编写如何进行阶段划分，它必须起到指导监理工作的作用，同时还要留出审查、修改的时间。所以，监理规划编写要事先规定时间。

7. 监理规划的审核

项目监理规划在编写完成后进行审核并批准。监理单位的技术主管部门是内部审核单位，其负责人应当签认。同时，还应当提交给业主，由业主确认，并监督实施。

从以上监理规划编写情况看，它的编写既需要有主要负责者（项目总监理工程师），又需要形成编写班子。同时，项目监理组织的各部门负责人也有相关的任务和责任。监理规划牵扯到监理工作的各方面，所以，凡是有关的部门和人员都应当关注它，使监理规划编制得科学、完备，真正发挥全面指导监理工作的作用。

五、监理规划的内容

监理规划应包括以下主要内容。

1. 工程项目概况

工程项目概况的内容主要包括工程项目名称、工程项目地点、工程项目组成及建筑规模、主要结构类型、预计工程投资总额、工程项目计划工期、工程质量等级、工程项目设计单位及施工单位名称等。

2．工程项目建设监理阶段

工程项目建设监理阶段是指监理单位所承担监理任务的工程项目建设阶段。可以按监理合同中确定的监理阶段划分。

① 工程项目立项阶段的监理。

② 工程项目设立阶段的监理。

③ 工程项目招标阶段的监理。

④ 工程项目施工阶段的监理。

⑤ 工程项目保修阶段的监理。

3．建设监理范围

建设监理范围是指工程监理企业所承担的工程项目建设监理的任务范围。如果工程监理企业是承担全部工程项目的全过程的工程建设监理任务，那么监理的范围就是全部工程项目的建设全过程，否则应按工程监理企业所承担的工程项目的建设标段或子项目划分确定工程项目建设监理范围。

4．监理工作内容

监理工作内容与工程监理企业同项目业主签订的委托监理合同所确定的实际工作范围和深度要求有关。因此，具体到一项工程的监理工作内容要根据实际要求来定。

（1）工程项目立项阶段监理工作的主要内容

① 协助业主准备项目报建手续。

② 项目可行性研究咨询/监理。

③ 技术经济论证。

④ 编制工程建设投资匡算。

⑤ 组织设计任务书编制。

（2）设计阶段建设监理工作的主要内容

① 结合工程项目特点，收集设计所需的技术经济资料。

② 编写设计要求文件。

③ 组织工程项目设计方案竞赛或设计招标，协助业主选择勘测设计单位。

④ 拟订和商谈设计委托合同内容。

⑤ 向设计单位提供设计方案的比选。

⑥ 配合设计单位开展技术经济分析，搞好设计方案的比选，优化设计。

⑦ 配合设计进度，组织设计单位与有关部门，如消防、环保、土地、人防、防汛、园林以及供水、供电、供热、电信等部门的协调工作。

⑧ 组织各设计单位之间的协调工作。

⑨ 参与主要设备、材料的选型。

⑩ 审核工程估算、概算。

⑪ 审核主要设备、材料清单。

⑫ 审核工程项目设计图纸。

⑬ 检查和控制设计进度。

⑭ 组织设计文件的报批。

227

（3）施工招标阶段建设监理工作的主要内容

① 拟订工程项目施工招标方案并征得业主同意。

② 准备工程项目施工招标条件。

③ 办理施工招标申请。

④ 编写施工招标文件。

⑤ 标底经业主认可后，报送所在地方建设主管部门审核。

⑥ 组织工程项目施工招标工作。

⑦ 组织现场勘察与答疑会，回答投标人提出的问题。

⑧ 组织开标、评标及决标工作。

⑨ 协助业主与中标单位商签承包合同。

（4）材料、物资采购供应的建设监理工作

对于由业主负责采购供应的材料、设备等物资，监理工程师应负责进行制订计划、监督合同执行和供应工作。具体监理工作的主要内容如下。

① 制订材料、物资供应计划和相应的资金需求计划。

② 通过质量、价格、供货期、售后服务等条件的分析和比选，确定材料、设备等物资的供应厂家。主要设备尚应访问现有的使用用户，并考察生产厂家的质量保证体系。

③ 拟订并商签材料、设备的订货合同。

④ 监督合同的实施，确保材料、设备的及时供应。

（5）施工阶段监理

① 施工阶段质量控制。

② 施工阶段进度控制。

③ 施工阶段投资控制。

（6）合同管理

① 拟订本工程项目合同体系及合同管理制度，包括合同草案的拟订、会签、协商、修改、审批、签署、保管等工作制度和流程。

② 协助业主拟订项目的各类合同条款，并参与各类合同的商谈。

③ 合同执行情况的分析和跟踪管理。

④ 协助业主处理与项目有关的索赔事宜及合同纠纷事宜。

（7）委托的其他服务

监理工程师受业主委托，承担以下技术服务方面的内容。

① 协助业主准备项目申请供水、供电、供气、电信线路等协议或批文。

② 协助业主制定商品房营销方案。

③ 为业主培训技术人员等。

5. 监理工作目标

工程项目建设监理目标是指监理单位所承担的建设工程项目的监理目标。通常以工程项目的建设投资、进度、质量三大控制目标来表示。

6. 监理工作依据

① 工程建设方面的法律、法规。

② 政府批准的工程建设文件。

③ 其他建设工程合同。

④ 建设工程委托监理合同。

⑤ 监理大纲。

7. 项目监理机构的组织形式

工程监理企业接受业主委托实施监理之前，应建立与工程项目监理活动相适应的监理组织。项目监理机构的组织形式和规模应考虑有利于监理目标的控制、承包合同的管理，有利于监理的决策和信息的沟通，有利于监理职能的发挥和人员的分工协作。

> **小 提 示**
>
> 项目监理机构的组织形式和规模，应根据委托监理合同规定的服务内容、服务期限、工程类别、规模、技术复杂程度、工程环境等因素确定。常用的项目监理机构的组织形式有直线制、职能制、直线职能制和矩阵制监理组织。

8. 项目监理机构的人员配备计划

项目监理机构的组成应符合适用、精简、高效的原则。

监理人员应包括总监理工程师、专业监理工程师和监理员，必要时配备总监理工程师代表。

> **小 提 示**
>
> 项目监理机构中配备监理人员的数量和专业应根据监理任务范围、内容、期限、专业类别以及工程的类别、规模、技术复杂程度、工程环境等因素综合考虑，并应符合建设工程委托监理合同对监理深度和密度的要求，能体现监理机构的整体素质，满足监理目标控制的要求。监理人员数量一般不少于3人。

监理人员的数量和专业配备可随工程施工进展情况作相应的调整，从而满足不同阶段监理工作的需要。

9. 项目监理机构的人员岗位职责

岗位职责及职务的确定，要有明确的目的性，不可因人设事。根据责权一致的原则，应进行适当的授权，以承担相应的职责。

10. 监理工作程序

监理工作程序通常用监理工作流程图来表达。具体可根据监理工作内容的不同，分别制定各项工作的流程图。

11. 监理工作方法及措施

建设工程监理的中心任务是目标控制，其基本方法就是目标规划、动态控制、组织协调、信息管理、合同管理。因此，建设工程监理控制目标与措施应重点围绕投资控制、质量控制、进度控制三大目标来制定。为使目标控制能取得理想的成果，应从多方采取措施实施控制，这些措施可归纳为组织方面措施、技术方面措施、合同方面措施、经济方面措施等。

12. 监理工作制度

监理工作制度包括以下各阶段各项监理工作制度。

① 项目立项阶段，包括可行性研究报告评审制度、工程匡算审核制度和技术咨询制度。

② 设计阶段，包括设计大纲与设计要求编写及审核制度、设计委托合同管理制度、设计咨询制度、设计方案评审制度、工程估算与概算审核制度、施工图纸审核制度、设计费用支付签署制度、设计协调会及会议纪要制度、设计备忘录签发制度等。

③ 施工招标阶段，包括招标准备工作有关制度、编制招标文件有关制度、标底编制及审核制度、合同条件拟定及审核制度、组织招标实务有关制度等。

④ 施工阶段，包括施工图纸会审及设计交底制度、施工组织设计审核制度、工程开工申请制度、工程材料与半成品质量检验制度、隐蔽工程与分项（部）工程质量验收制度、技术复核制度、单位工程与单项工程中间验收制度、技术经济签证制度、设计变更处理制度、现场协调会及会议纪要签发制度、施工备忘录签发制度、施工现场紧急情况处理制度、工程款支付签审制度、工程索赔签审制度等。

⑤ 项目监理机构内部工作制度，包括项目监理机构工作会议制度、对外行文审批制度、建立监理工作日记制度、监理周报与月报制度、技术与经济资料及档案管理制度、监理费用预算制度等。

13. 监理设施

监理设施一般应在委托监理合同中予以明确，并在实际开工前到位。对于建设单位提供的设施，项目监理机构应登记造册。

六、工程项目承发包模式与监理模式

工程项目承发包模式与监理模式对项目规划、控制、协调起着重要作用。不同的模式，有不同的合同体系，有不同的管理特点。

1. 平行承发包模式与监理模式

（1）平行承发包模式特点

所谓平行承发包，是业主将工程项目的设计、施工以及设备和材料采购的任务经过分解，分别发包给若干个设计单位、施工单位以及设备和材料供应厂商，并分别与各方签订工程承包合同（或供销合同）。各设计单位之间的关系是平行的，各施工单位之间的关系也是平行的，如图6-1所示。

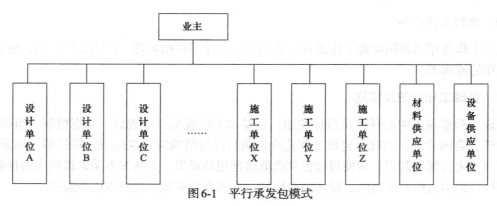

图6-1 平行承发包模式

采用这种模式首先应合理地进行工程项目建设的分解，然后进行分类综合，确定每个合同的发包内容，有利于择优选择承建商。

进行任务分解与确定合同数量、规模、结构等是决定合同数量和内容的重要因素。规模大、范围广、专业多的项目往往比规模小、范围窄、专业单一的项目数量要多。项目实施时间的长短，计划的安排也对合同数量有影响。例如，对分期建设的两个单项工程，就可以考虑分成两个分别发包。

① 市场情况。首先是市场结构。各类承建商的专业性质、规模大小在不同市场的分布状况不同，项目的分解发包应力求使其与市场结构相适应。其次，合同任务和内容要对市场有吸引力。中小合同对中小承建商有吸引力，又不妨碍大承建商参与竞争。另外，还应按市场惯例做法、市场范围和有关规定来决定合同内容和大小。

② 贷款协议要求。对两个以上贷款人的情况，可能对贷款人贷款使用范围有不同要求，对贷款人资格有不同要求等，因此，需要在拟订合同结构时予以考虑。

（2）平行承发包模式优缺点

① 有利于缩短工期目标。由于设计和施工任务经过分解分别发包，设计与施工阶段有可能形成搭接关系，从而缩短整个项目工期。

② 有利于质量控制。整个工程经过分解分别发包给承建商，合同约束与相互制约使每一部分能够较好地实现质量要求。如主体与装修工程分别由两个施工单位承包，当主体工程不合格时，装修单位是不会同意在不合格的主体上进行装修的，这相当于有了他人控制，比自己控制更有约束力。

③ 有利于业主择优选择承建商。在多数国家的建筑市场上专业性质强、规模小的承建商均占较大的比例。这种模式的合同内容比较单一、合同价值小、风险小，使他们有可能参与竞争。因此，无论大承建商还是小承建商都有机会竞争。业主可以在一个很大的范围内进行选择，为提高择优性创造了条件。

④ 有利于繁荣建设市场。这种平行承发包模式给各种承建商提供承包机会、生存机会，促进市场发展和繁荣。

⑤ 合同数量多，会造成合同管理困难。合同乙方多，使项目系统内结合部位数量增加，组织协调工作量大。因此，应加强合同管理的力度，加强部门之间的横向协调工作，沟通各种渠道，使工程有条不紊地进行。

⑥ 投资控制难度大。一是总合同价不易短期确定，影响投资控制实施；二是工程招标任务量大，需控制多项合同价格，增加了投资控制难度。

（3）监理模式

与平行承发包模式相适应的监理组织模式可以有以下几种形式。

① 业主委托一家监理单位监理。如图6-2所示，这种监理组织模式要求监理单位有较强的合同管理与组织协调能力，并应做好全面规划工作。监理单位的项目监理组织可以组建多个监理分支机构，对各承建商分别实施监理。项目总监应做好总体协调工作，加强横向联系，保证监理工作一体化。

② 业主委托多家监理单位监理。如图6-3所示，采用这种模式，业主分别委托几家监理单位针对不同的承包商实施监理。由于业主分别与监理单位签订监理合同，所以应做好各监理单位的协调工作。采用这种模式，监理单位对象单一，便于管理。但工程项目监理工作被肢解，不利于总体规划与协调控制。

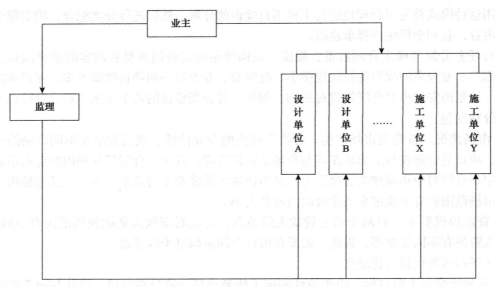

图6-2　委托一家监理单位监理

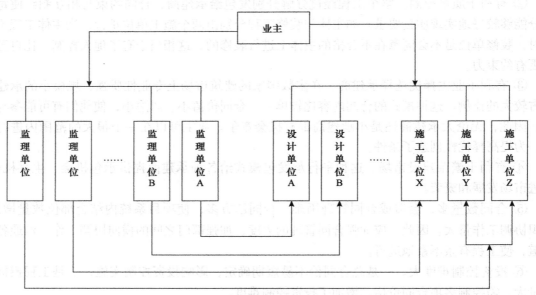

图6-3　委托多家监理单位监理

2. 设计或施工总分包模式与监理模式

（1）设计或施工总分包模式特点

所谓设计或施工总分包就是将全部设计或施工的任务发包给一个设计单位或一个施工单位作为总包单位，总包单位可以将其任务的一部分再分包给一个设计单位或施工单位，形成一个设计主合同或一个施工主合同以及若干分包合同的结构模式，如图6-4所示。

（2）设计或施工总分包模式优缺点

① 设计或施工总分包模式有利于目的的组织管理。首先由于业主只与一个设计总包单位

和一个施工总包单位签订合同，承包合同数量比平行承发包模式要少得多，有利于合同管理。其次，由于合同数量的减少，也使业主方协调工作量减少，可发挥监理与总包单位多层次协调的积极性。

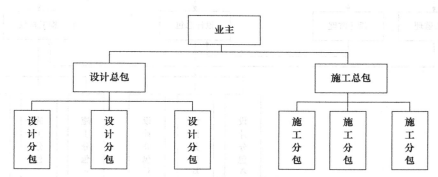

图6-4　设计或施工总分包模式

② 有利于投资控制。总包合同价格可以较早确定，并且监理也易于控制。

③ 有利于质量控制。由于总包与分包方建立了内部的责、权、利关系，有分包方的自控，有总包方的监督，有监理的检查认可，对质量控制有利。但监理工程师应严格控制总包单位"以包代管"，否则会对质量控制造成不利影响。

④ 有利于总体进度的协调控制。总包单位具有控制的积极性，分包单位之间也有相互制约作用，有利于监理工程师控制进度。

（3）监理模式

对设计或施工总分包的承发包模式，业主可以委托一家监理单位进行全过程监理，也可以按设计阶段和施工阶段分别委托监理单位。总包单位对合同承担乙方的最终责任，但监理工程师必须做好对分包单位的确认工作。监理模式如图6-5、图6-6所示。

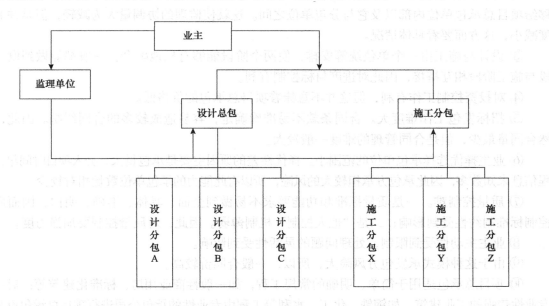

图6-5　业主委托一家监理单位监理

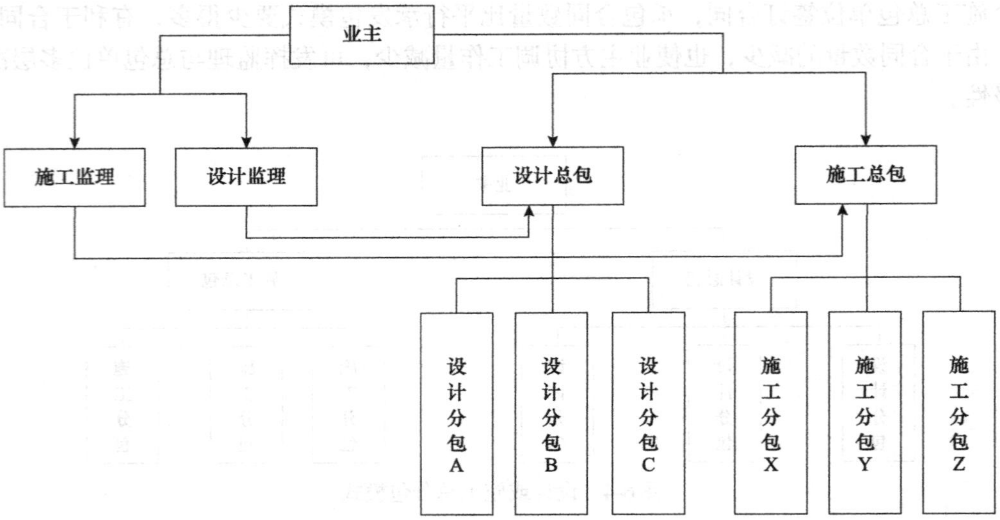

图6-6 按阶段委托监理单位监理

3. 工程项目总承包模式与监理模式

（1）工程项目总承包模式特点

所谓工程项目总承包是指业主将工程设计、施工、材料和设备采购等一系列工作全部发包给一家公司，由其进行实质性设计、施工和采购工作，最后为业主交出一个已达到动用条件的工程项目。按这种模式发包的工程也称"交钥匙工程"，如图6-7所示。

（2）优缺点

① 业主与承包方之间只有一个主合同，使合同管理范围整齐、单一。

② 协调工作量较小。监理工程师主要与总承包单位进行协调，相当一部分协调工作量转移给项目总承包单位内部以及它与分包单位之间。这就使监理的协调量大为减轻，但是并非难度减小，这方面要看具体情况。

③ 设计与施工由一个单位统筹安排，使两个阶段能够有机地融合，一般都能做到设计阶段与施工阶段相互搭接，因此对进度目标控制有利。

④ 对投资控制工作有利，但这并不意味着项目总承包的价格低。

⑤ 招标发包工作难度大。合同条款不易准确确定，容易造成较多的合同纠纷。因此，虽然合同量最少，但是合同管理的难度一般较大。

⑥ 业主择优选择承包单位的范围小。择优性差的原因主要是承包量大，介入项目时间早，工程信息未知数多，因此承包方承担较大的风险，所以有此能力的承包单位数量相对较少。

⑦ 质量控制难。一是质量标准和功能要求不易做到全面、具体、准确、明白，因而质量控制标准制约性受到影响；二是"他人控制"机制薄弱。因此，对质量控制要加强力度。

⑧ 业主主动性受到限制，处理问题的灵活性受到影响。

⑨ 由于这种模式承发包方风险大，所以，一般合同价较高。

⑩ 项目总承包适用于简单、明确的常规工程，如一般性商业用房、标准化建筑等；对一些专业性较强的工业建筑，如钢铁、化工、水利等工程由专业性的承包公司进行项目总承包也是常见的。国际上实力雄厚的科研—设计—施工一体化公司更是从一条龙服务中直接获得项目。

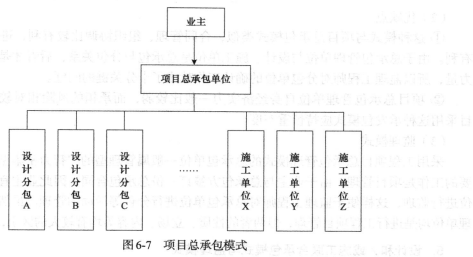

图 6-7　项目总承包模式

（3）监理模式

在工程项目总承包模式下，由于业主与总承包单位只签订一份工程总承包合同，所以一般宜委托一家监理企业进行监理。在这种监理模式下，监理工程师需要具备较全面的知识，并切实做好合同管理工作。

4. 工程项目总承包管理模式与监理模式

（1）工程项目总承包管理模式特点

工程项目总承包管理模式是指业主将项目设计和施工的主要部分发包给专门从事设计与施工组织管理单位，再由其分包给若干设计、施工和材料设备供应厂家，并对它们进行项目管理，如图 6-8 所示。

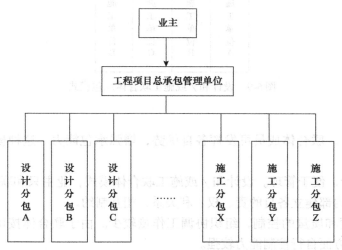

图 6-8　工程项目总承包管理模式

项目总承包管理模式与项目总承包模式不同之处在于，前者不直接进行设计与施工，没有自己的设计和施工力量，而是将承接的设计与施工任务全部分包出去，自己专心致力于工程项目管理；后者有自己的设计、施工力量，直接进行设计、施工、材料和设备采购等工作。

（2）优缺点

① 这种模式与项目总承包模式类似，合同管理、组织协调比较有利，进度和投资控制也有利。由于总承包管理单位与设计、施工单位是总承包与分包关系，后者才是项目实施的基本力量，所以监理工程师对分包单位的确认工作就成了十分关键的问题。

② 项目总承包管理单位自身经济实力一般比较弱，而承担的风险相对较大，因此工程项目采用这种承发包模式应持慎重态度。

（3）监理模式

采用工程项目总承包管理模式的总承包单位一般属管理型的"智力密集型"企业，并且主要的工作是项目管理。由于业主与总承包方签订一份总承包合同，因此业主宜委托一家监理单位进行监理，这样便于监理工程师对总承包单位进行分包等活动的管理。虽然总承包单位和监理单位均是进行工程项目管理，但两者的性质、立场、内容等均有较大的区别，不可互为取代。

5. 设计和／或施工联合承包模式与监理模式

（1）设计和／或施工联合承包模式特点

设计和／或施工联合承包模式是指业主与由若干个设计和／或若干个施工单位组成的联合体进行签约，将工程项目设计和／或施工任务分包给这个联合体，如图6-9所示。

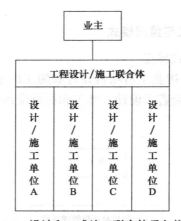

图6-9 设计和／或施工联合体承包模式

（2）优缺点

① 适用范围广，联合体成员可发挥各自优势，增强承包能力。这种模式也可用于监理、工程咨询等。

② 合同数量少，便于管理。设计和／或施工联合体模式，业主只和联合体签订一份工程承包合同，联合体内部建立各自的责、权、利关系，相互制约。

③ 有利于进度和质量的控制，组织协调工作量较少。由于联合体按优化组合原则形成，所以对进度和质量方面自行控制能力较强。

（3）监理模式

一般联合体对外有一明确的代表，业主与这个代表签订合同，这个代表联合体内部的负责人，负责承包合同的履行。业主宜委托一家监理单位进行监理，监理工作的合同管理比较简单。监理工程师在协助业主选择联合体时，应综合考虑联合体内各成员的技术、管理、经验、财务及信誉等，同时应加强联合体内部的相互协调。

课 堂 案 例

某工程项目业主与监理单位及承包商分别签订了施工阶段监理合同和工程施工合同。由于工期紧张，在设计单位仅交付地下室的施工图时，业主就要求承包商进场施工，同时向监理单位提出对设计图纸质量把关的要求。在此情况下，监理单位为满足业主要求，由项目土建监理工程师向业主直接报送监理规划，其部分内容如下。

（1）工程概况。

（2）监理工作范围和目标。

（3）监理组织。

（4）设计方案评选方法及组织设计协调工作的监理措施。

（5）因设计图纸不全，拟按进度分阶段编写基础、主体、装修工程的施工监理措施。

（6）对施工合同进行监督管理。

（7）施工阶段监理工作制度。

……

问题：

你认为监理规划是否有不妥之处？为什么？

分析：

① 工程建设监理规划应由总监理工程师组织编写、签发，而本案例所给背景材料中是由土建监理工程师直接向业主"报送"。

② 本工程项目是施工阶段监理，监理规划中编写的"（4）设计方案评选方法及组织设计协调工作的监理措施"等内容是设计阶段监理应编制的内容，不应该编写在施工阶段监理规划中。

③ "（5）因设计图纸不全，拟按进度分阶段编写基础、主体、装修工程的施工监理措施"不妥，施工图不全不应影响监理规划的完整编写。

237

学习单元二　监理组织

📝 知识目标

1. 了解组织的基本原理及建立监理组织的步骤。
2. 熟悉监理人员的职责。
3. 掌握工程建设项目建设监理实施的组织。

📖 基础知识

一、组织的基本原理

1. 组织的概念

组织是指人们为了实现系统的目标，通过明确分工协作关系，建立权力责任制度所构成的能够一体化运行的人的组合体及其运行过程。

组织概念的要点如下。

① 组织是系统的组织，只有系统才需要组织。

② 系统目标决定组织，组织是实现系统目标的重要手段，是为实现系统目标服务的。

③ 没有分工与协作就不是组织，组织是掌握知识、技术、技能的人的组合体。

④ 组织是具有结构性的整体，又是一体化运行的活动。

⑤ 没有不同层次的权力和责任制度就不能实现组织活动和组织目标。

2. 组织结构

组织内部各构成部分和各部分间所确立的较为稳定的相互关系和联系方式，称为组织结构。关于组织结构的以下几种提法反映了组织结构的基本内涵。

——确定正式关系与职责的形式；

——向组织各个部门或个人分派任务和各种活动的方式；

——协调各个分离活动和任务的方式；

——组织中权力、地位和等级关系。

（1）组织结构与职权的关系

组织结构与职权形态之间存在着一种直接的相互关系。因为结构与职位以及职位间关系的确立密切相关，因而它为职权关系提供了一定的格局。职权指的是组织中成员间的关系，而不是某一个人的属性。职权关系的格局就是组织结构，但它不是组织结构含义的全部。职权的概念与合法地行使某一职权是紧紧相关的，而且是以下级服从上级的命令为基础的。

（2）组织结构与职责的关系

组织结构与组织中各个部门的职责和责任的分派直接有关。有了职位也就有了职权，从而也就有了职责。组织结构为责任的分配和确定奠定了基础，而管理是以结构和人员职责的分派和确定为基础的，利用组织结构可以评价成员的功过，从而使各项活动有效开展。

（3）组织结构图

描述组织结构的典型办法是通过绘制能表明组织的正式职权和联系网络的图来进行的。组织结构图是组织结构简化了的抽象模型。但是，它不能准确地、完整地表述组织结构，例如，它不能说明一个上级对其下级所具有的职权的程度，以及平级职位之间相互作用的横向关系，尽管如此，它仍不失为一种表示组织结构的好方法。

3. 组织设计

（1）组织设计要点

组织设计就是对组织活动和组织结构的设计过程。具体来说，有以下几个要点：第一，组织设计是管理者在系统中建立最有效相互关系的一种合理化的、有意识的过程；第二，这个过程既要考虑系统的外部要素，又要考虑系统的内部要素；第三，组织设计的结果是形成组织结构。

有效的组织设计在提高组织活动效能方面起着重大的作用。

（2）组织构成因素

组织构成一般是上小下大的形式，由管理层次、管理跨度、管理部门和管理职能四大因素组成。各因素是密切相关、相互制约的。在组织设计时，必须考虑各因素间的平衡和衔接。

① 合理的管理层次。管理层次是指从最高管理者到实际工作人员等级层次的数量。管理层次不宜过多。原因有三点：一是花费大。随着管理层次的增加，用于管理上的人力和财力会越来越多。二是会使信息沟通复杂化。部门层次多，信息由上而下逐级传达和由下而上逐级汇

报过程中会发生遗漏和误解。三是会使计划和控制工作复杂化。因为在最高层主管部门本来是完整的、明确的计划，经过自上而下各级管理层次的细分和发挥说明，有可能失去其原先的明确性和协调性。由于管理层次和主管人员的增加，会使控制工作变得更加困难。

管理层次的划分通常分为决策层、协调层和执行层、操作层三个层次。决策层的任务是确定管理组织的目标和大事，其人员必须精干、高效；协调层主要是行使参谋、咨询职能，其人员应有较高的业务工作能力，执行层是直接调动和组织人力、财力、物力等具体活动的，其人员应有实干精神并能坚决贯彻管理指令；第三个层次是操作层，这一层次人员应有熟练的作业技能，主要从事操作和完成具体任务。这三个层次的职能和要求不同，标志着不同的职责和权限，同时也反映出组织系统中的人数变化规律。它如同一个三角形，从上至下权责递减，人数递增。

② 合理的管理跨度。管理跨度是指一名上级管理人员所直接管理的下级人数。因为一名管理人员能够有效地监督其下属人员的数目以及能为其下属作决策的能力是有限的，故将这个限度称作管理跨度。

小 提 示

管理跨度的大小与管理人员的性格、才能、个人精力、授权程度以及被管理人员的素质如何关系很大。此外，还与职能的难易程度、工作地点远近、工作的相似程度、需要协调的工作量大小、工作制度和程序等客观因素有关。

管理跨度的大小并没有一个普遍适用的特定数目。要确定适宜的管理跨度，尚需要积累经验并在实践中进行必要的调整。

③ 合理划分部门。部门是指一名主管人员有权指挥既定活动的特定领域、分公司或分支机构。

部门的划分要根据组织目标与工作内容来划分，并要使之形成既有相互分工又有互相配合协作的组织系统。工作部门的划分方法通常有三种：一是按工作任务的内容不同来划分部门；二是按工程项目的类型来划分部门；三是前两种方法的混合式。

④ 合理地确定职能。职能是指所划分的部门应有的功能。为使组织机构部门化，必须将业务工作归类，以便促使组织目标的实现。而每个部门又必须拥有能使其业务工作和整个组织协同活动的职权。这就需要划分各部门的职能界限。

各部门职能的确定应使纵向的领导、检查、指挥灵活，达到指令传递快，信息反馈及时。还要使横向各部门间相互联系、协调一致，使各部门能够有职有责、尽职尽责。

4. 组织设计原则

现场监理组织设计，关系到工程项目监理工作的成败，在现场监理组织设计中一般须考虑以下几项基本原则。

（1）集权与分权统一的原则

集权是把权力集中在主要领导手中；分权是指经过领导授权，将部分权力交给下级掌握。在项目监理组织设计中，其集权与分权的形式的选择，要根据工作的重要性，总监理工程师与监理工程师的工作能力、精力、工作经验等因素综合考虑加以确定。

（2）权责一致的原则

权责一致的原则就是在监理组织中明确划分职责、权力范围，同等的岗位职务赋予同等的权力，做到责任和权力相一致。从组织结构的规律来看，一定的人在一定的岗位上担任一定的职务，这样就产生了与岗位职务相应的权力和责任，只有做到有职、有权、有责，才能使组织系统得以正常运行。由此可见，组织的权责是相对于一定的岗位职务来说的，不同的岗位职务应有不同的权责。权责不一致对组织的效能损害是很大的。权大于责就很容易产生瞎指挥、滥用权力的官僚主义；责大于权就会影响管理人员的积极性、主动性、创造性，使组织缺乏活力。

（3）管理跨度与管理层次统一的原则

管理跨度与管理层次是成反比例关系。如果管理跨度加大，就可将管理层次适当减少；反之，如果缩小管理跨度，则管理层次就会增多。在某种情况下，加大管理跨度和减少管理层次可能是解决问题的方法；而在另一些情况下，相反的做法也许是正确的。因此，在一定的情况下，需要在各种有关的因素之间进行权衡，权衡采用不同方案所需付出的代价，不仅指财务上的花费，而且包括士气、人员培训以及实现组织目标方面的代价。总之，要通盘考虑，权衡所有的优缺点来进行选择。

（4）专业分工与协作统一原则

分工就是按照提高监理的专业化程度和工作效率的要求，把现场监理组织的目标、任务分成各级、各部门、每个人的目标、任务，明确干什么、怎么干。

在分工中应强调以下几点。

① 尽可能按照专业化的要求来设置组织机构。

② 工作上要有严密分工，每个人所承担的工作，应力求达到较熟悉的程度，这样才能提高效率。

③ 要注意分工的经济效益。

在组织中有分工还必须有协作，明确部门之间和部门内的协调关系与配合方法。

在协作中应强调以下几点。

① 主动协调是至关重要的。要明确甲部门与乙部门到底是什么关系，在工作中有什么联系与衔接。找出易出矛盾之点，加以协调。

② 对于协调中的各项关系，应逐步走上规范化、程度化，应有具体可行的协调配合办法。

（5）效率原则

一个组织结构，如果能使人们（指有效能的人）以最低限度的失误或成本实现目标，这个组织就是有效的。

效率原则是衡量一个组织结构的基础。现代化管理的一个要求就是组织高效化。一个组织办事效率高不高，是衡量这个组织中的结构是否合理的标准之一。

效率原则的运用应避免片面性。例如，在建立一个组织结构时，主管人员可能只注意到设置一个服务部门会带来的节约，但却没有估计到该部门以外会因此而增加的许多其他费用。

小 提 示

效率也并非有一个固定的衡量标准。这位主管人员可能以利润来衡量效率，而另一位主管人员可能根据生存能力、经营状况、对公众服务的质量或经营范围的扩大等来衡量效率。然而，效率的标准还是要应用的。

（6）才职相称的原则

每项工作都可以确定完成该工作所需要的知识技能。同样，也可以对每个人通过考查他的学历与经历，进行测验及面谈等，了解他的知识、经验、才能、兴趣等，并进行评审比较。职务设计和人员评审都可以采用科学的方法，使每个人员能够做到他现有或可能的才能与职务上要求相适应，做到才职相称、人尽其才、才得其用、用得其所。

（7）弹性原则

组织结构既要有相对的稳定性，不要总是轻易变动，还要随着组织内部和外部条件的变化，根据长远目标作出相应的调整变化，使组织结构具有一定的弹性，是动态的、灵活的组织。

5. 组织活动基本原理

（1）要素有用性原理

一个组织系统中的基本要素有人力、财力、物力、信息、时间等，这些要素都是有作用的，但实际情况常常是有的要素作用大，有的要素作用小；有的要素起核心主要的作用，有的要素起辅助次要的作用；有的要素暂时不起作用，将来才起作用；有的要素在某种条件下，在某一方面，在某个地方不能发挥作用，但在另一条件下，在另一方面，在另一个地方就能发挥作用。

运用要素有用性原理，首先应看到人力、物力、财力等因素在组织活动过程中的有用性，充分发挥各要素的作用的大、小、主、次、好、坏，进行合理安排、组合和使用，做到人尽其才、财尽其利、物尽其用，尽最大可能提高各要素的有用率。

一切要素都有作用，这是要素的共性，然而要素不仅有共性，而且还有个性。例如同样是监理工程师，由于专业、知识、能力、经验等水平的差异，所起的作用也就不同。因此，管理者不但要看到一切要素都有作用，还要具体分析发现各要素的特殊性，以便充分发挥每一要素的作用。

（2）动态的相关性原理

组织系统处在静止状态是相对的，处在运动状态则是绝对的。组织系统内部各要素之间既相互联系，相互依存，又相互排斥，这种相互作用推动组织活动的进步与发展。这种相互作用的因子，叫作相关因子。充分发挥相关因子的作用，是提高组织管理效应的有效途径。事物在组合过程中，由于相关因子的作用，可以发生质变，一加一可以等于二，也可以大于二，还可以小于二。"三个臭皮匠，顶个诸葛亮"，就是相关因子起了积极作用；"一个和尚挑水吃，两个和尚抬水吃，三个和尚没水吃"，就是相关因子起了内耗作用。整体效应不等于其各局部效应的简单相加，各局部效应之和与整体效应不一定相等，这就是动态相关性原理。

（3）主观能动性原理

人和宇宙的各种事物，运动是其共有的根本属性，它们都是客观存在的物质，不同的是，人是有生命的、有思想的、有感情的、有创造力的。人的特征是会制造工具，使用工具进行劳动；在劳动中改造世界，同时也改造自己；能继承并在劳动中运用和发展前人的知识，使人的能动性得到发挥。

人是生产力中最活跃的因素，组织管理者的重要任务就是要把人的主观能动性发挥出来，当能动性发挥出来的时候就会取得很好的效果。

（4）规律效应性原理

规律就是客观事物的内部的、本质的、必然的联系。组织管理者在管理过程中要掌握规律，按规律办事，把注意力放在抓事物内部的、本质的、必然的联系上，以达到预期的目标，取得良好的效应。规律与效应的关系非常密切，一个成功的管理者懂得只有努力揭示规律，才有取得效应的可能，而要取得好的效应，就要主动研究规律，坚决按规律办事。

二、建立建设工程项目监理组织的步骤

工程监理企业在组织建设工程项目监理机构时，一般按下列步骤进行。

① 确定建设监理目标。因为项目监理机构的活动是根据监理目标和计划的要求确定的，所以组织结构必须反映目标和计划。也就是说，目标是组织设立的前提。因此，项目监理机构的设立，首先应根据建设工程监理合同中确定的监理目标，明确划分为分解目标。

② 制定计划。制定实现监理目标的计划。计划是实现总目标的方法、措施和过程的组织和安排，是建设工程实施的依据和指南。

③ 确定工作内容。根据目标和计划可以明确完成哪些监理任务。根据要求完成的监理任务就可以明确列出必须从事的监理工作内容，并加以归类及组合。

④ 划分部门。根据可能取得的人力和物力等情况以及最佳使用人力、物力等资源的方法和途径划分各个监理部门。

⑤ 授权。将完成监理任务和开展业务活动所必需的职权授予各部门的负责人。

⑥ 形成组织结构。将各部门通过职权关系和信息系统的业务活动纵向、横向联系起来，成为一体，形成组织结构，并绘制组织结构图。组织结构图是组织结构简化了的抽象模型。

⑦ 配备人员。根据建设工程项目目标、任务的特点以及建设工程强度大小、工程复杂程度等确定监理人员数量、专业组成结构、技术等级结构，为项目监理组织的各部门配备合适的监理工程师和监理员。

⑧ 制定分工表。将项目监理组织的各项任务、目标、工作分配给监理部门和人员，并明确他们的管理职能、岗位职责标准和考评办法。

⑨ 确定工作流程。各监理部门根据分配的任务和工作，制定各项主要工作流程。工作流程应把有关部门和人员紧密联系起来，并确定相关的协调措施。

⑩ 制定监理信息流程。各监理部门应当根据自己管理上的需要确定所需信息的种类、内容、周期等，在信息管理部门的统一规划下制定监理信息流程图。

三、建设工程项目监理机构的组织形式

监理组织的形式和规模，应根据建设工程委托监理合同规定的技术服务内容、服务期限、工程类别、工程规模、技术复杂程度、工程环境等因素确定。常用的项目监理组织形式有以下几种。

1. 直线制监理组织

直线制组织形式的特点是组织中各种职位是按垂直系统直线排列的。从命令源来讲，只有一个顶头上司，是一元化领导。

这种形式的主要优点是机构简单、权力集中、命令统一、职责分明、决策迅速、隶属关系明确。缺点是要求领导通晓多种知识技能和多种业务，不易专；再就是领导负担重。

这种组织形式适用于监理项目能划分为若干相对独立子项的大、中型建设工程项目，如图6-10所示。总监理工程师负责整个项目的规划、组织和领导，并着重抓整个项目范围内各

方面的协调工作。子项目监理组分别负责子项目的目标控制，具体领导现场专业或专项监理组的工作。

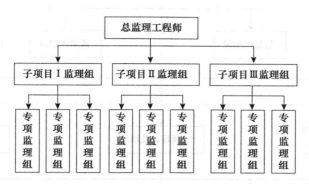

图6-10　按子项目分解的直线制监理组织形式

还可以按建设阶段分解设立直线制监理组织形式，如图6-11所示。此种形式适用于大、中型以上项目，且承担包括设计与施工的全过程建设监理任务。

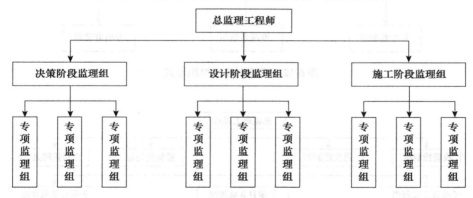

图6-11　按建设阶段分解的直线制监理组织形式

2. 职能制监理组织

职能制监理组织形式的特点是，在总监理工程师下设一些专业职能机构，分别从职能角度对基层监理组织进行业务管理，各职能机构在总监理工程师授权的范围内，可以就其主管的范围向下下达命令和指示，如图6-12所示。从命令源来讲，系多元化领导。

这种组织形式的优点是目标控制分工明确，能够发挥职能机构的专业管理作用，提高管理效率；专家参加管理，能减轻领导负担。缺点是多头领导，易造成职责不清，协调工作多。

这种组织形式适用于建设工程项目在地理位置上相对集中的大、中型项目。

3. 直线职能制监理组织

这种组织形式的特点是力图避免直线制和职能制两种组织形式的缺点，吸收这两种组织形式的优点，把这两种组织形式结合在一起，如图6-13所示。从命令源来讲，仍为一元化领导。

这种组织形式的优点是集中领导，职责清楚，有利于提高办事效率；其缺点是专业职能部门与指挥部门易产生矛盾，信息传递路线长，不利于互通情报。

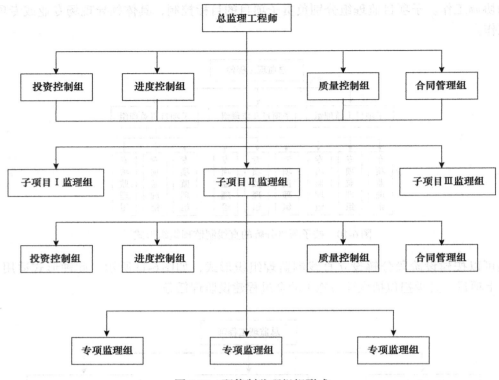

图6-12 职能制监理组织形式

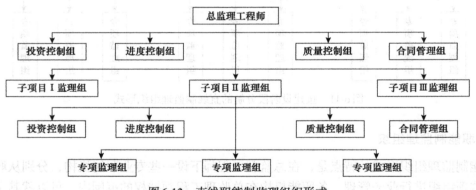

图6-13 直线职能制监理组织形式

4. 矩阵制监理组织形式

矩阵制监理组织是由纵横两套管理系统组成的矩阵形组织结构，如图6-14所示，一套是纵向的专业职能管理系统，另一套是横向的子项目管理系统。从命令源来讲，是二元化领导。

这种组织形式的优点是加强了各职能部门间的横向联系，具有较大的机动性和适应性，上下左右集权与分权实行了最优的结合，有利于解决复杂难题，有利于监理人员专业业务能力的培养和提高；缺点是纵横向协调工作量大，处理不当会造成扯皮现象，产生矛盾。

这种组织形式适用于大型工程项目、复杂的工程项目、区域分散的工程项目、群体工程项目等。

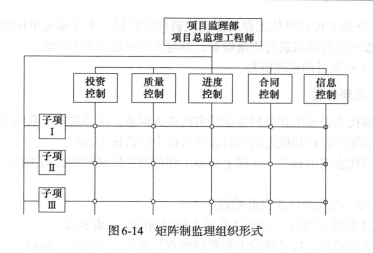

图6-14 矩阵制监理组织形式

四、监理人员的职责

监理人员应包括总监理工程师、专业监理工程师和监理员，必要时可配备总监理工程师代表。项目监理机构的人员应专业配套，数量满足建设工程项目监理工作的需要。

1. 总监理工程师

总监理工程师是由工程监理企业法定代表人书面授权，全面负责委托监理合同的履行、主持项目监理机构工作的监理工程师。

245

> **小 提 示**
>
> 总监理工程师应由具有三年以上同类工程监理工作经验的人员担任。一名总监理工程师只宜担任一项委托监理合同的项目总监理工程师工作。当需要同时担任多项委托监理合同的项目总监理工程师工作时，须经建设单位同意，且最多不得超过三项。

总监理工程师是项目监理机构决策层的代表人物，按《建设工程监理规范》要求，其应履行的职责如下。

① 确定项目监理机构人员的分工和岗位职责。

② 主持编写项目监理规划，审批项目监理实施细则，并负责管理项目监理机构的日常工作。

③ 审查分包单位的资质，并提出审查意见。

④ 检查和监督监理人员的工作，根据工程项目的进展情况可进行人员调配，对不称职的人员应调换其工作。

⑤ 主持监理工作会议，签发项目监理机构的文件和指令。

⑥ 审定承包单位提交的开工报告、施工组织设计、技术方案、进度计划。

⑦ 审核签署承包单位的申请、支付证书和竣工结算。

⑧ 审查和处理工程变更。

⑨ 主持或参与工程质量事故的调查。

⑩ 调解建设单位与承包单位的合同争议、处理索赔、审批工程延期。

⑪ 组织编写并签发监理月报、监理工作阶段报告、专题报告和项目监理工作总结。

⑫ 审核签认分部工程和单位工程的质量检验评定资料，审查承包单位的竣工申请，组织监理人员对待验收的工程项目进行质量检查，参与工程项目的竣工验收。

⑬ 主持整理工程项目的监理资料。

2. 总监理工程师代表

总监理工程师代表是经工程监理企业法定代表人同意，由总监理工程师书面授权，代表总监理工程师行使其部分职责和权力的项目监理机构中的监理工程师。

总监理工程师代表应由具有二年以上同类工程监理工作经验的人员担任。其应履行的职责如下。

① 负责总监理工程师指定或交办的监理工作。

② 按总监理工程师的授权，行使总监理工程师的部分职责和权力。

在此要特别指出的是，按《建设工程监理规范》要求，总监理工程师不得将下列工作委托总监理工程师代表。

① 主持编写项目监理规划、审批项目监理实施细则。

② 签发工程开工／复工报审表、工程暂停令、工程款支付证书、工程竣工报验单。

③ 审核签认竣工结算。

④ 调解建设单位与承包单位的合同争议、处理索赔，审批工程延期。

⑤ 根据工程项目的进展情况进行监理人员的调配，调换不称职的监理人员。

3. 专业监理工程师

专业监理工程师是根据项目监理岗位职责分工和总监理工程师的指令，负责实施某一专业或某一方面的监理工作，具有相应监理文件签发权的监理工程师。

专业监理工程师应由具有一年以上同类工程监理工作经验的人员担任。按《建设工程监理规范》要求，专业监理工程师应履行的职责如下。

① 负责编写本专业的监理实施细则。

② 负责本专业监理工作的具体实施。

③ 组织、指导、检查和监督专业监理员的工作，当人员需要调整时，向总监理工程师提出建议。

④ 审查承包单位提交的涉及本专业计划、方案、申请、变更，并向总监理工程师提出报告。

⑤ 负责本专业分项工程验收及隐蔽工程验收。

⑥ 定期向总监理工程师提交本专业监理工作实施情况报告，对重大问题及时向总监理工程师汇报和请示。

⑦ 根据本专业监理工作实施情况做好监理日记。

⑧ 负责本专业监理资料的收集、汇总及整理，参与编写监理月报。

⑨ 核查进场材料、设备、构配件的原始凭证和检验报告等质量证明文件及其质量情况，根据实际情况认为有必要时对进场材料、设备、构配件进行平行检验，合格时予以签认。

⑩ 负责本专业的工程计量工作，审核工程计量的数据和原始凭证。

4. 监理员

监理员是经过监理业务培训，具有同类工程相关专业知识，从事具体监理工作的监理人员。

监理员是项目监理机构操作层的代表人物，按《建设工程监理规范》要求，其应履行的职责如下。

① 在专业监理工程师的指导下开展现场监理工作。

② 检查承包单位投入工程项目的人力、材料、主要设备及其使用、运行情况并做好记录。

③ 复核或从施工现场直接获取工程计量的有关数据并签署原始凭证。

④ 按设计图及有关标准，对承包单位的工艺过程或施工工序进行检查和记录，对加工制作及工序施工质量检查结果进行记录。

⑤ 担任旁站工作，发现问题及时指出并向专业监理工程师报告。

⑥ 做好监理日记和有关的监理记录。

五、工程建设项目建设监理实施的组织

1. 工程项目实施建设监理程序

一般情况下，工程项目建设监理实施程序如下。

（1）确定项目总监理工程师，成立项目监理组织

每一个拟监理的工程项目，监理单位都应根据工程项目的规模、性质、业主对监理的要求，委派相称职的人员担任项目的总监理工程师，代表监理单位全面负责该项目的监理工作。总监理工程师对内向监理单位负责，对外向业主负责。

在监理工程师的具体指导下，组建项目的监理班子，并根据签订的监理委托合同，制定监理规划和具体的实施计划，开展监理工作。

一般情况下，监理单位在参与项目监理的投标、拟订监理方案（大纲）以及与业主商签监理委托合同时，即应选派称职的人员主持该项目工作。在监理任务确定并签订监理委托合同后，该主持人即可作为项目总监理工程师。这样，项目的总监理工程师在承接任务阶段即早已介入，从而更能了解业主的建设意图和对监理工作的要求，并与后续工作能更好地衔接。

（2）进一步熟悉情况，收集有关资料，以作为开展建设监理工作的依据

① 反映工程项目特征的有关资料。

- 工程项目的批文。
- 规划部门关于规划红线范围和设计条件的通知。
- 土地管理部门关于准予用地的批文。
- 批准的工程项目可行性研究报告或设计任务书。
- 工程项目地形图。
- 工程项目勘测、设计图纸及有关说明。

② 反映当地工程建设政策、法规的有关资料。

- 关于工程建设报建程序的有关规定。
- 当地关于拆迁工作的有关规定。
- 当地关于工程建设应纳有关税、费的规定。
- 当地关于工程项目建设管理机构资质管理的有关规定。
- 当地关于工程项目建设实行建设监理的有关规定。
- 当地关于工程建设招标投标制的有关规定。

- 当地关于工程造价管理的有关规定等。

③ 反映工程所在地区技术经济状况等建设条件的资料。

- 气象资料。
- 工程地质及水文地质资料。
- 与交通运输（包括铁路、公路、航运）有关的可提供的能力、时间及价格等的资料。
- 与供水、供电、供热、供燃气、电信有关的可提供的容（用）量、价格等的资料。
- 勘测设计单位状况。
- 土建、安装施工单位状况。
- 建筑材料及构件、半成品的生产、供应情况。
- 进口设备及材料的有关到货口岸、运输方式的情况等。

④ 类似工程项目建设情况的有关资料。

- 类似工程项目投资方面的有关资料。
- 类似工程项目建设工期的有关资料。
- 类似工程项目的其他技术经济指标等。

（3）编制工程项目的监理规划

工程项目的监理规划，是开展项目监理活动的纲领性文件。

（4）制定各专业监理实施细则

在监理规划的指导下，为具体指导投资控制、质量控制、进度控制的进行，还需结合工程项目实际情况，制定相应的实施细则。

（5）根据制定的监理细则，规范化地开展监理工作

作为一种科学的工程项目管理制度，监理工作的规范化体现在以下几方面。

① 工作的时序性。即监理的各项工作都是按一定的逻辑顺序先后展开的，从而使监理工作能有效地达到目标而不致造成工作状态的无序和混乱。

② 职责分工的严密性。工程建设监理工作是由不同专业、不同层次的专家群体共同来完成的，他们之间严密的职责分工，是协调进行监理工作的前提和实现监理目标的重要保证。

③ 工作目标的确定性。在职责分工的基础上，每一项监理工作应达到的具体目标都应是确定的，完成的时间也应有时限规定，从而能通过报表资料对监理工作及其效果进行检查和考核。

（6）参与工程项目竣工预验收，签署工程建设监理意见

工程项目施工完成后，应由施工单位在正式验收前组织竣工预验收。监理单位参与预验收工作，在预验收中发现问题，应与施工单位沟通，提出要求，签署工程建设监理意见。

（7）向业主提交工程建设监理档案资料

工程项目建设监理业务完成后，向业主提交的监理档案资料应包括监理设计变更、工程变更资料，监理指令性文件，各种签证资料，其他约定提交的档案资料。

（8）监理工作总结

监理工作总结应包括以下内容。

① 向业主提交的监理工作总结。其内容主要包括监理委托合同履行情况概述；监理任务或监理目标完成情况的评价；由业主提供的供监理活动使用的办公用房、车辆、试验设施等的清单；表明监理工作终结的说明等。

② 向监理单位提交的监理工作总结。其内容主要包括监理工作的经验，可以是采用某种

监理技术、方法的经验，也可以是采用某种经济措施、组织措施的经验，以及签订监理委托合同方面的经验，如何处理好与业主、承包单位的经验等。

③ 监理工作中存在的问题及改进的建议，也应及时加以总结，以指导今后的监理工作，并向政府有关部门提出政策建议，不断提高我国工程建设监理的水平。

2. 建设工程监理的组织协调

所谓组织协调是指单位与单位、部门与部门之间的工作要配合适当，步调一致，使工程的实施能一体化运行。

组织协调包括项目监理组织内部人与人、机构与机构之间的协调。此外，还存在项目监理组织与外部环境组织之间的协调。其中主要是与项目业主、设计单位、施工单位、材料和设备供应单位以及与政府有关部门、社会团体、科研单位、工程毗邻单位的协调。协调问题通常集中在它们的结合部位上，组织协调就是在这些结合部位做好连接、联合和沟通工作，使信息流和物流能流转畅通，以便大家在实现建设工程总目标上做到步调一致并一体化运行。

小提示

在实现工程项目的过程中，监理工程师要不断地进行组织协调，其目的就是为了实现建设工程总目标。如何才能有效地协调好涉及和参加项目建设的各方人员的工作，基本上要靠有效的激励和良好的交际工作。因此，需要掌握激励和交际的原则，并在实际活动中运用这些原则。例如，如何批评别人和接受别人批评，如何引导开好会议和进行讨论，如何与人交谈和怎样准备书面文件等。

249

学习案例

某监理单位承担了国内某工程的施工监理任务，该工程由甲施工单位总承包，经业主同意，甲施工单位选择了乙施工单位作为分包单位。

问题：

1. 监理工程师在审图时发现，基础工程的设计有部分内容不符合国家的工程质量标准，因此，总监理工程师立即致函设计单位要求改正，设计单位研究后，口头同意了总监理工程师的改正要求，总监理工程师随即将更改的内容写成监理指令通知甲施工单位执行。

请指出上述总监理工程师行为的不妥之处并说明理由。

2. 在施工到工程主体时，甲施工单位认为，变更部分主体设计可以使施工更方便、质量更易得到保证，因而向监理工程师提出了设计变更的要求。

按现行的《建设工程监理规范》，监理工程师应按什么程序处理施工单位提出的设计变更要求？

3. 施工过程中，监理工程师发现乙施工单位分包的某部位存在质量隐患，因此，总监理工程师同时向甲、乙施工单位发出了整改通知。甲施工单位回函称：乙施工单位分包的工程是经业主同意进行分包的，所以甲施工单位不承担该部分工程的质量责任。

甲施工单位的答复有何不妥之处，为什么？总监理工程师的整改通知应如何签发，为什么？

4. 监理工程师在检查时发现，甲施工单位在施工中，所使用的材料和报验合格的材料有差异，若继续施工，该部位将被隐蔽。因此，总监理工程师立即向甲施工单位下达了暂停施工的指令（因甲施工单位的工作对乙施工单位有影响，乙施工单位也被迫停工），同时，将该材料进行了有监理见证的抽检。抽检报告出来后，证实材料合格，可以使用，总监理工程师随即指令施工单位恢复了正常施工。

总监理工程师签发本次暂停令是否妥当？程序上有无不妥之处？请说明理由。

分析：

1. 总监理工程师不应直接致函设计单位，因监理单位并未承担设计监理任务。发现的问题应向业主报告，由业主向设计提出更改要求。总监理工程师不应在取得设计变更文件之前签发变更指令，总监理工程师也无权代替设计单位进行设计变更。

2. 总监理工程师应组织专业监理工程师对变更要求进行审查，通过后报业主转交设计单位，当变更涉及安全、环保等内容时，应经有关部门审定，取得设计变更文件后，总监理工程师应结合实际情况对变更费用和工期进行评估，总监理工程师就评估情况和业主、施工单位协调后签发变更指令。

3. 甲施工单位答复的不妥之处：工程分包不能解除承包人的任何责任与义务，分包单位的任何违约行为导致工程损害或给业主造成的损失，承包人承担连带责任。

总监理工程师的整改通知应发给甲施工单位，不应直接发给乙施工单位，因乙施工单位和业主没有合同关系。

4. 总监理工程师有权签发本次暂停令，因合同有相应的授权。程序有不妥之处，监理工程师应在签发暂停令后24h内向业主报告。

📺 知识拓展

建设工程监理规划的审核

建设工程监理规划在编写完成后需要进行审核并经批准。监理单位的技术主管部门是内部审核单位，其负责人应当签认。监理规划审核的内容主要包括以下几个方面。

（1）监理范围、工作内容及监理目标的审核。

（2）项目监理机构结构审核。

（3）工作计划审核。

（4）投资、进度、质量控制方法与措施的审核。

（5）监理工作制度审核。

学习情境小结

本学习情境内容是工程建设监理组织及规划，应重点掌握工程监理组织和监理规划的内容和方法。

建设工程监理规划是工程监理企业接受业主委托后，在总监理工程师主持下编制、经工程监理企业技术负责人批准，用来指导项目监理机构全面开展监理工作的指导性文件。

建设工程监理规划的作用主要体现在指导工程监理企业的项目监理机构全面开展监理工

作，监理规划是建设监理主管机构对工程监理企业实施监督管理的重要依据，监理规划是业主确认监理单位是否全面、认真履行建设工程监理合同的主要依据，监理规划是工程监理企业重要的存档资料四个方面。

建设工程监理大纲和监理实施细则是与监理规划相互关联的两个重要监理文件，它们与监理规划一起共同构成监理规划系列性文件。项目监理实施细则是根据监理规划，由专业监理工程师主持，针对工程项目中某一专业或某一方面监理工作编写的，并经总监理工程师批准的操作性文件。

组织是指人们为了实现系统的目标，通过明确分工协作关系，建立权力责任制度所构成的能够一体化运行的人的组合体及其运行过程。

现行的建设监理组织形式主要有直线制监理组织、职能制监理组织、直线职能制监理组织和矩阵制监理组织等形式。

学习检测

一、填空题

1. 现行的建设监理组织形式主要有_____、_____、_____和_____。
2. 用系统方法分析，工程建设的协调一般有三大类：一是_____；二是_____；三是_____。
3. 工程建设监理组织协调的常用方法主要包括_____、_____、_____、_____、_____。

二、简答题

1. 简述建立项目监理机构的步骤。
2. 什么是组织？组织结构有哪些？
3. 建设工程项目监理机构的组织形式有几种？
4. 监理人员的职责有哪些？

学习情境七

工程建设信息管理

案例引入

某建设项目，建设单位委托某监理单位进行施工阶段的监理工作。监理单位委派总监理工程师组建了项目监理机构。总监理工程师组织专业监理工程师编写监理规划时提出以下要求。

1. 实施监理中要严格遵守监理的实施原则，应写入监理规划中。

2. 根据业主要求，监理工作目标包括施工安全生产目标，应在监理规划中作为监理工作目标。

3. 在监理规划的监理工作方法及措施中，应根据风险管理原理制订相应的风险防范措施。

4. 监理工作制度是监理规划的重要内容，其中项目监理的文档管理是监理形象的表现之一。除要按规范对现场一手资料严格要求外，还要做好监理会议纪要、监理月报和监理总结。

项目监理机构根据项目的特性和总监理工程师的布置编写了监理规划，对监理人员的岗位职责及目标控制作出如下安排。

（1）监理工程师的岗位职责

① 确定项目监理机构人员分工和岗位职责。

② 主持编写项目监理规划、审批项目监理实施细则，并负责管理监理机构的日常工作。

③ 检查和监督监理人员的工作。

④ 审查和处理工程变更。

⑤ 主持监理工作会议，签发项目监理机构的文件和指令。

⑥ 调解建设单位与承包单位的合同争议、处理索赔、审批工程延期。

⑦ 主持整理工程项目的监理资料。

（2）经总监理工程师授权，总监理工程师代表履行的岗位职责

① 审查分包单位的资质，并提出审查意见。

② 审查承包单位提交的开工报告、施工组织设计、技术方案和进度计划。

③ 审核签署承包单位的申请、支付证书和竣工结算。

④ 审核签认分部工程和单位工程的质量检验评定资料，审查承包单位的竣工申请，组织监理人员对待验收的工程项目进行质量检查，参与工程项目的竣工验收。

⑤ 主持或参与工程质量事故的调查。

⑥ 根据工程项目的进展情况进行监理人员的调配，调换不称职的监理人员。

（3）专业监理工程师的岗位职责

① 负责编制本专业的监理实施细则。

②负责本专业监理工作的具体实施。

（4）监理员的职责（在专业监理工程师的指导下开展现场监理工作）

① 检查承包单位投入工程项目的人力、材料、主要设备及其使用、运行状况，并做好检查记录。

② 审核工程计量的数据和原始数据。

③ 按设计图纸及有关标准，对承包单位的工艺过程或施工工序进行检查和记录，对加工制作及工序施工质量检查结果进行记录。

④ 担任旁站工作。

⑤ 做好监理日记和有关的监理记录。

在监理的目标控制分析中，提出的监理目标控制方法为主动控制和被动控制。主动控制是事前控制和前馈控制；被动控制是事中控制、事后控制和反馈控制。对于建设工程目标控制来说，主动控制和被动控制两者缺一不可。因此，绘制了目标控制的程序框图，并进行了风险分析，对目标实施中的风险提出了相应的风险回避、损失控制和风险转移的风险对策。

🎓 案例导航

本案例中第1条"实施监理中要严格遵守监理的实施原则，应写入监理规划中"这一规定不正确，根据监理规范关于监理规划的内容要求，监理实施原则是基本要求，不必写入监理规划。

要了解工程建设项目信息的构成与特点、分类及工程建设监理主要文件档案，需要掌握以下相关知识。

1. 工程建设项目信息的作用。
2. 工程建设项目信息管理流程及基本环节。
3. 监理单位文件档案资料管理职责。

学习单元一　工程建设项目信息管理基础

📝 知识目标

1. 了解工程建设项目信息的作用、构成与特点。
2. 熟悉工程建设项目信息的分类及管理流程。
3. 掌握工程建设项目信息管理的基本环节。

📖 基础知识

工程建设项目信息管理就是信息的收集、整理、处理、存储、传递与应用等一系列工作的总称。其目的是通过有组织的工程建设项目信息流通，使监理工程师能及时、准确、完整地获得相应的信息，以作出科学的决策。

一、工程建设项目信息的作用

监理行业属于信息产业，监理工程师是信息工作者，生产的是信息，使用和处理的是信息，主要体现监理成果的也是各种信息。工程建设项目信息对监理工程师开展监理工作，进行决策具有重要的作用。

工程建设项目信息对监理工作的作用表现在以下几个方面。

1. 信息是监理决策的依据

决策是工程建设项目监理的首要职能，它的正确与否，直接影响到工程项目建设总目标的实现及监理单位的信誉。工程建设项目监理决策正确与否，取决于多种因素，其中最重要的因素之一就是信息。没有可靠、充分、系统的信息作为依据，就不可能作出正确的决策。

2. 信息是监理工程师实施控制的基础

控制的主要任务是将计划执行情况与计划目标进行比较，找出差异，对比较的结果进行分析，排除和预防产生差异的原因，使总体目标得以实现。

小 提 示

为了进行有效的控制，监理工程师必须得到充分、可靠的信息。为了进行比较分析及采取措施来控制工程项目投资目标、质量目标及进度目标，监理工程师首先应掌握有关项目三大目标的计划值，它们是控制的依据；其次，监理工程师还应了解三大目标的执行情况。只有对这两个方面的信息都充分掌握，监理工程师才能正确实施控制工作。

3. 信息是监理工程师进行工程项目协调的重要媒介

工程项目的建设过程涉及有关的政府部门和建设、设计、施工、材料设备供应、监理单位等，这些政府部门和企业单位对工程项目目标的实现都会有一定的影响，处理、协调好它们之间的关系，并对工程项目的目标实现起促进作用，就是依靠信息，把这些单位有机地联系起来。

二、工程建设项目信息的构成与特点

1. 工程建设项目信息的构成

工程建设项目信息的构成是指信息内容的载体，也就是各种各样的数据。在工程建设过程中，各种情况层出不穷，这些情况包含了各种各样的数据。这些数据可以是文字，可以是数字，可以是各种报表，也可以是图形、图像和声音等。

（1）文字数据

文字数据是工程建设项目信息的一种常见的表现形式。文件是最常见的用文字数据表现的信息。管理部门会下发很多文件；工程建设各方，通常规定以书面形式进行交流，即使是口头上的指令，也要在一定时间内形成书面的文字，这也会形成大量的文件。这些文件包括国家、地区、部门行业、国际组织颁布的有关工程建设的法律法规文件，还包括国际、国家和行业等制定的标准规范。具体到每一个工程项目，还包括合同及招标投标文件、工程承包（分包）单位的情况资料、会议纪要、监理月报、洽商及变更资料、监理通知、隐蔽及预检记录资料等。这些文件中包含了大量的信息。

（2）数字数据

数字数据也是工程建设项目信息常见的一种表现形式。在工程建设中，监理工作的科学性要求"用数字说话"，为了准确地说明各种工程情况，必然有大量数字数据产生，各种计算成果，各种试验检测数据，反映着工程项目的质量、投资和进度等情况。

（3）各种报表

报表是工程建设项目信息的另一种表现形式，工程建设各方常用这种直观的形式传播信息。承包商需要提供反映工程建设状况的多种报表，如开工申请单、施工技术方案申报表、进场原材料报验单、进场设备报验单、施工放样报验单、分包申请单、付款申请表、索赔申请书、索赔损失计算清单、延长工期申报表、复工申请、事故报告单、工程验收申请单、竣工报验单等。监理组织内部常采用规范化的表格来作为有效控制的手段，如工程开工令、工程变更通知、工程暂停指令、复工指令、工程验收证书、工程验收记录、竣工证书等。监理工程师向发包人反映工程情况，也往往用报表形式传递工程信息，如工程质量月报表、项目月支付总表、工程进度月报表、进度计划与实际完成报表、施工计划与实际完成情况表、监理月报表等。

（4）图形、图像和声音等

这些信息包括工程项目立面、平面及功能布置图形、项目位置及项目所在区域环境实际图形或图像等，对每一个项目，还包括分专业隐检部位图形、分专业设备安装部位图形、分专业预留预埋部位图形、分专业管线平（立）面走向及跨越伸缩缝部位图形、分专业管线系统图形、质量问题和工程进度形象图像，在施工中还有设计变更图等。图形、图像信息还包括工程录像、照片等，这些信息能直观、形象地反映工程情况，特别是能有效地反映隐蔽工程的情况。声音信息主要包括会议录音、电话录音以及其他讲话录音等。

2. 工程建设项目信息的特点

工程建设项目信息是在整个工程建设监理过程中发生的、反映工程建设状态和规律的信息。它具有一般信息的特征，同时也有其自身的特点。

（1）信息量大

因为监理的工程项目管理涉及多部门、多专业、多环节、多渠道，而且工程建设中的情况多变化，处理的方式多样化，因此信息量也特别大。

（2）信息系统性强

由于工程项目往往是一次性（或单件性），即使是同类型的项目，也往往因为地点、施工单位或其他情况的变化而变化，因此虽然信息量大，但却都集中于所管理的项目对象上，这就为信息系统的建立和应用创造了条件。

（3）信息传递中的障碍多

信息传递中的障碍来自于地区的间隔、部门的分散、专业的隔阂，或传递手段的落后，或对信息的重视程度或理解能力、经验、知识的限制。

（4）信息的滞后现象

信息往往是在项目建设和管理过程中产生的，信息反馈一般要经过加工、整理、传递以后才能到达决策者手中，因此是滞后的。倘若信息反馈不及时，容易影响信息作用的发挥而造成失误。

三、工程建设项目信息的分类

1. 工程建设项目信息的分类原则

在大型工程项目的实施过程中，处理信息的工作量非常巨大，必须借助于计算机系统才能

255

实现。统一的信息分类和编码体系的意义在于使计算机系统和所有的项目参与方之间具有共同的语言，一方面使得计算机系统更有效地处理、存储项目信息，另一方面也有利于项目参与各方更方便地对各种信息进行交换与查询。项目信息的分类和编码是建设监理信息管理实施时所必须完成的一项基础工作，信息分类编码工作的核心是在对项目信息内容分析的基础上建立项目的信息分类体系。

信息分类是指在一个信息管理系统中，将各种信息按一定的原则和方法进行区分和归类，并建立起一定的分类系统和排列顺序，以便管理和使用信息。对信息分类体系的研究一直是信息管理科学的一项重要课题，信息分类的理论与方法广泛地应用于信息管理的各个分支，如图书管理、情报档案管理等。这些理论与方法是进行信息分类体系研究的主要依据。在工程管理领域，针对不同的应用需求，各国的研究者也开发、设计了各种信息分类标准。

对建设项目的信息进行分类必须遵循以下基本原则。

（1）稳定性

信息分类应选择分类对象最稳定的本质属性或特征作为信息分类的基础和标准。信息分类体系应建立在对基本概念和划分对象的透彻理解基础上。

（2）兼容性

项目信息分类体系必须考虑到项目各参与方所应用的编码体系的情况，项目信息分类体系应能满足不同项目参与方高效信息交换的需要。同时，与有关国际、国内标准的一致性也是兼容性应考虑的内容。

（3）可扩展性

项目信息分类体系应具备较强的灵活性，可以在使用过程中进行方便的扩展。在分类中通常应设置收容类目（或称为"其他"），以保证增加新的信息类型时，不至于打乱已建立的分类体系，同时一个通用的信息分类体系还应为具体环境中信息分类体系的拓展和细化创造条件。

（4）逻辑性原则

项目信息分类体系中信息类目的设置有着极强的逻辑性，如要求同一层面上各个子类互相排斥。

（5）综合实用性

信息分类应从系统工程的角度出发，放在具体的应用环境中进行整体考虑。这体现在信息分类的标准与方法的选择上，应综合考虑项目的实施环境和信息技术工具。确定具体应用环境中的项目信息分类体系，应避免对通用信息分类体系的生搬硬套。为了有效地管理和应用工程建设项目信息，需将信息进行分类。按照不同的分类标准，工程建设项目信息可分为不同的类型。

2. 工程建设项目信息的分类

工程建设项目监理过程中，涉及大量的信息，这些信息依据不同标准可划分如下。

（1）按照建设工程的目标划分

① 投资控制信息。投资控制信息是指与投资控制直接有关的信息，如各种估算指标、类似工程造价、物价指数、设计概算、概算定额、施工图预算、预算定额、工程项目投资估算、合同价组成、投资目标体系、计划工程量、已完工程量、单位时间付款报表、工程量变化表、人工与材料调差表、索赔费用表、投资偏差、已完工程结算、竣工决算、施工阶段的支付账单、原材料价格、机械设备、台班费、人工费、运杂费等。

② 质量控制信息。质量控制信息是指与建设工程项目质量有关的信息，如国家有关的质量法规、政策及质量标准、项目建设标准；质量目标体系和质量目标的分解；质量控制工作流程、质量控制的工作制度、质量控制的方法；质量控制的风险分析；质量抽样检查的数据；各个环节工作的质量（工程项目决策的质量、设计的质量、施工的质量）；质量事故记录和处理报告等。

③ 进度控制信息。进度控制信息是指与进度相关的信息，如施工定额、项目总进度计划、进度目标分解、项目年度计划、工程总网络计划和子网络计划、计划进度与实际进度偏差；网络计划的优化、网络计划的调整情况、进度控制的工作流程、进度控制的工作制度、进度控制的风险分析等。

④ 合同管理信息。合同管理信息是指与建设工程相关的各种合同信息，如工程招投标文件；工程建设施工承包合同，物资设备供应合同，咨询、监理合同；合同的指标分解体系；合同签订、变更、执行情况；合同的索赔等。

（2）按照工程建设项目信息来源划分

按照工程建设项目信息来源，可将工程建设项目信息划分为工程建设内部信息和工程建设外部信息。

工程建设内部信息取自建设项目本身，如工程概况、可行性研究报告、设计文件、施工组织设计、施工方案、合同文件、信息资料的编码系统、会议制度、监理组织机构、监理工作制度、监理委托合同、监理规划、项目的投资目标、项目的质量目标、项目的进度目标等。

工程建设外部信息指来自建设项目外部环境的信息，如国家有关的政策及法规、国内及国际市场上原材料及设备价格、物价指数、类似工程的造价、类似工程的进度、投标单位的实力、投标单位的信誉、毗邻单位的有关情况等。

（3）按照工程建设项目稳定程度划分

按照工程建设项目稳定程度，可将工程建设项目信息划分为固定信息和流动信息。

固定信息是指那些具有相对稳定性的信息，或者在一段时间内可以在各项监理工作中重复使用而不发生质的变化的信息，它是工程建设监理工作的重要依据。这类信息有以下几类。

① 定额标准信息：这类信息内容很广，主要是指各类定额和标准，如概预算定额、施工定额、原材料消耗定额、投资估算指标、生产作业计划标准、监理工作制度等。

② 计划合同信息：指计划指标体系、合同文件等。

③ 查询信息：指国家标准、行业标准、部颁标准、设计规范、施工规范、监理工程师的人事卡片等。

流动信息即作业统计信息，是反映工程项目建设实际进程和实际状态的信息，随着工程项目的进展而不断更新。这类信息时间性较强，一般只有一次使用价值，如项目实施阶段的质量、投资及进度统计信息就是反映在某一时刻项目建设的实际进程及计划完成情况，再如项目实施阶段的原材料消耗量、机械台班数、人工工日数等。及时收集这类信息，并与计划信息进行对比分析，是实施项目目标控制的重要依据，是不失时机地发现、克服薄弱环节的重要手段。在工程建设监理过程中，这类信息的主要表现形式是统计报表。

（4）按照信息的层次划分

① 战略性信息：指该项目建设过程中的战略决策所需的信息、投资总额、建设总工期、承包商的选定、合同价的确定等信息。

② 管理型信息：指项目年度进度计划、财务计划等。

③ 业务性信息：指的是各业务部门的日常信息，较具体，精度较高。

（5）按照工程建设监理活动层次划分

按照工程建设监理活动层次，可将工程建设项目信息划分为总监理工程师所需信息、各专业监理工程师所需信息和监理检查员所需信息。

总监理工程师所需信息包括有关工程建设监理的程序和制度，监理目标和范围，监理组织机构的设置状况，承包商提交的施工组织设计和施工技术方案，建设监理委托合同，施工承包合同等。

各专业监理工程师所需信息包括工程建设的计划信息、实际进展信息、实际进展与计划的对比分析结果等。监理工程师通过掌握这些信息，可以及时了解工程建设是否达到预期目标并指导其采取必要措施，以实现预定目标。

监理检查员所需信息主要是工程建设实际进展信息，如工程项目的日进展情况。这类信息较具体、详细，精度较高，使用频率也高。

（6）按照工程建设监理阶段划分

按照工程建设监理阶段，可将工程建设项目信息划分为设计阶段信息、施工招标阶段信息和施工阶段信息。

设计阶段信息包括可行性研究报告及设计任务书，工程地质和水文地质勘察报告，地形测量图，气象和地震烈度等自然条件资料，矿藏资源报告，规定的设计标准，国家或地方有关的技术经济指标和定额，国家和地方的监理法规等。

施工招标阶段信息包括国家批准的概算，有关施工图纸及技术资料，国家规定的技术经济标准、定额及规范，投标单位的实力，投标单位的信誉，国家和地方颁布的招标投标管理办法等。

258

小 提 示

施工阶段信息包括施工承包合同，施工组织设计、施工技术方案和施工进度计划，工程技术标准，工程建设实际进展情况报告，工程进度款支付申请，施工图纸及技术资料，工程质量检查验收报告，工程建设监理合同，国家和地方的监理法规等。

以上是常用的几种分类形式。按照一定的标准，将建设工程项目信息予以分类，对监理工作有着重要意义。因为不同的监理范畴，需要不同的信息，而把信息予以分类，有助于根据监理工作的不同要求，提供适当的信息。例如日常的监理业务是属于高效率地执行特定业务的过程。由于业务内容、目标、资源等都是已经明确规定的，因此判断的情况并不多。它所需要的信息常常是历史性的，结果是可以预测的，绝大多数是项目内部的信息。

四、工程建设项目信息管理

1. 信息管理的概念

所谓信息管理是指对信息的收集、加工整理、储存、传递与应用等一系列工作的总称。信息管理的目的就是通过有组织的信息流通，使决策者能及时、准确地获得相应的信息。为了达到信息管理的目的，就要把握好信息管理的各个环节，并要做到以下几方面。

①了解和掌握信息来源，对信息进行分类。

②掌握和正确运用信息管理的手段（如计算机）。

③掌握信息流程的不同环节，建立信息管理系统。

2. 工程建设项目信息管理的基本任务

监理工程师作为项目管理者，承担着项目信息管理的任务，负责收集项目实施情况的信息，做各种信息处理工作，并向上级、向外界提供各种信息。他的信息管理的任务主要包括以下几方面。

① 组织项目基本情况信息的收集并系统化，编制项目手册。项目管理的任务之一是，按照项目的任务，按照项目的实施要求，设计项目实施和项目管理中的信息和信息流，确定它们的基本要求和特征，并保证在实施过程中信息顺利流通。

② 项目报告及各种资料的规定，例如资料的格式、内容、数据结构要求。

③ 按照项目实施、项目组织、项目管理工作过程建立项目管理信息系统流程，在实际工作中保证这个系统正常运行，并控制信息流。

④ 文件档案管理工作。

有效的项目管理需要更多地依靠信息系统的结构和维护。信息管理影响组织和整个项目管理系统的运行效率，是人们沟通的桥梁，监理工程师应对它有足够的重视。

3. 工程建设项目信息管理工作的原则

对于大型项目，建设工程产生的信息数量巨大，种类繁多。为便于信息的搜集、处理、储存、传递和利用，监理工程师在进行工程建设项目信息管理实践中逐步形成了以下基本原则。

（1）标准化原则

要求在项目的实施过程中对有关信息的分类进行统一，对信息、流程进行规范，产生控制报表则力求做到格式化和标准化，通过建立健全的信息管理制度，从组织上保证信息生产过程的效率。

（2）有效性原则

监理工程师所提供的信息应针对不同层次管理者的要求进行适当加工，针对不同管理层提供不同要求和浓缩程度的信息。例如，对于项目的高层管理者而言，提供的决策信息应力求精炼、直观，尽量采用形象的图表来表达，以满足其战略决策的信息需要。这一原则是为了保证信息产品对于决策支持的有效性。

（3）定量化原则

建设工程产生的信息不应是项目实施过程中产生数据的简单记录，应该是经过信息处理人员的比较与分析。采用定量工具对有关数据进行分析和比较是十分必要的。

（4）时效性原则

考虑工程项目决策过程的时效性，建设工程的成果也应具有相应的时效性。建设工程的信息都有一定的生产周期，如月报表、季度报表、年度报表等，这都是为了保证信息产品能够及时服务于决策。

（5）高效处理原则

通过采用高性能的信息处理工具（建设工程信息管理系统），尽量缩短信息在处理过程中的延迟，监理工程师的主要精力应放在对处理结果的分析和控制措施的制定上。

（6）可预见原则

建设工程产生的信息作为项目实施的历史数据，可以用于预测未来的情况，监理工程师应通过采用先进的方法和工具为决策者制定未来目标和行动规划提供必要的信息。如通过对以往投资执行情况的分析，对未来可能发生的投资进行预测，作为采取事先控制措施的依据，这在工程项目管理中也是十分重要的。

4. 信息分类编码的方法与编码原则

在信息分类的基础上，可以对项目信息进行编码。信息编码是将事物或概念（编码对象）赋予一定规律性的、易于计算机和人识别与处理的符号。它具有标识、分类、排序等基本功能。项目信息编码是项目信息分类体系的体现，对项目信息进行编码的基本原则如下。

（1）唯一性

虽然一个编码对象可有多个名称，也可按不同方式进行描述，但是在一个分类编码标准中，每个编码对象仅有一个代码，每一个代码唯一表示一个编码对象。

（2）合理性

项目信息编码结构应与项目信息分类体系相适应。

（3）可扩充性

项目信息编码必须留有适当的后备容量，以便适应不断扩充的需要。

（4）简单性

项目信息编码结构应尽量简单，长度尽量短，以提高信息处理的效率。

（5）适用性

项目信息编码应能反映项目信息对象的特点，便于记忆和使用。

（6）规范性

在同一个项目的信息编码标准中，代码的类型、结构及编写格式都必须统一。

五、工程建设项目信息管理流程

工程建设是一个由多个单位、多个部门组成的复杂系统，这是工程建设的复杂性决定的。参加建设的各方要能够实现随时沟通，必须规范相互之间的信息流程，组织合理的信息流。

1. 工程建设信息流程的组成

工程建设的信息流由建设各方各自的信息流组成，监理单位的信息系统作为工程建设系统的一个子系统，监理的信息流仅仅是其中一部分。工程建设的信息流程如图7-1所示。

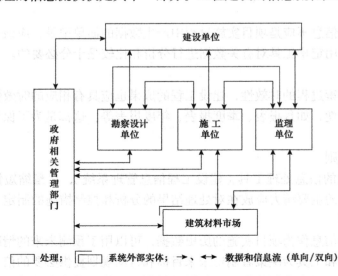

图7-1 工程建设参建各方信息关系流程图

2. 监理单位及项目监理部信息流程的组成

作为监理单位内部，也有一个信息流程，监理单位的信息系统更偏重于公司内部管理和对所监理的工程建设项目监理部的宏观管理，对具体的某个工程项目监理部，也要组织必要的信息流程，加强项目数据和信息的微观管理，相应的流程图如图7-2和图7-3所示。

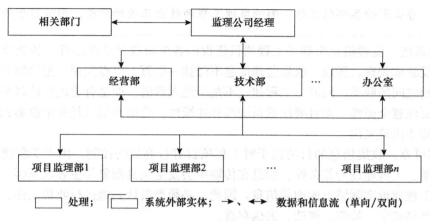

图7-2　监理单位信息流程图

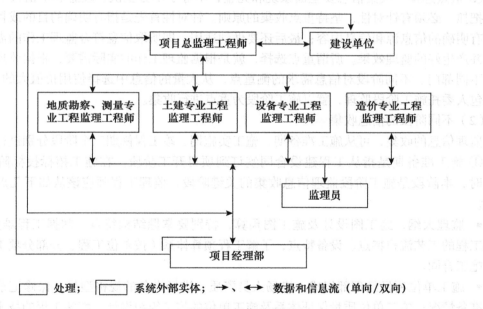

图7-3　项目监理部信息流程图

六、工程建设项目信息管理的基本环节

1. 监理信息的收集

（1）监理信息收集的基本原则

① 主动及时。监理工程师要取得对工程控制的主动权，就必须积极主动地收集信息，善于及时发现、取得、加工各类工程信息。只有工作主动，获得信息才会及时。监理工作的特点和监理信息的特点都决定了收集信息要主动、及时。

小 提 示

监理是一个动态控制的过程，实时信息量大、时效性强、稍纵即逝，工程建设又具有投资大、工期长、项目分散、管理部门多、参与建设的单位多等特点，如果不能及时得到工程中大量发生的变化极大的数据，不能及时把不同的数据传递给需要相关数据的不同单位、部门，势必影响各部门工作，影响监理工程师作出正确的判断，影响监理的质量。

② 全面系统。监理信息贯穿于工程项目建设的各个阶段及全部过程。各类监理信息都是监理内容的反映或表现。所以，收集监理信息不能挂一漏万，以点代面，把局部当成整体，或者不考虑事物之间的联系。同时，工程建设不是杂乱无章的，而是有着内在的联系。因此，收集信息不仅要注意全面性，而且要注意系统性和连续性。全面系统就是要求收集到的信息具有完整性，以防止决策失误。

③ 真实可靠。收集信息的目的在于对工程项目进行有效的控制。由于工程建设中人们的经济利益关系、工程建设的复杂性、信息在传输中会发生失真现象等主客观原因，难免产生不能真实反映工程建设实际情况的虚假信息。因此，必须严肃认真地进行收集工作，并将收集到的信息进行严格核实、检测、筛选，去伪存真。

④ 重点选择。收集信息要全面系统和完整，不等于不分主次、缓急和价值大小，胡子眉毛一把抓。必须有针对性，坚持重点收集的原则。针对性首先是指有明确的目的或目标；其次是指有明确的信息源和信息内容；最后还要做到适用，即所取信息符合监理工作的需要，能够应用并产生好的监理效果。所谓重点选择，就是根据监理工作的实际需要，根据监理的不同层次、不同部门、不同阶段对信息需求的侧重点，从大量的信息中选择使用价值大的主要信息，如发包人委托施工阶段监理，就以施工阶段为重点进行收集。

（2）不同阶段的信息收集

监理信息的收集，可从施工准备期、施工实施期、竣工保修期三个阶段分别进行。

① 施工准备期是指从工程建设合同签订到项目开工阶段。在施工招标投标阶段监理未介入时，本阶段是施工阶段监理信息收集的关键阶段，监理工程师应该从如下几点入手收集信息。

• 监理大纲，施工图设计及施工图预算，特别要掌握结构特点，掌握工程难点、要点，掌握工程的工艺流程特点、设备特点，了解工程预算体系（按单位工程、分部分项工程分解），了解施工合同。

• 施工单位项目经理部组成，进场人员资质；进场设备的规格型号、保修记录；施工场地的准备情况；施工单位质量保证体系及施工单位的施工组织设计，特殊工程的技术方案，施工进度网络计划图表；进场材料、构件管理制度；安全保安措施；数据和信息管理制度；监测和检验、试验程序和设备；承包单位和分包单位的资质等施工单位信息。

• 工程建设场地的地质、水文、测量、气象数据；地上、地下管线，地下硐室，地上原有建筑物及周围建筑物、树木、道路；建筑红线、标高、坐标；水、电、气管道的引入标志；地质勘察报告，地形测量图及标桩等环境信息。

• 施工图的会审和交底记录；开工前的监理交底记录；对施工单位提交的施工组织设计按照项目监理部要求进行修改的情况；施工单位提交的开工报告及实际准备情况。

• 本工程需遵循的相关建筑法律、法规、规范和规程，有关质量检验、控制的技术法规和质量验收标准。

② 施工实施期收集的信息应该分类并由专门的部门或专人分级管理，项目监理工程师可从以下方面收集信息。

- 施工单位人员，设备，水、电、气等能源的动态信息。
- 施工期气象情况的中长期趋势及同期历史数据，每天不同时段的动态信息，特别是在气候对施工质量影响较大的情况下，更要加强收集气象数据。
- 建筑原材料、半成品、成品、构配件等工程物资的进场、加工、保管、使用等信息。
- 项目经理部管理程序；质量、进度、投资的事前、事中、事后控制措施；数据采集来源及采集、处理、存储、传递方式；工序间交接制度；事故处理制度；施工组织设计及技术方案执行情况；工地文明施工及安全措施等。
- 施工中需要执行的国家和地方规范、规程、标准；施工合同执行情况。
- 施工中发生的工程数据，如地基验槽及处理记录，工序间交接记录，隐蔽工程检查记录等。
- 建筑材料测试项目有关信息，如水泥、砖、砂石、钢筋、外加剂、混凝土、防水材料、回填土、饰面板、玻璃幕墙等。
- 设备安装的试运行和测试项目有关的信息，如电气接地电阻、绝缘电阻测试，管道通水、通气、通风试验，电梯施工试验，消防报警、自动喷淋系统联动试验等。
- 施工索赔相关信息，如索赔程序、索赔依据、索赔证据、索赔处理意见等。

③ 竣工保修期收集的信息包括以下几项。

- 工程准备阶段文件，如立项文件，建设用地、征地、拆迁文件，开工审批文件等。
- 监理文件，如监理规划，监理实施细则，有关质量问题和质量事故的相关记录，监理工作总结以及监理过程中各种控制和审批文件等。
- 施工资料，分建筑安装工程和市政基础设施工程两大类分别收集。
- 竣工图，分建筑安装工程和市政基础设施工程两大类分别收集。
- 竣工验收资料，如工程竣工总结、竣工验收备案表、电子档案等。
- 在竣工保修期，监理单位按照现行《工程建设文件归档整理规范》(GB/T 50328—2001) 收集监理文件，并协助建设单位督促施工单位完善全部资料的收集、汇总和归类整理。

2. 监理信息的加工整理

监理信息的加工整理是对收集来的大量原始信息进行筛选、分类、排序、压缩、分析、比较、计算等过程。

信息的加工整理作用很大。第一，通过加工，将信息聚同分类，使之标准化、系统化。收集来的信息，往往是原始的、零乱的和孤立的，信息资料的形式也可能不同，只有经过加工后，使之成为标准的、系统的信息资料，才能进入使用、存储以及提供检索和传递。第二，经过收集的资料，真实、准确程度都比较低，甚至还混有一些错误，经过对它们进行分析、比较、鉴别，乃至计算、校正，使获得的信息准确、真实。第三，原始状态的信息，一般不便于使用和存储、检索、传递，经加工后，可以使信息浓缩，以便于进行以上操作。第四，信息在加工过程中，通过对信息的综合、分解、整理、增补，可以得到更多有价值的新信息。

小 提 示

信息加工整理要本着标准化、系统化、准确性、时间性和适用性等原则进行。为了适应信息用户使用和交换，应当遵守已制定的标准，使来源和形态各异的信息标准化。要按监理信息的分类，系统、有序地加工整理，符合信息管理系统的需要。要对收集的监理信息进行校正、剔除，使之准确、真实地反映工程建设状况。要及时处理各种信息，特别是那些时效性较强的信息。要使加工后的监理信息符合实际监理工作的需要。

监理信息的储存和传递。经过加工处理后的监理信息，按照一定的规定，记录在相应的信息载体上，并把这些记录信息的载体，按照一定特征和内容性质，组织成为系统的、有机的供人们检索的集合体，这个过程，称为监理信息的储存。

信息的储存可汇集信息，建立信息库，有利于进行检索，可以实现监理信息资源的共享，促进监理信息的重复利用，便于信息的更新和剔除。

监理信息储存的主要载体是文件、报告报表、图纸、音像材料等。监理信息的储存，主要就是将这些材料按不同的类别，进行详细的登录并存放，建立资料归档系统。该系统应简单和易于保存，但内容应足够详细，以便很快查出任何已归档的资料。

监理信息的传递，是指监理信息借助于一定的载体（如纸张、软盘等）从信息源传递到使用者的过程。

学习单元二　工程建设监理文件档案

✏️ **知识目标**

1. 了解建设单位文件档案资料管理职责。
2. 熟悉工程建设监理主要文件档案。

📖 **基础知识**

工程建设文件档案资料是指在工程建设过程中形成的各种形式的信息记录，包括工程准备阶段文件、监理文件、施工文件、竣工图和竣工验收文件，也可简称为工程文件。

一、监理单位文件档案资料管理职责

工程建设文件档案资料的管理涉及建设单位、工程监理单位、施工单位以及地方城建档案部门。根据我国目前政府主管部门的有关文件规定，工程建设参与有关各方在文件档案资料管理方面的职责有各自的特点。工程监理单位的职责包括以下几项。

① 应设专人负责监理资料的收集、整理和归档工作。在项目监理部，监理资料的管理应由总监理工程师负责，并指定专人具体实施，监理资料应在各阶段监理工作结束后及时整理归档。

② 监理资料必须及时整理、真实完整、分类有序。在设计阶段，对勘察、测绘、设计单位的工程文件的形成、积累和立卷归档进行监督、检查；在施工阶段，对施工单位的工程文件的形成、积累、立卷归档进行监督、检查。

③ 可以按照监理合同的协议要求，接受建设单位的委托，监督、检查工程文件的形成、

积累和立卷归档工作。

④ 编制的监理文件的套数、提交内容、提交时间，应按照《建设工程文件归档整理规范》和各地城建档案管理部门的要求，编制移交清单，经双方签字、盖章后，及时移交建设单位，由建设单位收集和汇总。监理单位档案部门需要的监理档案，按照《建设工程监理规范》的要求，及时由项目监理部提供。

二、工程建设监理主要文件档案

1. 监理规划

监理规划是指导监理工作的纲领性文件。其是依据监理大纲和委托监理合同编制的，在指导项目监理部工作方面起着重要作用。

> **小 提 示**
>
> 监理规划的内容包括工程项目概况、监理工作范围、监理工作内容、监理工作目标、监理工作依据、项目监理机构的组织形式、项目监理机构的人员配备计划、项目监理机构的人员岗位职责、监理工作程序、监理工作方法及措施、监理工作制度、监理设施。

2. 监理实施细则

监理实施细则是在监理规划指导下，在落实了各专业的监理责任后，由专业监理工程师针对项目的具体情况制定的更具有实施性和可操作性的业务文件。它起着具体指导监理业务开展的作用。

对中型及以上或专业性较强的工程项目，项目监理机构应编制监理实施细则。监理实施细则应符合监理规划的要求，并应结合工程项目的专业特点，做到详细具体、具有可操作性。

监理实施细则应在相应工程施工开始前编制完成，并必须经总监理工程师批准，由专业监理工程师编制。

编制监理实施细则的依据包括已批准的监理规划，与专业工程相关的标准、设计文件和技术资料，施工组织设计。

监理实施细则的主要内容包括专业工程的特点、监理工作的流程、监理工作的控制要点及目标值、监理工作的方法及措施。

在监理工作实施过程中，监理实施细则应根据实际情况进行补充、修改和完善。

3. 监理会议纪要

监理例会是工程建设参与各方沟通情况，交流信息、协调处理、研究解决合同履约中存在的各方面问题的主要协调方式。监理例会一般由总监理工程师主持，业主、设计、施工等有关单位的授权代表参加。

第一次工地会议是在中标通知书发出后，监理工程师准备发出开工通知前召开。目的是检查工程的准备情况（含各方机构、人员），以确定开工日期，发出开工令。第一次工地会议对顺利实施工程建设监理起着重要的作用，总监理工程师应十分重视。为了开好第一次工地会

265

议，总监理工程师应在做好充分准备的基础上，在正式开会之前用书面形式将会议议程有关事项以及应准备的内容通知业主和承包商，使各方都做好充分的准备。

经常性工地会议（或工地例会）是在开工以后，按照协商的时间，由监理工程师定期组织召开的会议。它是监理工程师对工程建设过程进行监督协调的有效方式，它的主要目的是分析、讨论工程建设中的实际问题，并作出决定。

会议纪要由项目监理部根据会议记录整理，主要内容包括会议的时间及地点，会议主持人，与会人员姓名、单位、职务，会议主要内容、决议事项及其负责落实单位、负责人和时限要求，其他事项。

小 提 示

监理例会上对重大问题意见不一致时，应将各方的主要观点，特别是相互对对方的意见记入"其他事项"中。会议纪要内容应真实准确，简明扼要，经总监理工程师审阅，与会各方代表会签后，发至合同有关各方，并应有签收手续。

4. 监理工作日志

监理工作日志（又称监理日记）是监理资料较为重要的组成部分，是工程实施过程中最真实的工作证据，是记录人素质、能力和技术水平的体现。所以监理工作日志的内容必须保证真实、全面，充分体现参建各方合同的履行程度。公正地记录好每天发生的工程情况是监理人员的重要职责。监理工作日志应以项目监理部的监理工作为记载对象，从监理工作开始起至监理工作结束止，由专人负责逐日记载。监理工作日志应符合下列要求。

① 准确记录时间、气象。

② 做好现场巡查，真实、准确、全面地记录工程相关问题。

③ 关心安全文明施工管理，做好安全检查记录。

④ 书写工整、用语规范、内容严谨，充分展现记录人对各项活动、问题及其相关影响的表达。

⑤ 写好监理日记后，要及时交总监理工程师审查，以便及时沟通和了解，从而促进监理工作正常有序地开展。

5. 监理月报

监理月报由项目总监理工程师组织编写，由总监理工程师签认，报送建设单位和本监理单位，报送的时间由监理单位和建设单位协商确定，通常在收到承包单位项目经理部报送来的工程进度、汇总了本月已完成工程量和本月计划完成工程量的工程量表、工程款支付申请表等相关资料后，在最短的时间内提交，一般为 $5 \sim 7d$。

小 提 示

监理月报应由总监理工程师组织编制、签署后报送建设单位和监理单位。监理月报采用 A 4 规格纸编制，应真实反映工程现状和监理工作情况，做到数据准确、重点突出、语言简练，并附必要的图表和照片。

监理月报的内容包括以下几项。

① 工程概况，指工程的基本情况和施工基本情况。

② 工程进度，包括工程实际完成情况与总进度计划比较；本月实际完成情况与计划进度比较；本月工、料、机动态；对进度完成情况的分析（含停工、复工情况）；本月采取的措施及效果；本月在施部位工程照片。

③ 工程质量，包括分项工程和检验批质量验收情况（部位、承包单位自检、监理单位签认、一次验收合格率等）；分部（子分部）工程质量验收情况；主要施工试验情况（如钢筋连接、混凝土试块强度、砌筑砂浆强度以及暖、卫、电气、通风空调施工试验等）；工程质量问题；工程质量情况分析；本月采取的措施及效果。

④ 工程计量与工程款支付，包括工程计量审批情况；工程款审批及支付情况；工程款到位情况分析；本月采取的措施及效果。

⑤ 构配件与设备，包括采购、供应、进场及质量情况和对供应厂家资质的考察情况。

⑥ 合同其他事项的处理情况，包括工程变更情况（主要内容、数量等）；工程延期情况（申请报告主要内容及审批情况）；费用索赔情况（次数、数量、原因、审批情况）。

⑦ 天气对施工影响的情况（影响天数及部位）。

⑧ 本月监理工作小结，内容包括对本期工程进度、质量、工程款支付等方面的综合评价；意见和建议；本月监理工作的主要内容。

6. 监理工作总结

监理工作总结是对项目监理工作的回顾，总结经验，吸取教训，对今后的监理工作能起到借鉴的作用。监理工作总结一般包括下面六个方面的内容。

① 工程概况。

② 监理组织机构、监理人员和投入的监理设施。

③ 监理工作执行情况，监理合同履行情况。

④ 监理工作成效。

⑤ 施工过程中出现的问题及其处理情况和建议，该内容为监理工作总结的重点，主要内容有质量问题、质量事故、合同争议、违约、索赔等处理情况。

⑥ 工程照片（如果有时）。

课 堂 案 例

某市政工程分为四个施工标段。某监理单位承担了该工程施工阶段的监理任务，一、二标段工程先行开工，项目监理机构组织形式如图7-4所示。

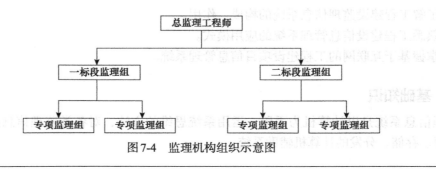

图7-4　监理机构组织示意图

一、二标段工程开工半年后，三、四标段工程相继准备开工，为适应整个项目监理工作的需要，总监理工程师决定修改监理规划；调整项目监理机构组织形式，按四个标段分别设置监理组，增设投资控制部、进度控制部、质量控制部和合同管理部四个职能部门，以加强各职能部门的横向联系，使上下、左右集权与分权实现最优的结合。

总监理工程师强调该工程监理文件档案资料十分重要，要求归档时应直接移交本监理单位和城建档案管理机构保存。

问题：

1. 指出总监理工程师调整项目监理机构组织形式后安排工作的不妥之处，写出正确做法。

2. 指出总监理工程师提出监理文件档案资料归档要求的不妥之处，写出监理文件档案资料归档程序。

分析：

1. ① 安排总监理工程师代表调配相应监理人员不妥，应由总监理工程师负责调配。

② 安排总监理工程师代表主持修改项目监理规划不妥，应由总监理工程师主持修改。

③ 安排总监理工程师代表审批项目监理实施细则不妥，应由总监理工程师审批。

④ 安排质量控制部签发一标段质量评估报告不妥，应由总监理工程师和监理单位技术负责人签发。

2. 该工程监理文件档案资料直接移交城建档案管理机构不妥。

正确的归档程序为：项目监理机构向监理单位移交归档，监理单位向建设单位移交归档，建设单位向城建档案管理机构移交归档。

小 提 示

总监理工程师调整了项目监理机构组织形式后，安排总监理工程师代表按新的组织形式调配相应的监理人员、主持修改项目监理规划、审批项目监理实施细则；又安排质量控制部签发一标段工程的质量评估报告；并安排专人主持整理项目的监理文件档案资料。

学习单元三　工程建设监理信息系统

知识目标

1. 了解工程建设监理信息系统的构成、作用。
2. 熟悉工程建设信息管理系统的应用模式。
3. 掌握基于互联网的工程建设项目信息管理系统。

基础知识

监理信息系统是以计算机为手段，运用系统思维的方法，对各类监理信息进行收集、传递、处理、存储、分发的计算机辅助系统。

一、监理信息系统的构成

监理信息系统是一个由多个子系统构成的系统，整个系统由大量的单一功能的独立模块拼搭起来，配合数据库、知识库等组合起来，其目标是实现信息的全面管理、系统管理。

监理信息系统一般由两部分构成，一部分是决策支持系统，主要完成借助知识库及模型库的帮助，在数据库大量数据的支持下，运用知识和专家的经验来进行推理，提出监理各层次，特别是高层次决策时所需的决策方案及参考意见；另一部分是管理信息系统，主要完成数据的收集、处理、使用及存储，产生信息提供给监理各层次、各部门和各个阶段，起沟通作用。

二、监理信息系统的作用

监理信息系统为监理工程师提供标准化的、合理的数据来源，提供一定要求的、结构化的数据；提供预测、决策所需的信息以及数学、物理模型；提供编制计划、修改计划、调控计划的必要科学手段及应变程序；保证对随机性问题处理时，为监理工程师提供多个可供选择的方案。

监理信息系统主要具有以下作用。

① 规范监理工作行为，提高监理工作标准化水平。

> **小 提 示**
>
> 监理工作标准化是提高监理工作质量的必由之路，监理信息系统通常是按标准监理工作程序建立的，带来了信息的规范化、标准化，使信息的收集和处理更及时、更完整、更准确、更统一。通过系统的应用，促使监理人员行为更规范。

② 提高监理工作效率、工作质量和决策水平。监理信息系统实现办公自动化，使监理人员从单调繁琐的事务性作业中解脱出来，有更多的时间用在提高监理质量和效益方面；系统为监理人员提供有关监理工作的各项法律法规、监理案例、监理常识的咨询功能，能自动处理各种信息，快速生成各种文件和报表；系统为监理单位及外部有关单位的各层次收集、传递、存储、处理和分发各类数据和信息，使下情上报，上情下达，内外信息交流及时、畅通，沟通了与外界的联系渠道。这些都有利于提高监理工作效率、监理质量和监理水平。系统还提供了必要的决策及预测手段，有利于提高监理工程师的决策水平。

③ 便于积累监理工作经验。监理成果通过监理资料反映出来，监理信息系统能规范地存储大量监理信息，便于监理人员随时查看工程信息资料，积累监理工作经验。

三、工程建设信息管理系统的应用模式

作为建设工程的基本手段，国际上专业的建设工程咨询公司和工程监理公司在建设工程中应用建设工程信息管理系统主要有三种模式。

① 第一种模式是购买比较成熟的商品化软件，然后根据项目的实际情况进行二次开发和人员培训。这些商品软件一般以一个子系统的功能为主，兼顾实现其他子系统功能。比较典型的有 Primavera 公司的 P3 软件，它以工程进度控制为主，也可以进行资源和成本的动态管理与控制。

② 第二种模式是根据所承担项目的实际情况开发的专有系统，一般由专业的工程建设咨

询公司开发，基本上可以满足项目实施阶段的各种目标控制需要，经过适当改进，这些专有系统也可以用于其他项目中。但这种模式对建设工程咨询公司的实力和开发人员知识背景有较高要求。国际上许多知名的建设工程咨询公司都是采用这种模式。如德国GIB公司开发的GRANID系统就在德国统一后的铁路改造项目等多个大型项目中得到应用，均收到了较好的效果。

③ 第三种模式是购买商品软件与自行开发相结合，将多个专用系统集成起来，也可以满足项目目标控制的需要。如MESA公司开发的MESA/VISTA系统，通过开发集成化的通信环境，将多个通用的商品化软件集成起来。这也是一种比较常见的模式，很多建设工程咨询公司都是采用这种模式。

无论采用哪种模式，都需要结合工程监理公司所承担的项目实际情况和公司的综合能力，包括其人员构成、资金实力和公司在工程领域的知识积累程度等。

四、基于互联网的工程建设项目信息管理系统

基于互联网的工程建设项目信息管理系统的基本功能包括通知与桌面管理、日历和任务管理、文档管理、项目通信与协同工作、工作流管理、网站管理与报告。

基于互联网的工程建设项目信息管理系统的扩展功能包括多媒体的信息交互、在线项目管理、电子商务功能。

1. 基于互联网的工程建设项目信息管理系统的特点

① 以Extranet作为信息交换工作的平台，其基本形式是项目主题网。与一般的网站相比，它对信息的安全性有较高的要求。

② 用户在客户端只需要安装一个浏览器就可以。浏览器界面是用户通往全部授权项目信息的唯一入口，项目参与各方可以不受时间和空间的限制，通过定制来获得所需要的项目信息。

③ 基于互联网的工程建设项目信息管理系统的主要功能是项目信息的共享和传递。

④ 通过信息的集中管理和门户设置为项目参与各方提供一个开放、协同、个性化的信息沟通环境，对虚拟项目组织协同工作和知识管理提供有力支持。

2. 基于互联网的工程建设项目信息管理系统的结构

基于互联网的工程建设项目信息管理系统的结构有八个层次：基于Internet技术标准的信息集成平台；项目信息分类层；项目信息搜索层；项目信息发布与传递层；工作流支持层；项目协同工作层；个性化设置层；数据安全层。

学习案例

某工程咨询公司，主要从事市政公用工程方面的咨询业务。该公司通过研究《工程监某星河大厦建设工程项目的业主与某监理公司和某建筑工程公司分别签订了建设工程施工阶段委托监理合同和建设工程施工合同。为了能及时掌握准确、完整的信息，以便依靠有效的信息对该建设工程的质量、进度、投资实施最佳控制，项目总监理工程师召集了有关监理人员专门讨论了如何加强监理文件档案资料的管理问题，涉及有关监理文件档案资料管理的意义、内容和组织等方面的问题。

问题：

1. 你认为对监理文件档案资料进行科学管理的意义何在？
2. 在项目监理部，对监理文件档案资料管理部门和实施人员的要求如何？
3. 监理文件档案资料管理的主要内容是哪些？
4. 施工阶段监理工作的基本表式的种类和用途如何？
5. 在监理内部和监理外部，工程建设监理文件和档案的传递流程如何？

分析：

1. 对监理文件档案资料进行科学管理的意义如下。

① 可以为监理工作的顺利开展创造良好条件。

② 可以极大地提高监理工作效率。

③ 可以为建设工程档案的归档提供可靠保证。

2. 对监理文件档案资料管理部门和人员的要求有以下几方面。

① 应由项目监理部的信息管理部门专门负责建设工程项目的信息管理工作，其中包括监理文件档案资料的管理。

② 应由信息管理部门中的资料管理人员负责文件和档案资料的管理和保存。

③ 对信息管理部门中的资料管理人员的要求如下。

- 熟悉各项监理业务。
- 全面了解和掌握工程建设进展和监理工作开展的实际情况。

3. 监理文件档案资料管理的主要内容包括以下几方面。

①监理文件和档案收文与登记。

②监理文件档案资料传阅与登记。

③监理文件资料发文与登记。

④监理文件档案资料分类存放。

⑤监理文件档案资料归档。

⑥监理文件档案资料借阅、更改与作废。

4. 监理工作表式的种类和用途如下。

① A类表10个，为承包单位用，是承包单位与监理单位之间的联系表，由承包单位填写，向监理单位提交申请或回复。

② B类表6个，为监理单位用表，是监理单位与承包单位之间的联系表，由监理单位填写，向承包单位发出指令或批复。

③ C类表2个，为各方通用，是工程监理单位、承包单位、建设单位等各有关单位之间的联系表。

5. 监理文件和档案资料传递流程如下。

① 在监理内部，所有文件和档案资料都必须先送信息管理部门，进行统一整理分类，归档保存，然后由信息管理部门根据总监理工程师或其授权监理工程师指令和监理工作的需要，分别将文件和档案资料传递给有关的监理工程师。

② 在监理外部，在发送或接收监理业主、设计单位、施工单位、材料供应单位及其他单位的文件和档案资料时，也应由信息管理部门负责进行，这样只有一个进口通道，从而在组织上保证文件和档案资料的有效管理。

271

知识拓展

工程管理信息化

信息化指的是信息资源的开发和利用以及信息技术的开发和应用。工程信息化管理指的是工程管理信息资源的开发和利用以及信息技术在工程管理中的开发和应用。信息技术给建筑业带来了巨大变化，由于计算机技术的广泛应用，通过对施工管理有关数据的收集、记录、存储、过滤，对项目进展进行跟踪，并把数据处理结果提供给项目管理班子的成员，从而对项目进展进行控制。1995年4月，我国建设部批准了《全国建设信息系统规划方案》，决定在全国建设系统实施"金建"工程；2001年2月，建设部在颁布了"建设领域信息化工作的基本要点"中，第一次明确提出了建设领域信息化这一概念，于2001年下达了制定建设行业系统相关软件通用标准的文件。我国从工业发达国家引进项目管理的概念、理论、组织、方法和手段，历时20余年，在工程实践中取得了不少成绩。但是，至今多数业主和施工方的信息管理水平还相当落后，其现行的信息管理的组织、方法和手段基本还停留在传统的方式和模式上。目前，我国在建设项目管理中最薄弱的工作领域是信息管理。一些施工企业将信息化视为单纯的技术工作，并未真正利用现代信息技术来优化管理、整合资源。

工程管理信息化的意义在于以下几方面。

① 工程管理信息资源的开发和信息资源的充分利用，可吸取类似项目的正反两方面的经验和教训，许多有价值的组织信息、管理信息、经济信息、技术信息和法规信息将有助于项目决策期多种可能方案的选择，有利于项目实施期的项目目标控制，也有利于项目建成后的运行。

② 通过信息技术在工程管理中的开发和应用，能实现信息存储数字化和存储相对集中；信息处理和变换的程序化；信息传输的数字化和电子化；信息获取便捷；信息透明度提高及信息流扁平化。

- "信息存储数字化和存储相对集中"有利于项目信息的检索和查询，有利于数据和文件版本的统一，并有利于项目的文档管理。
- "信息处理和变换的程序化"有利于提高数据处理的准确性，并可提高数据处理的效率。
- "信息传输的数字化和电子化"可提高数据传输的抗干扰能力，使数据传输不受距离限制并可提高数据传输的保真度和保密性。
- "信息获取便捷""信息透明度提高"以及"信息流扁平化"有利于项目参与方之间的信息交流和协同工作。

③ 工程管理信息化有利于提高工程建设项目的经济效益和社会效益，以达到为项目建设增值的目的。

学习情境小结

本学习情境内容包括工程建设项目信息管理基础、工程建设监理文件档案资料管理及工程建设监理信息系统。其中，应重点掌握工程建设信息的构成、管理环节和工程建设监理主要文件。

工程建设项目信息的构成是指信息内容的载体，也就是各种各样的数据。这些数据可以是文字，可以是数字，可以是各种报表，也可以是图形、图像和声音等。

工程建设项目信息管理的基本环节是掌握信息来源，进行信息收集，还要进行监理信息加工整理。

工程建设监理主要文件档案包括监理规划、监理实施细则、监理会议纪要、监理工作日志、监理月报及监理工作总结。

学习检测

一、填空题

1. 工程建设信息的特点包括_____、_____、_____和_____。

2. 按照工程建设监理职能，可将工程建设项目信息划分为_____、_____、_____、_____和_____。

3. 监理信息收集的原则是_____、_____、_____和_____。

二、选择题

1. 下列各项中，（　　）是按照工程建设项目稳定程度划分的工程建设项目信息。

A．工程建设内部信息　　　　　　B．固定信息

C．行政事务管理信息　　　　　　D．合同管理信息

2. 下列各项中，不属于监理会议纪要内容的一项是（　　）。

A．会议的时间及地点　　　　　　B．会议主持人

C．与会人员姓名、单位、职务　　D．监理工作的方法及措施

三、简答题

1. 工程建设项目信息包括哪些表现形式？

2. 工程建设项目信息如何分类？

3. 如何进行工程建设项目信息管理？

4. 工程建设监理文件档案包括哪些内容？

5. 简述监理信息系统的构成。

6. 工程管理信息化的意义是什么

参考文献

［1］杨晓林，刘光忱. 工程建设监理［M］.北京：机械工业出版社，2004.

［2］詹炳根，殷为民. 工程建设监理［M］.北京：中国建筑工业出版社，2007.

［3］刘景园. 土木工程建设监理［M］.北京：科学出版社，2005.

［4］张向东，周宇. 工程建设监理概论［M］.北京：机械工业出版社，2005.

［5］韩明，邓祥发. 工程建设监理基础［M］.天津：天津大学出版社，2004.

［6］朱厉欣，杨峰俊. 工程建设监理概论［M］.北京：人民交通出版社，2007.

［7］周和荣. 工程建设监理概论［M］.北京：高等教育出版社，2007.

［8］徐伟，金福安，陈东杰. 工程建设监理规范实施手册［M］.北京：中国建筑工业出版社，2002.

［9］詹炳根. 建筑工程监理［M］.北京：中国建筑工业出版社，2003.